Olfert/Reichel
Kompakt-Training
Finanzierung

umweltfreundlich
... weil auf chlor- und säurefrei
gefertigtem Papier gedruckt

Sie finden uns im Internet unter: www.kiehl.de

Kompakt-Training
Praktische Betriebswirtschaft

Herausgeber Prof. Dipl.-Kfm. Klaus Olfert

Kompakt-Training

Finanzierung

von

Prof. Dipl.-Kfm. Klaus Olfert
Prof. Dr. Christopher Reichel

6. aktualisierte und verbesserte Auflage

Herausgeber:

Prof. Dipl.-Kfm. Klaus Olfert
Postfach 13 26
69141 Neckargemünd

Verantwortlicher Redakteur:

Dr. Torsten Hahn
Friedrich Kiehl Verlag GmbH
Postfach 14 01 08
67021 Ludwigshafen
t.hahn@kiehl.de

ISBN 978-3-470-**49746**-4 · 2008

Druck: Druck Partner Rübelmann, Hemsbach – wa

Kompakt-Training
Praktische Betriebswirtschaft

Das *Kompakt-Training Praktische Betriebswirtschaft* ist aus der Notwendigkeit entstanden, dass Wissen immer häufiger unter erheblichem Zeit- und Erfolgsdruck erworben oder reaktiviert werden muss. Den vielfältigen betriebswirtschaftlichen Fakten und Zusammenhängen, die aufzunehmen sind, stehen eng begrenzte Zeitbudgets gegenüber.

Die vorliegende Fachbuchreihe ist darauf ausgerichtet, die Leser darin zu unterstützen, rasch und fundiert in die verschiedenen betriebswirtschaftlichen Themenbereiche einzudringen sowie diese aufzufrischen. Sie eignet sich in besonderer Weise für:

❑ Studierende an Fachhochschulen, Akademien und Universitäten
❑ Fortzubildende an öffentlichen und privaten Bildungsinstitutionen
❑ Fach- und Führungskräfte in Unternehmen und sonstigen Organisationen.

Das *Kompakt-Training Praktische Betriebswirtschaft* ist auch zum Selbststudium sehr gut geeignet, nicht zuletzt wegen seiner besonderen Gestaltungsmerkmale. Jeder einzelne Band der Fachbuchreihe zeichnet sich u. a. aus durch:

❑ Kompakte und praxisbezogene Darstellung
❑ Systematischen und lernfreundlichen Aufbau
❑ Viele einprägsame Beispiele, Tabellen, Abbildungen
❑ 50 praxisbezogene Übungen mit Lösungen
❑ MiniLex mit 150 bis 200 Stichworten.

Für Anregungen, die der weiteren Verbesserung dieses Lernkonzeptes dienen, bin ich dankbar.

Prof. Klaus Olfert
Herausgeber

Vorwort zur 6. Auflage

Für die Unternehmen wird es vielfach immer schwieriger, ihr finanzielles Gleichgewicht in einer sich rasch wandelnden Umwelt zu bewahren. Den ihnen in vielfältiger Weise erwachsenden Aufgaben müssen entsprechende Einnahmen gegenüberstehen. Sie sind notwendig, um den Leistungsprozess in Gang zu bringen und aufrechtzuerhalten, aber auch um den Bestand und die Weiterentwicklung der Unternehmen sicherzustellen.

Neu etablierte Unternehmen verfügen noch nicht bzw. in nur begrenztem Umfang über Umsatzerlöse. Aber auch bereits am Markt eingeführten Unternehmen reichen die Umsatzerlöse meist nicht aus, um die erforderlichen Investitionen vornehmen zu können. Deshalb muss auf weitere Finanzierungsquellen zurückgegriffen werden, die in vielfältiger Weise zur Verfügung stehen, aber zur Deckung des jeweiligen Kapitalbedarfes unterschiedlich geeignet sind.

Das Kompakt-Training Finanzierung will dazu beitragen, Studierenden, Fortzubildenden sowie Fach- und Führungskräften das grundlegende finanzierungsbezogene Wissen zu vermitteln. In fünf Kapiteln werden die Aufgaben, die sich der Finanzierung stellen, systematisch und kompakt behandelt. In den Textteil sind 50 praxisbezogene Übungen eingebunden, deren Lösungen sich im daran anschließenden »gelben Teil« finden. Ebenfalls in diesem Teil bietet das rund 120 Stichworte umfassende MiniLex die Möglichkeit, die wichtigsten finanzwirtschaftlichen Begriffe nachzuschlagen und zu repetieren.

Die inzwischen 6. Auflage des Kompakt-Trainings Finanzierung wurde verbessert und aktualisiert, insbesondere in den Kapiteln Kreditfinanzierung, Beteiligungsfinanzierung und Innenfinanzierung. Die neu geschaffene Einstiegsvariante zur GmbH, die Unternehmergesellschaft, konnte berücksichtigt werden.

Wir danken herzlich für Anregungen von Leserinnen und Lesern. Gerne nehmen wir Hinweise, die der Verbesserung des Buches dienen, auch künftig entgegen.

Neckargemünd/Fürth,
im August 2008

Prof. Klaus Olfert
Prof. Dr. Christopher Reichel

Inhaltsverzeichnis

C. Kreditfinanzierung 75

A. Grundlagen

Unternehmen dienen dazu, Leistungen zu erstellen und zu verwerten. Dies geschieht durch die Kombination der betrieblichen Produktionsfaktoren als:

❏ **Elementare Produktionsfaktoren**, die Arbeit, Betriebsmittel und Werkstoffe umfassen.

❏ **Dispositive Produktionsfaktoren**, zu denen Leitung, Planung und Organisation zählen.

Während die menschliche Arbeit bei den elementaren Produktionsfaktoren eine ausführende Arbeit ist, hat sie bei den dispositiven Produktionsfaktoren als Träger von Leitung, Planung und Organisation gestaltenden Charakter.

Im Rahmen eines **leistungswirtschaftlichen Prozesses** erfolgt die Anbindung der Leistungserstellung an den Beschaffungsmarkt für Sachgüter und an den Absatzmarkt:

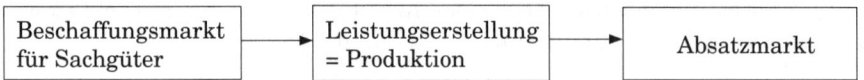

Die zentrale Zielsetzung in den Bereichen der Beschaffung und Produktion ist die Minimierung der Kosten. Im **Beschaffungsbereich** ist dies möglich, indem die Preise und Qualitäten der Einsatzfaktoren optimiert werden, im **Produktionsbereich** vor allem durch die Optimierung des Einsatzes der Produktionsfaktoren. Für den **Absatzbereich** ist als grundlegende Zielsetzung die Maximierung der Erlöse anzusehen. Hierzu dient der optimale Einsatz der absatzpolitischen Instrumente.

Dem leistungswirtschaftlichen Prozess steht ein **finanzwirtschaftlicher Prozess** gegenüber, d. h. den durch Beschaffung, Produktion und Absatz bewirkten Leistungsströmen fließen **Zahlungsströme** in Form von Einnahmen oder Ausgaben bzw. Einzahlungen oder Auszahlungen entgegen sowie Zahlungsströme, die nicht leistungswirtschaftlich begründet sind, z. B. zu zahlende Zinsen, Gewinne, Steuern oder erhaltene Subventionen:

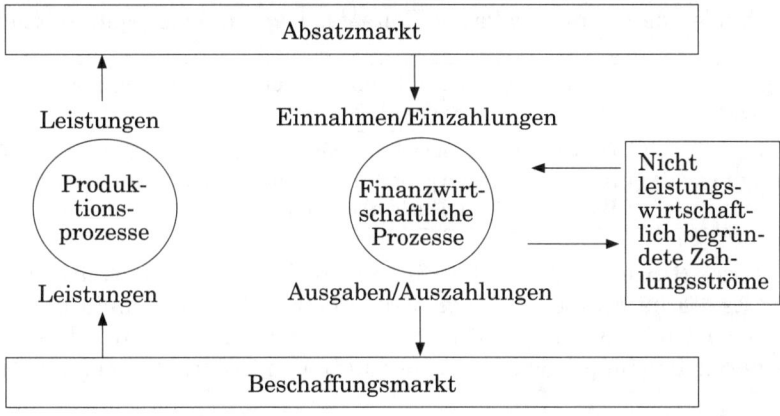

Im Folgenden sollen die finanzwirtschaftlichen Funktionen behandelt werden. Sie umfassen:

Grundlagen	**Investition** als Kapitalverwendung
	Finanzierung als Kapitalbeschaffung
	Zahlungsverkehr zum Zwecke der Kapitalaufnahme und Kapitaltilgung

Im Gegensatz zur leistungswirtschaftlichen Sichtweise des erlösmaximierenden und kostenminimierenden Prinzips ist im **finanzwirtschaftlichen Denken** die Maximierung der **Rentabilität** als Zielsetzung **vorrangig**, wobei sie unter weiteren Zielsetzungen erfolgt, die sind:

❑ Liquidität, Sicherheit, Unabhängigkeit.

Auf diese Zielsetzungen wird noch näher eingegangen. Zunächst soll geklärt werden, was unter **Kapital** und **Vermögen** zu verstehen ist:

❑ **Kapital** ist die Gesamtheit der Verbindlichkeiten eines Unternehmens gegenüber Eigentümern und Gläubigern. Es steht in Form von Eigenkapital und Fremdkapital als abstraktes Kapital auf der Passiv-Seite der Bilanz spiegelbildlich zum Vermögen als konkretem oder in Vermögen konkretisiertem Kapital und zeigt die Ergebnisse der **Finanzierung**.

Aktiva	**Bilanz**		Passiva
Anlagevermögen	.....	Eigenkapital	.....
Umlaufvermögen	.....	Fremdkapital	.....

❑ **Vermögen** sind die vom Unternehmen benötigten Produktionsfaktoren in Form von **Sachmitteln** (Rohstoffen, Betriebsmitteln, Gebäuden), **Rechten** (Patenten, Lizenzen) und **Geld**. Das als Vermögen konkretisierte Kapital stellt, soweit es nicht Geld ist, eine **Investition** dar. Die Einsatzfaktoren der Aktiv-Seite der Bilanz binden damit auf der Passiv-Seite das Kapital. Vermögen teilt sich in:

Anlage-vermögen	Es steht dem Unternehmen dauernd oder langfristig zur Verfügung, z. B. als Sachanlagen, Beteiligungen, Lizenzen.
Umlauf-vermögen	Dabei handelt es sich um Vermögensgegenstände, die nicht zum Anlagevermögen gehören, z. B. Vorräte, Forderungen, Wertpapiere, Bankguthaben, Kassenbestand.

Geld ist das **Bindeglied** zwischen finanz- und leistungswirtschaftlichen Funktionen. Es beschafft Produktionsfaktoren und wandelt sich damit in Anlagevermögen oder Umlaufvermögen des Unternehmens um, bis es durch den Absatz produzierter Leistungen wieder in Geldform dem Unternehmen zufließt.

Die durch das Kapital und das Vermögen bedingten **Leistungsströme** als Waren-bzw. Dienstleistungsströme und **Zahlungsströme** in Form von Geldbewegungen unterscheiden folgende Umsatzpaare:

❏ **Auszahlungen** stellen den Abgang von Geldmitteln dar, z. B. indem Kreditver-bindlichkeiten getilgt werden. **Einzahlungen** bewirken den Zufluss von Geld-mitteln, wobei sich z. B. das Bankguthaben oder der Kassenbestand erhöht.

Mit Auszahlungen und Einzahlungen wird der Bestand an liquiden Mitteln verändert. Er wird auch als **Zahlungsmittelbestand** bezeichnet und umfasst Kassenbestände sowie jederzeit verfügbares Bankguthaben.

❏ **Ausgaben** werden dadurch bewirkt, dass Verbindlichkeiten eingegangen wer-den, z. B. indem Waren eingekauft werden. **Einnahmen** entstehen aufgrund von Forderungen, z. B. aus dem Verkauf von Waren auf Ziel.

Ausgaben und Einnahmen beeinflussen sowohl den leistungswirtschaftlichen als auch den finanzwirtschaftlichen Strom und verändern das **Geldvermögen**, das sich aus dem Zahlungsmittelbestand zuzüglich der Forderungen und abzüglich der Verbindlichkeiten zusammensetzt. Sie entstehen durch einen Kreditierungs-vorgang.

❏ **Aufwand** ist der erfasste Wertverzehr. Er führt zu negativen Veränderungen des Geld- und Sachvermögens. Dem **Ertrag** liegt ein Wertzugang zu Grunde, der das Geld- und Sachvermögen positiv verändert. Aufwand und Ertrag erfassen erfolgswirksame betriebliche Vorgänge in der Finanzbuchhaltung.

❏ Auch den **Kosten** und **Erlösen** liegen erfolgswirksame betriebliche Vorgänge zu Grunde. Sie stellen betriebsbedingten Werteverzehr bzw. Wertezugang dar und werden in der Betriebsbuchhaltung erfasst. Ihre Saldierung ergibt das (kalku-latorische) Betriebsergebnis.

Ordnen Sie folgende Bilanzpositionen einer Kapitalgesellschaft den Aktiva oder Passiva sowie dem Anlage- oder Umlaufvermögen bzw. dem Eigen- oder Fremdkapital zu:

Bilanzposition	Aktiva/Passiva	Eigen- /Fremd-kapital	Anlage- /Umlauf-vermögen
Gewinnrücklage			
Forderungen			
Bankverbind-lichkeiten			
Finanzanlagen			
Rohstoffe			
Rückstellungen			
Technische Anlagen			

Seite 185

1. Investition

Die Investition wird allgemein als **Kapitalverwendung** aufgefasst. Es gibt z. B.:

❑ Einen **vermögensbestimmten Investitionsbegriff**, der sich aus der bilanziellen Sichtweise ergibt. Danach ist die Investition eine Umwandlung des Kapitals in Vermögen.

❑ Einen **zahlungsbestimmten Investitionsbegriff**, dem eine pagatorische Sichtweise zu Grunde liegt. Hier wird unter der Investition alles verstanden, was nicht mehr Geld ist.

Folgende Fragen stellen sich bei der Kapitalverwendung:

❑ *Welche Investitionen sind zur Beschaffung von Vermögensteilen durchzuführen?*
❑ *Welche Investitionen sind – besonders unter Kostengesichtspunkten – optimal?*
❑ *Welche Kapitalbindung ergibt sich durch Investitionen?*

Der Investition folgt die **Desinvestition**, welche die Freisetzung des gebundenen Kapitals bedeutet. Sie kann in Form von Umsatzerlösen aus den durch die Investition erzeugten und verkauften Produkten oder durch den Verkauf des Investitionsobjektes selbst erfolgen.

Als **Arten** der Investition können unterschieden werden:

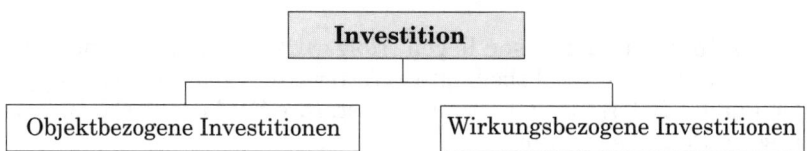

1.1 Objektbezogene Investitionen

Objektbezogene Investitionen beziehen sich auf Objekte, die an dem leistungswirtschaftlichen Prozess des Unternehmens mitwirken. Sie können eingeteilt werden in:

❑ **Sachinvestitionen**, welche direkt in den Leistungsprozess des Unternehmens eingehen, z. B. als Maschinen, oder ihn ermöglichen, z. B. als Gebäude. Sie werden auch genannt:

○ Leistungswirtschaftliche Investitionen ○ Realinvestitionen	○ Produktionswirtschaftliche Investitionen

❏ **Finanzinvestitionen**, die sich beziehen auf:

Forderungs-rechte	Sie stellen Ansprüche auf Nominalgüter dar, z. B. Bankguthaben, Kundenforderungen, gewährte Darlehen oder festverzinsliche Wertpapiere.
Beteiligungs-rechte	Sie gibt es in Form von Beteiligungstiteln, z. B. Aktien oder Gesellschaftsanteilen.

❏ **Immaterielle Investitionen**, welche die Wettbewerbsfähigkeit des Unternehmens erhalten oder stärken, z. B. als Potenzialfaktoren im Bereich Forschung und Entwicklung, in der Personalentwicklung oder im Marketingbereich (Goodwill, wie z. B. Kundenstamm oder Firmenimage).

1.2 Wirkungsbezogene Investitionen

Wirkungsbezogene Investitionen sollen Auswirkungen im Unternehmen verursachen als:

❏ **Nettoinvestitionen**, die erstmaligen oder einmaligen Charakter für das Unternehmen haben und auch **Neuinvestitionen** genannt werden. Es gibt:

Gründungs-investitionen	Sie fallen bei der Gründung oder dem Kauf eines Unternehmens einmalig an und werden auch bezeichnet als: ○ Anfangsinvestitionen ○ Errichtungsinvestitionen ○ Erstinvestitionen ○ Neuinvestitionen
Erweiterungs-investitionen	Sie stellen eine einmalige Vergrößerung des bereits vorhandenen Leistungspotenzials zur Schaffung neuer Kapazitäten dar.

❏ **Reinvestitionen**, die sich zeitlich an bereits in der Vergangenheit getätigte Investitionen anschließen und auch **Ersatzinvestitionen im weiteren Sinne** genannt werden. Mit ihnen werden die durch Verschleiß oder Verbrauch verringerten Bestände an Produktionsfaktoren im Unternehmen wieder aufgefüllt in Form von:

Ersatzinves-titionen im engeren Sinne	Sie ersetzen nicht mehr nutzbare durch neue gleichartige Investitionsobjekte. Dabei bringen sie keinen technischen Fortschritt mit sich.
Rationali-sierungs-investitionen	Sie steigern die Leistungsfähigkeit des Unternehmens durch neue Investitionsobjekte mit einem höheren Technikstand.
Umstellungs-investitionen	Sie werden aufgrund einer mengenmäßigen Verschiebung im Fertigungsprogramm erzwungen.
Diversifi-zierungs-investitionen	Sie streuen das Risiko und sichern damit das Unternehmen. Verändert werden die Produktions- bzw. Absatzform und/oder die Absatz- bzw. Beschaffungsorganisation.

❏ **Bruttoinvestitionen**, die als Summe der Netto- und Reinvestitionen die Gesamtheit aller Investitionen innerhalb einer Wirtschaftsperiode ergeben.

2. Finanzierung

Die Finanzierung stellt allgemein die **Beschaffung von Kapital** dar, das zur Leistungserstellung und Leistungsverwertung im Unternehmen benötigt wird. Sie kann erfolgen in Form von:

❏ Geld, Sachwerten, Rechten.

Das beschaffte, abstrakte Kapital steht auf der **Passiv-Seite** der Bilanz, die Auskunft über Art und Umfang der Finanzierung gibt.

Gewöhnlich wird dem Unternehmen im Rahmen der Finanzierung **Geld** zugeführt, das daraufhin investiert und in Vermögen umgewandelt wird. Erfolgt eine unmittelbare Zuführung von **Sachwerten** bzw. **Rechten**, stellt dies bereits eine Investition dar, d. h. Finanzierung und Investition geschehen hier gleichzeitig.

Wie bei der Investition gibt es bei der Finanzierung verschieden weite **Begriffsauslegungen**, z. B.:

❏ Den **klassischen Finanzierungsbegriff**, der – in einer engen Definitionsauffassung – aus der Beständebilanz abgeleitet ist und die Finanzierung der Kapitalbeschaffung gleichsetzt, wobei Kapital hier als Verpflichtung des Unternehmens gegenüber Dritten sowie gegenüber den Eigentümern aus deren Hergabe von Geld-/Sachwerten und Rechten angesehen wird.

❏ Den **erweiterten Finanzierungsbegriff**, der sich aus der Bewegungsbilanz ableitet. Bei ihm entspricht die Finanzierung der Mittelbeschaffung, die im Sinne der Bewegungsbilanz die Mittelherkunft darstellt. Sie wird bewirkt durch:

> ○ **Erhöhung der Verbindlichkeiten** oder des **Eigenkapitals**, was dem klassischen Finanzierungsbegriff entspricht.
> ○ **Verminderung des Vermögens** in Form von Vermögensumschichtung und Vermögensliquidation.

❏ Den **monetären Finanzierungsbegriff**, der sich – definitorisch noch weiter gefasst – an Zahlungsströmen orientiert, indem er die Finanzierung gleich der Gesamtheit aller Zahlungsmittelzuflüsse setzt, die umfassen:

> ○ Alle **Einzahlungen** und alle beim Zugang nicht monetärer Güter **vermiedenen** sofortigen **Auszahlungen**.
> ○ Alle Formen der internen und externen **Geld-** und **Kapitalbeschaffung** einschließlich der **Kapitalfreisetzungseffekte**.

In der betrieblichen Praxis geht es bei der Finanzierung um die Beantwortung z. B. folgender Fragen:

❑ *Welche Höhe sollte die Finanzierung zur Deckung des Kapitalbedarfes haben?*
❑ *Welche Finanzierungsform ist hierfür zu wählen?*
❑ *Welche Kosten entstehen durch die Finanzierung?*

Die Systematisierung der Finanzierung soll anhand folgender Kriterien erfolgen:

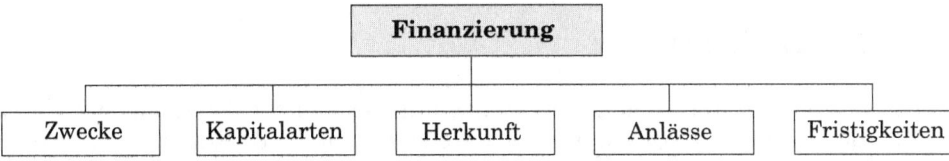

2.1 Zwecke

Der hauptsächliche Zweck der Finanzierung ist die **Deckung des Kapitalbedarfes**, um damit Güter oder Rechte zu beschaffen. Sie kann aber auch finanzierungseigene Zwecke verfolgen (*Schierenbeck*). Dementsprechend lassen sich unterscheiden:

❑ **Neufinanzierungen**, die vor allem bei Investitionen das Kapital beschaffen.

❑ **Umfinanzierungen**, die Kapital für finanzierungseigene Zwecke bereitstellen. Sie können in drei **Ausprägungen** erfolgen:

Prolongation	Sie ist die Verlängerung der Kreditdauer bzw. der Kapitalüberlassung.
	Beispiel: Verlängerung eines auslaufenden Kontokorrentkredits.
Substitution	Das ist der Austausch von Kapital für den Fall des Kapitalentzugs, der eintreten kann durch:
	○ Nichtgewährung von Prolongationen ○ Ablaufen oder die Kündigung von Kreditverträgen ○ Ausscheiden von Gesellschaftern
	Beispiel: Ein Kontokorrentkredit wird von der Bank A nicht verlängert. Dafür wird eine Erweiterung der Kontokorrentlinie bei der Bank B durchgeführt.
Transformation	Hier handelt es sich um die Umwandlung von einer Kapitalart in eine andere Kapitalart ohne Änderung des Finanzstromes. So kann kurzfristiges durch langfristiges Kapital und Eigenkapital durch Fremdkapital ersetzt werden und umgekehrt.
	Beispiel: Ein kurzfristiger, für drei Monate zugesagter Kontokorrentkredit wird in ein längerfristig laufendes Bankdarlehen umgewandelt.

In einem Unternehmen können nach Verhandlungen mit einer Bank oder durch die Änderung der Gesellschafterstruktur Umfinanzierungen notwendig werden.

Zeigen Sie weitere Beispiele hierfür, die auf Prolongation, Substitution und Transformation beruhen!

 Seite 185

2.2 Kapitalarten

Die Finanzierung führt dem Unternehmen unterschiedliche Kapitalarten zu. Dabei handelt es sich um Eigenkapital und Fremdkapital. Beide Kapitalarten weisen erhebliche **Unterschiede** auf, die vor allem sind:

Kriterien	Eigenkapital	Fremdkapital
Rechts-verhältnisse	Das Eigenkapital begründet ein Beteiligungsverhältnis.	Das Fremdkapital begründet ein Schuldverhältnis.
Haftung	Der Eigenkapitalgeber haftet je nach Rechtsform mindestens mit seiner Einlage, eventuell auch mit seinem Privatvermögen.	Für den Fremdkapitalgeber besteht keine Haftung aus der Unternehmenstätigkeit.
Vermögen	Der Eigenkapitalgeber hat einen anteiligen Anspruch am Vermögen, soweit der Liquidationserlös die Verbindlichkeiten des Unternehmens übersteigt.	Der Fremdkapitalgeber hat Anspruch auf Rückzahlung des von ihm zur Verfügung gestellten Kapitals.
Entgelt	Der Eigenkapitalgeber ist i.d.R. anteilig am Gewinn und am Verlust beteiligt.	Der Fremdkapitalgeber hat i.d.R. einen Zinsanspruch und keine Gewinn- oder Verlustbeteiligung.
Mitbestimmung	Der Eigenkapitalgeber ist i.d.R. zur Mitbestimmung berechtigt.	Der Fremdkapitalgeber hat i.d.R. keine Mitbestimmungsrechte.
Verfügbarkeit	Das Eigenkapital steht i.d.R. unbegrenzt lange zur Verfügung.	Das Fremdkapital steht zeitlich nur begrenzt zur Verfügung.
Steuern	Der Gewinn wird je nach Rechtsform steuerlich voll belastet.	Die Fremdkapitalzinsen sind steuerlich absetzbar.
Umfang	Das Eigenkapital ist durch das Leistungsvermögen der Kapitalgeber begrenzt.	Das Fremdkapital steht unbegrenzt zur Verfügung, soweit die Risiken der Hingabe vertretbar sind oder entsprechende Sicherheiten vorliegen.
Interesse	Den Eigenkapitalgeber interessiert der Erhalt des Unternehmens.	Den Fremdkapitalgeber interessiert der Erhalt seines zur Verfügung gestellten Kapitals.

Der **Zufluss von Eigenkapital** ist möglich durch:

❑ Die **Beteiligungsfinanzierung**, bei der Eigenkapital von außen in das Unternehmen in Form von Geldeinlagen, Sacheinlagen oder Rechten eingebracht wird. Sie wird auch **Einlagenfinanzierung** genannt und kann geschehen durch:

> o Alte Gesellschafter, die ihre Kapitaleinlage erhöhen.
> o Neue Gesellschafter, die erstmals Kapital einlegen.

❑ Die **Selbstfinanzierung**, bei der Gewinne, die in der Bilanz ausgewiesen oder als stille Reserven vorhanden sind, innerhalb des Unternehmens zurückbehalten und nicht an die Eigenkapitalgeber ausgeschüttet werden.

Der **Zufluss von Fremdkapital** kann erfolgen durch:

❑ Die **Fremdfinanzierung**, bei der dem Unternehmen Fremdkapital von außen in Form von Geldeinlagen oder Sacheinlagen zufließt. Da es sich hierbei zumeist um Kredite handelt, wird auch von **Kreditfinanzierung** gesprochen.

❑ Die **Finanzierung aus Rückstellungswerten**, bei der gebildete Rückstellungen zur Finanzierung verwendet werden, soweit sie über den Verkauf der produzierten Güter als Einzahlungen zugeflossen sind. Zudem entsteht auf diese Weise ein Steuerstundungseffekt.

Des Weiteren gibt es Finanzierungsformen, die nicht eindeutig auf dem Zufluss von Eigenkapital bzw. Fremdkapital beruhen:

❑ Die **Finanzierung aus Abschreibungsgegenwerten**, bei der Anteile der Abschreibungen, die aus den Umsatzerlösen der verkauften Produkte Selbstkosten deckend in das Unternehmen zurückfließen, zu Finanzierungszwecken zur Verfügung stehen.

❑ Die **Finanzierung aus sonstigen Kapitalfreisetzungen**, wobei Maßnahmen der Rationalisierung oder der Verkauf von Vermögen Kapital freisetzen, das wieder investiert werden kann.

2.3 Herkunft

Nach der Herkunft des Kapitals lassen sich als Finanzierungen unterscheiden:

❑ Die **Außenfinanzierung**, die durch die Zuführung verschiedener Kapitalarten von außerhalb des Unternehmens geschieht als:

Beteiligungs- finanzierung	Hier wird **Eigenkapital** durch alte oder neue Gesellschafter in Form von Geldeinlagen, Sacheinlagen oder Rechten zugeführt.
Fremd- finanzierung	**Fremdkapital** wird von Kreditgebern in Form von Geldeinlagen oder Sacheinlagen bereitgestellt. Deshalb heißt sie auch **Kreditfinanzierung**.

❏ Die **Innenfinanzierung**, die sich auf Kapital bezieht, welches das Unternehmen aus eigener Kraft, also von innen heraus, zum Zwecke der Finanzierung erwirtschaftet. Sie umfasst:

Finanzierung aus Umsatzerlösen	○ Es entsteht **Eigenkapital** aus zurückbehaltenen Gewinnen im Rahmen der Selbstfinanzierung. ○ Dabei kommt es zu **Fremdkapital** durch die Bildung von Rückstellungswerten. ○ Es entsteht – nicht eindeutig zurechenbar – **Eigenkapital** bzw. **Fremdkapital** durch den Ansatz von Abschreibungen.
Finanzierung aus sonstigen Kapitalfreisetzungen	Sie beruhen auf Maßnahmen der Rationalisierung oder auf dem Verkauf von Vermögensteilen, die keine Absatzgüter darstellen. Hierbei ist nicht eindeutig bestimmbar, ob **Eigenkapital** oder **Fremdkapital** entsteht.

Die Finanzierung aus Umsatzerlösen wird auch **Überschussfinanzierung** oder **Cash Flow-Finanzierung** genannt.

Ergänzen Sie die Finanzierungsmatrix um praktische Beispiele:

	Außenfinanzierung	Innenfinanzierung
Eigenfinanzierung		
Fremdfinanzierung		

Seite 185

2.4 Anlässe

Die Finanzierungsanlässe können bei den Unternehmen verschieden sein. Zu unterscheiden sind:

❏ **Laufende Finanzierungen**, die täglich und/oder in periodischen Bedarfsfällen die Leistungsfähigkeit eines Unternehmens aufrechterhalten.

❏ **Finanzierungen zu besonderen Anlässen**, die einmalig oder gelegentlich auftreten können. Sie stehen zumeist in Verbindung mit:

○ Gründung oder Liquidation eines Unternehmens
○ Zwischenzeitlichen Kapitalerhöhungen oder Kapitalherabsetzungen
○ Umwandlungen der Rechtsform von Unternehmen
○ Fusionen mit anderen Unternehmen

2.5 Fristigkeiten

Die Überlassungsfristen des Kapitals können verschieden lang sein. So gibt es:

❑ **Unbefristete Finanzierungen**, die ohne zeitliche Begrenzung Kapital zur Verfügung stellen. Sie finden zumeist bei der Beteiligungsfinanzierung statt.

❑ **Befristete Finanzierungen**, die Kapital dem Unternehmen zeitlich begrenzt bereitstellen. Die Statistik der Deutschen Bundesbank gibt z. B. für Kreditfinanzierungen im Bankbereich seit Januar 1999 folgende Einteilung vor:

> ○ Kurzfristige Finanzierung mit einer Laufzeit bis 1 Jahr
> ○ Mittelfristige Finanzierung mit einer Laufzeit von 1 Jahr bis 5 Jahren
> ○ Langfristige Finanzierung mit einer Laufzeit über 5 Jahre

Langfristige Finanzierungen sind nach HGB ab einer Restlaufzeit von mehr als 5 Jahre auszuweisen. Damit hat hier eine Angleichung stattgefunden.

3. Zahlungsverkehr

Der Zahlungsverkehr organisiert Zahlungsvorgänge für die Kapitaltilgung oder die Kapitalaufnahme des Unternehmens. Er fungiert damit als finanzielles **Bindeglied** zu den Kapitalmärkten, aber auch zu Beschaffungs- und Absatzmärkten.

Der Zahlungsverkehr beruht auf drei **Arten von Zahlungsmitteln**:

❑ **Bargeld**, das gesetzliches Zahlungsmittel seit dem 01.01.2002 in Form von Euro-Banknoten und Euro-Münzen darstellt.

> ○ Die Hingabe von Bargeld erfolgt **als Erfüllung**, die Schuld erlischt damit.
> ○ **Nachteile** beim Bargeld liegen im Verlustrisiko, den hohen Aufbewahrungskosten und der fehlenden Verzinsung.

❑ **Buchgeld**, das zwar kein gesetzliches Zahlungsmittel ist, aber als **Giralgeld** größte praktische Bedeutung hat und zum 01.01.2002 auf Euro umgestellt wurde.

> ○ Die Hingabe von Buchgeld erfolgt **an Erfüllungs Statt**, die Schuld erlischt durch die Annahme der Gutschrift durch den Gläubiger.
> ○ **Arten** des Buchgeldes sind:
>   - **Sichteinlagen** als Einlagen auf den Giro- oder Kontokorrentkonten bei Banken.
>   - Durch **Kreditgewährung** bereitgestellte Mittel.
> ○ **Vorteile** des Buchgeldes sind im fehlenden Verlust- oder Fälschungsrisiko, den geringen Aufbewahrungskosten und der Verzinsung zu sehen.

❑ **Geldersatzmittel**, die keine gesetzlichen Zahlungsmittel sind, sondern Hilfs-
zahlungsmittel darstellen.

> ○ Die Hingabe erfolgt **erfüllungshalber**, die Schuld erlischt durch das Einlösen
>   des Schecks oder Wechsels.
> ○ **Arten** können sein:
>   - Der **Scheck** als Verfügungsinstrument über Buchgeld
>   - Der **Wechsel** als Ersatz für die Weitergabe von Buch- oder Bargeld.

Die Abwicklung des Zahlungsverkehrs wird vorgenommen als:

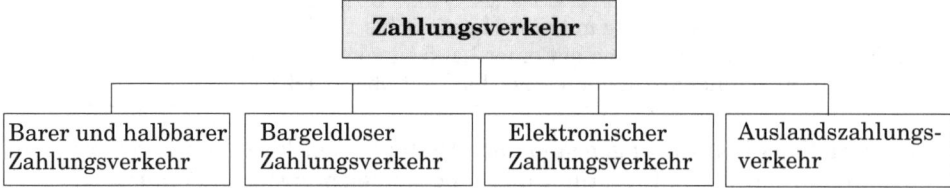

3.1 Barer und halbbarer Zahlungsverkehr

Diese **Formen** des Zahlungsverkehrs haben die Verwendung von Bargeld gemeinsam:

❑ Beim **Barzahlungsverkehr** erfolgt eine Übertragung von Bargeld. Es gibt:

Unmittelbare Barzahlung	Bargeld wird **von Hand zu Hand** übergeben und der Empfang wird üblicherweise quittiert.
Mittelbare Barzahlung	Bei ihr wird mit Bargeld gezahlt und Bargeld entgegengenommen, allerdings erfolgt die Zahlung **nicht** direkt **von Hand zu Hand**.
	Sie geschieht beispielsweise, indem eine Bareinzahlung auf ein fremdes Girokonto erfolgt, dessen Kontoinhaber diesen Betrag wiederum bar abhebt.

Aus betrieblicher Sicht entstehen beim Barzahlungsverkehr nicht zu unter-
schätzende Kosten der Handhabung und Entsorgung, wenn größere Mengen an
Bargeld anfallen, z. B. bei der Nutzung von Nachttresoren für die Einzahlung
der Tageseinnahmen auf ein Bankkonto.

Weiterhin ist zu berücksichtigen, dass nach dem **Geldwäschegesetz** den Kreditinstituten mehrere Pflichten auferlegt wurden, welche die Handhabung von
Bargeld erschweren, z. B. die Identifizierung des Einzahlers von Bargeld ab
einem Betrag von 15.000 € anhand eines Ausweispapiers.

Den Barzahlungsverkehr im Handel ersetzen zunehmend bargeldlose Formen
des Zahlungsverkehrs, z. B. Scheck- oder Debitkarte bzw. Kreditkarte, Electronic
Cash-Systeme.

❑ Der **halbbare Zahlungsverkehr** ist dadurch gekennzeichnet, dass eine Umwandlung von Bargeld in Buchgeld oder umgekehrt geschieht. Eine der beiden Zahlungsparteien – Gläubiger oder Schuldner – muss ein Bankkonto besitzen. Es können erfolgen:

Bare Leistung	Durch einen **Zahlschein** wandelt sich Bargeld in Buchgeld. Der Empfänger der Leistung muss ein Konto besitzen. Der Schuldner zahlt das Bargeld bei einer Bank auf dieses Konto ein.
	Der Gläubiger bekommt es unbar auf seinem Konto gutgeschrieben. Genutzt hierfür wird ein »Überweisung/Zahlschein«-Vordruck.
Unbare Leistung	Durch einen **Barscheck** wandelt sich Buchgeld in Bargeld. Der Schuldner weist mit dem Scheck seine Bank an, dem Einreicher die Schecksumme bar auszuzahlen.

Die Bedeutung des halbbaren Zahlungsverkehrs ist in der betrieblichen Praxis gering.

3.2 Bargeldloser Zahlungsverkehr

Für den bargeldlosen Zahlungsverkehr ist **Voraussetzung**, dass Schuldner und Gläubiger ein Konto besitzen. Sie setzen zur Zahlung bestimmte Instrumente ein, die Verfügungen über Bankguthaben zulassen. Die Beteiligten kommen dadurch bei der Zahlung nicht mit Bargeld in Berührung. Der bargeldlose Zahlungsverkehr dominiert den betrieblichen Zahlungsverkehr.

Als **Instrumente** des bargeldlosen Zahlungsverkehrs sind nutzbar:

❑ Die **Überweisung**, der **Scheck** und die **Lastschrift** als typische Formen des bankgetragenen Zahlungsverkehrs.

❑ Der **Wechsel**, der eine Zahlungsfunktion erfüllt, aber auch eine Kredit- und Sicherungsfunktion hat.

❑ Die **Karten**, die von Kreditkartenunternehmen, von Banken und anderen Unternehmen ausgegeben werden und eine Zahlungsfunktion erbringen.

Die Verwendung der einzelnen Instrumente des bargeldlosen Zahlungsverkehrs spielt im täglichen Geschehen sowohl im Privatbereich als auch im Unternehmensbereich eine oft unterschätzte Rolle.

Beurteilen Sie die Bedeutung des bargeldlosen Zahlungsverkehrs aus Sicht:

(1) des Zahlungspflichtigen bzw. des Zahlungsempfängers
(2) der Kreditinstitute
(3) der Gesamtwirtschaft

Seite 185

Der sinnvolle Einsatz der bargeldlosen Zahlungsinstrumente erfordert **einheitliche Regelungen** innerhalb der Kreditwirtschaft, z. B.:

❏ Einheitliche Vordrucke
❏ Einheitliche maschinenlesbare Schrift
❏ Bankleitzahlen der Kreditinstitute
❏ Einheitliche Abwicklung
❏ Einheitliche technische Voraussetzungen in den Kreditinstituten.

Der bargeldlose Zahlungsverkehr umfasst:

- **Überweisungsverkehr**

- **Lastschriftverkehr**

- **Scheckverkehr**

- **Wechselverkehr**.

3.2.1 Überweisungsverkehr

Im Überweisungsverkehr gibt der zur Zahlung verpflichtete Beteiligte seinem Kreditinstitut die **Anweisung**, die auf dem Überweisungsformular angegebene Geldsumme zu Lasten seines Kontos auf das Konto des die Zahlung Erhaltenden zu übertragen. Der Überweisungsbetrag lautet seit 2002 ausschließlich auf Euro.

Der angewiesene Zahlungsbetrag wird in den Gironetzen der beteiligten Kreditinstitute – zumeist unter Einschaltung von Zentralbanken oder bundesbankgetragener Landeszentralbanken – transferiert. Hierbei gelten nach dem Überweisungsgesetz für In- und Auslandszahlungen **Ausführungsfristen**. Das sind fünf Werktage bei grenzüberschreitendem, drei Werktage bei inländischem, institutsübergreifendem Überweisungsverkehr sowie ein Bankgeschäftstag bei institutseigenen Konten.

Die Überweisung ist eine **Bringzahlung**, der Schuldner ergreift die Initiative.

Der **Formularsatz** einer Überweisung besteht aus zwei Teilen:

❏ Dem **Überweisungsauftrag**, der vom Schuldner zu unterschreiben ist und als Original beim beauftragten Kreditinstitut verbleibt. Dieses belastet das Konto des Schuldners, liest die Überweisung für die elektronische Weiterverarbeitung sowie Übertragung ein und veranlasst die Erkennung des Kontos des Gläubigers.

❏ Der **Durchschrift**, die als Quittung bei dem die Zahlung auslösenden Schuldner verbleibt.

Der früher übliche Gutschriftsträger entfällt, da die Daten weitgehend beleglos durch das Kreditinstitut des Auftraggebers in den elektronischen Zahlungsverkehr überführt werden.

Als **Formen** der Überweisung sind zu unterscheiden:

❑ Die **Dauerüberweisung**, die eine Zahlung per Dauerauftrag darstellt. Voraussetzungen hierfür sind, dass stets der **gleiche Zahler** an das **gleiche Empfängerkonto** einen **gleich hohen Betrag** zu **festen, wiederkehrenden Terminen** überweist.

Diese Überweisungsform bietet sich z. B. bei Zahlung von Mieten, Beiträgen und Versicherungsprämien an. Die Dauerüberweisung erbringt eine deutliche Arbeitsersparnis und bietet Schutz vor Versäumnissen der Zahlungstermine.

❑ **Beschleunigte Überweisungen** können sein:

Eilüberweisung	Sie wird für dringende Zahlungsfälle verwandt. Durch **direkten Austausch** – ohne Einschaltung der Zentralbanken der beteiligten Institute – beschleunigt sich die Laufzeit der Überweisung.
Elektronischer Zahlungsverkehr für Individualüberweisungen (EZÜ)	Er transferiert die Gutschriftsträger in einen **Datensatz**, der per Datenträgeraustausch oder per Datenfernübertragung generell eine schnellere Transferierung des Giralgeldes leistet und in den verschiedenen Gironetzen zum Teil schon ausschließlich zur Anwendung kommt. Im zunehmendem Maße ersetzt der EZÜ die Eilüberweisung.
Blitzgiro (Prior 1-Zahlung)	Es überträgt binnen Minuten **per Telefon** oder **Telefax** den Überweisungsauftrag zum empfangenden Kreditinstitut. Die Verrechnung zwischen den Kreditinstituten erfolgt erst nachträglich.

❑ Die **Sammelüberweisung**, die zu einem Zeitpunkt an verschiedene Zahlungsempfänger unterschiedlich hohe Geldbeträge per **Sammelauftrag** anweist, z. B. für Überweisung von Gehaltszahlungen eines Unternehmens. Das die Überweisung ausführende Kreditinstitut erhält einen Sammelauftrag mit der Gesamtsumme, den Einzelsummen und den Überweisungsträgern für die jeweiligen Empfänger.

3.2.2 Lastschriftverkehr

Der Lastschriftverkehr erlaubt dem Gläubiger, fällige Forderungen beim Schuldner durch sein Kreditinstitut einzuziehen. Der Gläubiger ist bei der Lastschrift Initiator eines **Holinkassos**, er löst den Zahlungsvorgang aus.

Das Lastschriftverfahren ist anwendbar für **einmalige**, aber auch für **sich wiederholende Zahlungen** eines **bestimmten Zahlungspflichtigen**, wobei sie **regelmäßig** oder **unregelmäßig** und in **gleicher** oder **unterschiedlicher Höhe** anfallen können.

Voraussetzung für die Durchführung des Lastschriftverkehrs ist die schriftliche Zustimmung des Zahlungspflichtigen. **Formen** der Lastschriften können sein:

❑ Die **Einzugsermächtigung**, die am gebräuchlichsten ist und als Merkmale aufweist:

> ○ Die Zustimmung zur Belastung seines Kontos gibt der Schuldner dem Gläubiger schriftlich.
>
> ○ Der Gläubiger reicht bei seiner Bank ein Lastschriftformular ein, wonach ihm der Forderungsbetrag *»Eingang vorbehalten«* gutgeschrieben wird.
>
> ○ Sein Kreditinstitut veranlasst das Lastschriftinkasso und damit die Kontobelastung des Schuldners.
>
> ○ Dieser erlangt in dieser Form des Lastschriftverkehrs ein Widerspruchsrecht, das nicht an eine bestimmte Frist gebunden ist.
>
> ○ Das Einzugsermächtigungsverfahren hat den **Vorteil** der terminlichen Ungebundenheit und der Variabilität der Zahlungshöhe.

❑ Der **Abbuchungsauftrag**, der eher selten erfolgt, z. B. beim Einzug größerer Forderungsbeträge. Für ihn gilt:

> ○ Die Zustimmung zur Abbuchung gibt der Schuldner schriftlich an seine Bank.
>
> ○ Der Abbuchungsauftrag ermöglicht bei der Vorlage einer Lastschrift eines vorher bestimmten Gläubigers die Kontobelastung des Schuldners mit einem festgelegten Betrag.
>
> ○ Ein Widerspruch durch den Schuldner ist nicht möglich.

Der Lastschriftverkehr und der Überweisungsverkehr sind dominierende bargeldlose Zahlungsverkehrsformen in Deutschland und daher für die Abwicklung von Zahlungsvorgängen von besonderer Bedeutung.

❑ Zeigen Sie Unterschiede zwischen dem Dauerauftrag und dem Einzugsermächtigungsverfahren auf!

❑ Für welche Praxisanwendungen eignen sich diese Formen des Zahlungsverkehrs?

Seite 185

3.2.3 Scheckverkehr

Der **Scheck** ist im Gegensatz zur Lastschrift ein Wertpapier und stellt eine **unbedingte Anweisung** des Ausstellers an sein Kreditinstitut dar, einen bestimmten Betrag bei Vorlage des Schecks (bei Sicht) an einen Dritten unter Belastung seines Kontos zu zahlen. Regelungen zum Scheckverkehr erfolgen im Scheckgesetz (SchG).

Ein Scheck kann nicht nur wie beschrieben eingelöst werden. Gewöhnlicher Weise übergibt ihn der Empfänger seinem Kreditinstitut **zum Einzug**. Er kann den Scheck aber auch einem dritten Gläubiger als Zahlungsmittel weitergeben.

Der Scheck hat sechs gesetzliche und weitere kaufmännische **Bestandteile**:

Gesetzliche Bestandteile	Kaufmännische Bestandteile
○ Bezeichnung »*Scheck*« im Text der Urkunde	○ Schecknummer
	○ Kontonummer
○ Unbedingte Anweisung zur Zahlung einer Geldsumme	○ Bankleitzahl
○ Bezogenes Kreditinstitut	○ Schecksumme in Ziffern
○ Zahlungsort	○ Überbringerklausel
○ Tag und Ort der Ausstellung	○ Zahlungsempfänger
○ Unterschrift des Ausstellers	○ Codierzeile

In seiner ersten Phase ist der Scheck eine **Bringzahlung**, indem hier die Scheckübergabe durch den Schuldner geschieht. In der zweiten Phase erfolgt gewöhnlich eine **Holzahlung**, wenn der Gläubiger die Scheckeinreichung bei seinem Kreditinstitut vornimmt und den Scheck »*Eingang vorbehalten*« gutgeschrieben bekommt.

Das Scheckgesetz sieht vor, dass der Scheck bei seiner Vorlage (»*auf Sicht*«) zahlbar ist, soweit er innerhalb einer **Vorlegungsfrist** bei einem Kreditinstitut eingereicht wurde, die ab dem Ausstellungstag zu laufen beginnt. Sie beträgt für:

❏ Im **Inland** ausgestellte Schecks   8 Tage
❏ Im **Europäischen Ausland** oder in einem
   an das **Mittelmeer** grenzenden Land ausgestellte Schecks   20 Tage
❏ In **überseeischen Ländern** ausgestellte Schecks   70 Tage.

Eine **Verlängerung der Vorlegungsfrist** kann durch eine Vordatierung des Schecks erfolgen. Bei der Vorlage eines Schecks mit **abgelaufener Vorlegungsfrist** ist das Kreditinstitut zur Einlösung dieses Schecks berechtigt, aber nicht mehr verpflichtet. Der Scheckinhaber verliert seine scheckrechtlichen Rückgriffsrechte. In der Praxis werden verspätet vorgelegte Schecks i. d. R. eingelöst.

Arten der Schecks können sein:

❏ Nach Art der **Einlösung** des Schecks

Barscheck	Er ermöglicht eine Bargeldauszahlung der Schecksumme. Auf dem Scheck darf kein Vermerk »*Nur zur Verrechnung*« enthalten sein.
	○ **Vorteilhaft** ist die Zahlungsmöglichkeit auch an Nichtkontoinhaber.
	○ **Nachteilig** wirken die Gefahren des Diebstahls oder des Verlustes des Barschecks, die zu einer unberechtigten Abhebung führen können.
Verrechnungs- scheck	Er schließt mit dem Vermerk »*Nur zur Verrechnung*« eine Barauszahlung aus. Seine Einlösung ist lediglich über ein Girokonto möglich. Die Gutschrift erfolgt durch das bezogene Kreditinstitut.

	Der Verrechnungsvermerk kann von jedem Scheckinhaber angebracht werden, die Streichung des Vermerks gilt als nicht erfolgt. ○ **Vorteilhaft** sind die große Sicherheit und die Möglichkeit der Zurückverfolgung des Einzugsweges. ○ **Nachteilig** ist, dass keine Zahlungsmöglichkeit an Personen besteht, die kein Konto besitzen.

❑ Nach der Art der **Übertragung** des Schecks

Orderscheck	Nach dem Gesetz sind Schecks geborene Orderpapiere. Diese werden in der Praxis durch die Klausel *»oder Order«* gekennzeichnet. Die Übertragung eines Orderschecks erfordert ein Indossament, d. h. die Angabe der Person, die den Orderscheck erhalten soll: *»Zahlen Sie an die Order von ...«*. **Vorteilhaft** ist die erhöhte Sicherheit des Übertrags, die Nachprüfbarkeit der Legitimation des Scheckvorlegers.
Inhaberscheck	Er kann formlos ohne Indossament übergeben werden und ist an den Vorleger zahlbar. Durch die Klausel *»oder Überbringer«* wird aus dem Orderpapier ein Inhaberpapier. Prinzipiell werden für Inhaberschecks **keine Einlösungsgarantien** durch die bezogenen Kreditinstitute übernommen. Zur Einlösung ist das Kreditinstitut nur dann verpflichtet, wenn eine ausreichende Deckung des betroffenen Kontos besteht.
Rektascheck	Er bestimmt eine Person als Empfänger des Schecks (rekta = direkt) und schließt eine Übertragung durch Indossament (negative Orderklausel: *»Zahlen Sie an ..., nicht an Order ...«*) auf andere Personen aus. Er hat keine praktische Bedeutung.

❑ Nach der Art der **Einlösungsgarantie**

Eurocheque	Die Zahlungsgarantie des Eurocheque wurde bis Ende 2001 gewährt und betrug 200 €. Sie wurde ab Anfang 2002 aufgehoben. Begründet wurde dies mit den europaweiten Einsatzmöglichkeiten der ehemaligen EC-Karte, die jetzt auch **Debitkarte** genannt wird, sowie mit der Nutzbarkeit des Electronic Cash und der Möglichkeit, Bargeld zu beschaffen.
Bestätigte Schecks	Die Deutsche Bundesbank bestätigt auf Antrag für acht Tage die Verpflichtung zur Einlösung eines auf sie gezogenen Schecks als **bestätigten LZB-Scheck**. Kreditinstitute ziehen Schecks auf ihr LZB-Konto, lassen sie bestätigen und reichen diese an Kunden aus, die damit eine auf Zeit garantierte Zahlungsmöglichkeit bekommen.

Die **Zahlung im Scheckverkehr** erfolgt in mehreren Schritten:

❏ Zuerst stellt der Zahlungspflichtige einen Scheck aus.

❏ Der Scheck wird an den Zahlungsempfänger übergeben, wobei dieser nach der Annahme den Scheck zahlungshalber an einen dritten Gläubiger **weitergeben** oder ihn zur **Einlösung** bei seinem Kreditinstitut vorlegen kann.

❏ Durch die Einlösung erhält der Zahlungsempfänger eine **Gutschrift** auf seinem Konto mit dem Vermerk »*Eingang vorbehalten*«, der auf die Deckung als Voraussetzung zur Zahlung bzw. auf eine mögliche Nichtzahlung des Scheckbetrages hinweist.

❏ Im Falle der Feststellung einer **Nichteinlösung**, die durch eine öffentliche Urkunde, durch den »*Nicht-Bezahlt-Vermerk*« des bezogenen Kreditinstituts oder eine Erklärung der LZB-Abrechnungsstelle erfolgen kann, hat eine **Benachrichtigung** des Ausstellers und des unmittelbaren Vormannes innerhalb von vier Werktagen zu erfolgen. Weitere Indossanten haben hierfür zwei Werktage Zeit.

❏ Daraufhin erfolgt ein gesamtschuldnerischer **Rückgriff** auf den Aussteller und die möglichen ehemaligen Scheckinhaber, die diesen mittels eines Indossaments weitergegeben haben.

❏ Bei einer Nichtzahlung folgt ein **Mahnverfahren** oder ein **Scheckprozess**, was dann bis zum Vollstreckungsbescheid führen kann.

06 ▷
Sie haben mehrere verschiedene Schecks zur Zahlung einer Forderung ihres Unternehmens vorgelegt bekommen. Sie sollen diese Schecks auf ihre rechtliche Wirksamkeit testen. (1) Nennen Sie daher mindestens vier der sechs gesetzlichen Bestandteile eines Schecks! (2) Zeigen Sie die Unterschiede zwischen den vorliegenden Bar- und Verrechnungsschecks sowie Inhaber- und Orderschecks auf!

Seite 186 ▷

3.2.4 Wechselverkehr

Der Wechsel ist ein streng förmliches Wertpapier, das ein privates Vermögensrecht verbrieft, wobei die Ausübung der Rechte an den Besitz der Urkunde gebunden ist.

Zu unterscheiden sind:

❏ **Gezogener Wechsel**, bei dem der Aussteller (= Trassant) einen Dritten auffordert, Zahlung zu leisten.

○ Die Zahlung kann beim Wechsel **an eigene Order** ergehen, wenn der Aussteller identisch mit dem Begünstigten (= Remittent) ist. Ein Wechsel **an fremde Order** zeigt an, dass Aussteller und Begünstigter unterschiedliche Personen sind.

○ Der Bezogene (= Trassat, Akzeptant, Schuldner) verpflichtet sich zur Zahlungsleistung mit einer schriftlichen Annahmeerklärung, die **Akzept** genannt wird und durch eine Unterschrift links quer über die Vorderseite des Wechsels geleistet wird.

○ Der ausgestellte und noch nicht akzeptierte Wechsel wird als **Tratte** bezeichnet.

❑ **Eigener Wechsel**, bei dem der Aussteller (= Bezogener) selbst verspricht, die Zahlung bei Fälligkeit des Wechsels an eine bestimmte Person vorzunehmen.

○ Er wird auch **Solawechsel** genannt.
○ Er kann als Sicherungsmittel und Finanzierungsmittel eingesetzt werden.

Der Wechsel hat drei verschiedene **Funktionen**:

❑ Die **Kreditfunktion**, die je nach Art des Wechsels folgende Ausprägungen hat:

Handels- wechsel	Bei ihm liegt ein Warengeschäft mit einem entsprechenden Kaufvertrag zu Grunde. Die Kreditfunktion besteht in der Gewährung eines Zahlungszieles des belieferten Unternehmens, das den Wechsel akzeptiert.
Finanz- wechsel	Bei ihm fehlt dieses Warengeschäft. Durch die Ausstellung eines Wechsels wird ein Darlehen gewährt.

Die Kreditfunktion wird im Kapitel Wechseldiskontkredit näher dargelegt.

❑ Die **Sicherungsfunktion**, die in Form der gegebenen Wechselstrenge dem Gläubiger eine besondere Sicherheit zukommen lässt, zumal weitere am Wechsel Beteiligte mithaften.

❑ Die **Zahlungsfunktion**, bei welcher der Wechsel eine Funktion als Geldersatzmittel übernimmt. Seine Weitergabe als Zahlungsmittel erfolgt **erfüllungshalber**, die Schuld erlischt durch das Einlösen des Wechsels.

Der Wechsel hat, wie der Scheck, gesetzliche und kaufmännische **Bestandteile**:

Gesetzliche Bestandteile	Kaufmännische Bestandteile
○ Bezeichnung »*Wechsel*« im Text der Urkunde	○ Ortsnummer des Zahlungsortes
○ Unbedingte Anweisung zur Zahlung einer Geldsumme	○ Wiederholung des Zahlungsortes
○ Name des Bezogenen; beim Solawechsel entfällt diese Angabe.	○ Wiederholung der Wechselsumme in Ziffern
○ Zahlungsort: Fehlt die Angabe hierzu, gilt der beim Namen des Bezogenen angegebene Ort. Fehlt auch dieser, liegt kein Wechsel vor.	○ Zusatz »*erste Ausfertigung*«, »*zweite Ausfertigung*« usw. bei mehreren Ausfertigungen

○ Tag und Ort der Ausstellung: Fehlen die Ortsangaben, gilt der beim Namen des Ausstellers angegebene Ort. Fehlt auch dieser, liegt kein Wechsel vor.	○ Domizil- oder Zahlstellenvermerk (Angabe des Kreditinstituts, bei dem der Wechsel zahlbar ist)
	○ Anschrift des Ausstellers

Unterschrift des Ausstellers

Verfallzeit, die sein kann: - Bestimmter Tag (Tagwechsel) - Bestimmte Zeit nach Ausstellung (Datowechsel).

Um **Zahlungen** im Wechselverkehr durchzuführen, sind mehrere Schritte nötig:

❑ Zuerst erfolgt die **Ausstellung** eines Wechsels durch den Trassanten, welcher der Wechselfähigkeit (Rechts- und volle Geschäftsfähigkeit) entsprechen muss.

❑ Die **Vorlage der Tratte** als dem ausgestellten, aber noch nicht akzeptierten Wechsel hat am Wohnort des Bezogenen zu erfolgen.

❑ Der Bezogene nimmt durch ein **Akzept** am Tage der Vorlage oder am darauf folgenden Werktag den Wechsel an. **Formen** des Akzeptes sind z. B.:

Kurzakzept	Es besteht nur aus der Unterschrift des Bezogenen.
Vollakzept	Es enthält Unterschrift, Ort, Datum, ggf. Wiederholung der Wechselsumme.
Teilakzept	Die Annahme erfolgt nur für einen Teil der Wechselsumme.
Bürgschaftsakzept	Ein zusätzlicher Bürge haftet mit durch seine Unterschrift auf dem Wechsel.
Blankoakzept	Ein nicht ausgefüllter Wechsel wird mit einem Kurzakzept versehen.

❑ Zur **Übertragung** des Wechsels sind die Einigung, ein Indossament und die Übergabe selbst erforderlich. **Formen** des auf der Rückseite des Wechsels angebrachten Indossaments können sein:

Vollindossament	Es enthält die Orderklausel (»an die Order«), den Namen des momentanen Wechselinhabers (= Indossant) und den Namen des neuen Wechselgläubigers (= Indossatar). Ort und Datum können genannt werden.
Kurzindossament	Diese Form enthält nur die Unterschrift des Indossanten. Sie wird auch **Blankoindossament** genannt.
Sonderformen	○ **Inkassoindossament** (Indossatar hat nur das Recht zum Einzug) ○ **Pfandindossament** (Indossatar hat nur ein Pfandverwertungsrecht, kein Eigentumsrecht)

> ○ **Angstindossament** (Indossant schließt die Haftung gegenüber den nachgelagerten Wechselnehmern aus)
>
> ○ **Rektaindossament** (Indossant beschränkt die Haftung auf den unmittelbaren Nachmann).

❑ Die **Einlösung** des Wechsels erfolgt am Verfalltag, sofern dies ein Werktag ist, oder an einem der zwei auf diesen Zahlungstag folgenden Werktage. Der Wechsel ist am Zahlungsort des Bezogenen oder an der angegebenen Domizilstelle vorzulegen. Nach Zahlung erhält der Bezogene den quittierten Wechsel. Teilzahlungen sind möglich.

❑ Gründe der **Nicht-Einlösung** des Wechsels sind mangelnde Annahme, mangelnde Sicherheit oder mangelnde Zahlung. In jedem Falle kann **Wechselprotest** erhoben werden. Er bezeugt als Urkunde, dass der Wechsel ordnungsgemäß zur Annahme oder Zahlung vorgelegt und dabei nicht akzeptiert oder bezahlt wurde.

Der Wechselprotest kann durch einen Notar oder einen Gerichtsbeamten erhoben werden. Der **Regress** (Rückgriff) erfolgt auf alle Personen als Gesamtschuldner, die einen Wechsel ausgestellt, angenommen, indossiert oder für ihn gebürgt haben.

❑ Nach dem Wechselprotest erfolgt der **Wechselmahnbescheid** oder der **Wechselprozess**:

Wechsel-mahnbescheid	Er ist ein kostengünstiges, deshalb oft verwandtes gerichtliches Mahnverfahren.
Wechselprozess	Dieser zeichnet sich durch kurze Einlassungsfristen, begrenzte Zulassung von Beweismitteln (Wechselurkunden), beschränkte Einredemöglichkeiten des Beklagten und die sofortige Vollstreckbarkeit des Urteils in Form von z. B. der sofortigen Pfändung des Schuldners aus.

Die **Bedeutung des Wechsels** als Finanzierungsinstrument hat abgenommen, da die Europäische Zentralbank das Wechselrediskontgeschäft nicht mehr in dem Maße durchführt, wie dies die Deutsche Bundesbank bis 1998 getan hat. Allerdings ist der Wechsel weiterhin verwendbar und wird auch wieder von Banken und der Bundesbank zur Diskontierung angekauft.

> Der Lieferant A hat einen neuen Kunden B, der eine Zahlungsfrist von 90 Tagen eingeräumt haben möchte. Diesem schickt er mit der Ware eine Rechnung, der eine Tratte beigelegt ist. B akzeptiert den Wechsel und sendet ihn an A zurück.
>
> ❑ Welche Möglichkeiten hat A nun, mit diesem Wechsel zu verfahren?
>
> ❑ Welche Funktionen erfüllt der Wechsel bei den verschiedenen Verfahrensmöglichkeiten?

Seite 186

3.3 Elektronischer und kartengebundener Zahlungsverkehr

Der Zahlungsverkehr entwickelte sich für die Kreditinstitute in den vergangenen Jahren zu einer kostenträchtigen Geschäftssparte. Aus diesem Grunde wurde die **Automatisierung** und die **Rationalisierung** der bankgetragenen Zahlungsverkehrsmittel vorangetrieben, z. B. im Überweisungsverkehr durch den EZÜ. Daneben kamen rasch elektronische und kartengebundene Arten des Zahlungsverkehrs auf in Form von:

- **Electronic Cash**
- **Kreditkarten**
- **Electronic/Internet Banking**.

3.3.1 Electronic Cash

Mit Electronic Cash-Systemen kann der Kunde an automatisierten Kassen von Handels- und Dienstleistungsunternehmen direkt am »**Point of Sale**« Zahlungen bargeldlos mithilfe verschiedener Karten vornehmen. Deshalb wird auch von POS-Systemen gesprochen. **Karten** können sein:

❏ **Karten mit Magnetstreifen** als Debit- bzw. Scheckkarte, Kundenkarten von Kreditinstituten oder Kreditkarten. Sie ermöglichen meist in Verbindung mit der Eingabe einer **p**ersönlichen **I**dentifikations**n**ummer (PIN) bargeldlose Zahlungen.

Auf der Rückseite der Karten befindet sich ein die Informationen tragender Magnetstreifen, der je nach Vorhandensein einer Direktverbindung zum betreffenden Kreditinstitut On-line- oder Off-line-Abbuchungen vom Girokonto des Karteninhabers ermöglicht. Zu unterscheiden sind:

POS-Systeme mit Zahlungsgarantie	Durch die Eingabe der PIN-Nummer erfolgt die On-line-Überprüfung der Ordnungsmäßigkeit der Zahlung (Echtheit der Karte, Richtigkeit der PIN, Kontrolle des Verfügungsrahmens und von Sperren).
	Bei positiver Autorisierung wird die **Zahlung** vorgenommen, die durch das Kreditinstitut in ihrer Höhe **garantiert** wird.
POS-Systeme ohne Zahlungsgarantie **(POZ-Systeme)**	Hier entfällt die Eingabe der Geheimnummer, der Karteninhaber legitimiert sich durch seine Unterschrift auf einem Beleg, der eine **Einzugsermächtigung** für eine über diesen Betrag lautende **Lastschrift** ist.
	Das Kreditinstitut gibt für die Zahlung der Lastschrift, die vom das POS-System nutzenden Unternehmen eingereicht wird, **keine Garantie**, weshalb diese Zahlungsvariante auch POZ-System (ohne Zahlungsgarantie) genannt wird. Vorteilhaft für die Unternehmen ist die kostengünstigere Off-line-Zahlung.

❑ **Chip-Karten**, auf denen sich ein Mikroprozessorchip befindet, der aufladbar ist und bis zum aufgeladenen Betrag Zahlungen ermöglicht. Sie werden auch **Geldkarten** genannt. Dieses System kann kostengünstig Off-line abgewickelt werden und soll künftig die Bargeldzahlung kleinerer Beträge ersetzen. Seit 1996 ist auch auf der ehemaligen EC-Karte einer Gruppe von Kreditinstituten ein solcher Chip enthalten.

Wegen der mehrfachen Funktionalität der Karte (z. B. Einsatz im öffentlichen Nahverkehr) wird auch von einer **elektronischen Geldbörse** gesprochen.

3.3.2 Kreditkarten

Der Inhaber einer Kreditkarte kann bei ausgewiesenen **Akzeptanzstellen** (Handel, Hotels, Tankstellen, Gaststätten) bargeldlos durch die Vorlage der Karte zahlen. Die Akzeptanzstellen sind Vertragsunternehmen des Kreditkartenherausgebers.

Der Kreditkartenherausgeber, z. B. Eurocard, Visa, American Express, Diners Club, Amexco, schreibt dem **Vertragsunternehmen** die durch die Zahlung entstandene Forderung an den Karteninhaber unter Abzug eines Disagios gut und zieht die abgekaufte oder abgetretene Forderung vom Karteninhaber zumeist monatlich ein.

Damit bekommt die Kreditkarte neben einer **Zahlungsfunktion** durch die Einräumung eines Zahlungszieles an den Karteninhaber auch eine **Kreditfunktion**. Weitere Einsatzmöglichkeiten und Leistungen der Kreditkarte sind z. B.:

○ Geldkartenfunktionen an Geldautomaten ○ Telefonkartenfunktion	○ Electronic Cash-Funktionen ○ Verschiedene Versicherungsleistungen

3.3.3 Electronic und Internet Banking

Moderne Informations- und Kommunikationstechniken stellen zu Kreditinstituten elektronische Verbindungen mit der Hilfe von Daten- oder Telekommunikationsnetzen her, die dem Vertrieb von Bankleistungen nutzen und als Zahlungsverkehrsformen der Zukunft gelten.

Der Kunde wickelt mittels eines **Computers**, eines **Modems** und eines **Telefonanschlusses** direkt oder auch über das Internet Zahlungsvorgänge ab. Die übermittelten Daten werden mittels Geheimzahlen (PIN) und Einmalpasswörtern (TAN = Transaktionsnummer) sowie weiterer Vorkehrungen (Firewalls, Kryptografie) oder über ein Chipkartengerät als Home Banking Computer Interface (HBCI) abgesichert.

Im **Internet** bestehen inzwischen vereinzelt Möglichkeiten, mit virtuellem Geld (E-Cash oder Cyber-Cash) Zahlungen durchzuführen. Bisher ist es üblich, zur späteren Begleichung der über das Internet abgerufenen Leistung Kreditkartennummern anzugeben oder andere Zahlungswege zu nutzen, z. B. den Versand eines Schecks oder die Zahlung per Nachnahme.

3.4 Auslandszahlungsverkehr

Zahlungen zwischen Gebietsansässigen und Gebietsfremden charakterisieren den Auslandszahlungsverkehr. Sein Volumen hat sich durch die Globalisierung der Wirtschaft und die Zunahme des grenzüberschreitenden Waren-, Dienstleistungs- und Kapitalverkehrs stark erhöht.

Zur Bewältigung des Zahlungsverkehrsaufkommens verfügt die Kreditwirtschaft durch den Aufbau eines Netzes von **Korrespondenzbanken** über Möglichkeiten der Verrechnung von Zahlungsvorgängen durch gegenseitige Kontokorrentverbindungen. Als **Konten** sind zu unterscheiden:

❏ Das **Nostrokonto**, bei dem eine inländische Bank ein Konto in fremder Währung bei einer ausländischen Bank unterhält.

❏ Das **Lorokonto**, wobei eine inländische Bank für eine ausländische Bank ein Konto in inländischer Währung führt.

Alternativ zum Netz der Korrespondenzbanken sind mit der Euro-Einführung **europäische Systeme** zur Beschleunigung und Verbilligung des grenzüberschreitenden Zahlungsverkehrs zum Einsatz gekommen. Sie können eingeteilt werden in:

❏ **Zentralbankgetragene Zahlungsverkehrssysteme**

Das **TARGET-System** (**T**rans-European **A**utomated **R**eal-Time **G**ross Settlement **E**xpress **T**ransfer) verbindet die nationalen »Brutto-Echtzeit-Abrechnungssysteme« europäischer Nationalbanken, wie z. B. das EAF-System der deutschen Bundesbank, miteinander. Es lässt eine sofortige und endgültige Guthaben-Verbindung zu und ermöglicht durch besondere Öffnungszeiten gleichtägige Verrechnungen mit den USA und Asien.

❏ **Privatbankgetragene Zahlungsverkehrssysteme**

Beispielsweise wurde 1985 das **EBA-System** (**E**uro **B**anking **A**ssociation) als privates Zahlungs- und Verrechnungssystem für die ECU gegründet. Mit der Euro-Einführung stellt diese Verbindung von Europäischen Kreditinstituten ein Euro-Clearingsystem dar, das kostengünstig und liquiditätssparend sein soll.

Aufgrund z. B. größerer Entfernungen zwischen den Geschäftspartnern sowie unterschiedlicher Rechtsordnungen bestehen für Auslandszahlungen trotz der vorhandenen Bankverbindungen besondere **Risiken**.

Daher werden neben reinen, ungesicherten Zahlungen im Auslandszahlungsverkehr auch **Dokumente** als Urkunden bzw. Wertpapiere eingesetzt, die Rechte an der Ware verkörpern. Sie dokumentieren den Versand der Ware, die Verpflichtung zur Beförderung und die Aushändigung der Ware an den legitimierten Empfänger.

Instrumente des Auslandszahlungsverkehrs können sein:

* **Clean Payment**

* **Dokumentärer Zahlungsverkehr.**

3.4.1 Clean Payment

Die reine, **ungesicherte Zahlung** wird **ohne Dokumente** durch Überweisung oder Scheck vorgenommen:

❑ **Überweisungen** an Gebietsfremde sind möglich als:

Europaüber-weisungs-auftrag	Dies ist ein Auslands-Überweisungsauftrag ohne Meldeteil an die Bundesbank. Der Europaüberweisungsauftrag ist für Zahlungen unter 12.500 € konzipiert.
Zahlungsauf-trag im Außen-wirtschafts-verkehr	Dieses als Vordruck »Z 1« zu nutzende Formular ist Zahlungsauftrag und Meldeformular zugleich. Er findet bei Zahlungen über 12.500 € Verwendung und enthält zusätzliche Informationen über den getätigten Transfer.

Die Ausführung der Überweisungsaufträge erfolgt entweder brieflich bzw. telefonisch oder beleglos und vollautomatisiert im **S.W.I.F.T-System** (**S**ociety for **W**orldwide **I**nterbank **F**inancial **T**elecommunication), das ein leistungsfähiges Datenfernübertragungsnetz zwischen Kreditinstituten ist.

Zur Automatisierung des grenzüberschreitenden Zahlungsverkehrs wurden vom *European Committee for Banking Standards* internationale Bankkonto-Nummern (**IBAN** = International Bank Account Number) und Bankleitzahlen (**BIC** = Bank Identifier Code) geschaffen.

❑ Als **Schecks** sind im Auslandszahlungsverkehr üblich:

Banken-Orderschecks	Bei ihnen zieht die (inländische, ausstellende) Bank des Zahlungspflichtigen einen Scheck auf eine andere (ausländische, bezogene) Bank an die Order des Zahlungsempfängers und versendet den Scheck direkt an ihn. Dieser kann den Scheck zur Gutschrift entsprechend bei dieser Bank einreichen.
Kundenschecks	Hier ist der Zahlungspflichtige selbst der Scheckaussteller und zieht den Scheck auf sein kontoführendes Bankinstitut.

3.4.2 Dokumentärer Zahlungsverkehr

Folgende **Dokumente** werden im Rahmen des Auslandszahlungsverkehrs vor allem verwandt:

❏ **Versandpapiere**, die folgende Formen haben können:

Konnossement	Das ist ein Orderpapier, welches im **Seefrachtverkehr** den Empfang, die Verpflichtung des Verfrachters zur Beförderung und zur Aushändigung der Ware an den berechtigten Empfänger dokumentiert.
Ladeschein	Er entspricht weitgehend dem Konnossement und kommt in der **Binnenschifffahrt** zur Anwendung.
Frachtbrief	Mit ihm ist die Disposition im **Eisenbahngüter-, Straßengüter-, Luftfrachtverkehr** möglich. Er lässt eine Auslieferung der Ware an den Empfänger, ein Anhalten oder Rückgabe der Ware zu.

❏ **Versicherungspapiere**, die vor allem in Form von Transportversicherungspapieren als Beweis für den Abschluss eines Transportversicherungsvertrages dienen. Zu unterscheiden sind die **Einzelpolice** für einen einmaligen Transport und die **Generalpolice** für mehrmalige Transporte, wobei jeweils ein Versicherungszertifikat abgeschlossen wird.

❏ **Handels- und Zollpapiere**, deren Ausprägungen sind:

Handelsfaktura	Sie ist eine Rechnung, die Angaben über Ware, Liefer- und Zahlungsbedingungen enthält.
Zollfaktura	Sie bestimmt die Höhe des Zolls auf Basis des Warenwertes.
Ursprungs-zeugnis	Das Ursprungszeugnis bescheinigt die Herkunft der betreffenden Ware.
Warenverkehrs-bescheinigung	Sie ist ein Papier, das den Warentransfer zwischen EU-Staaten und damit die Zollfreiheit anzeigt.

❏ **Lagerhaltungspapiere**, die einen Nachweis der Einlagerung darstellen und vom Lagerhalter ausgestellt werden.

Die Dokumente sollen das **Risiko** der nur einseitigen Leistungserfüllung zwischen zwei Geschäftspartnern im Ex- und Import begrenzen. Aufgrund dieser besonderen Risiken bedient man sich der **Zug-um-Zug-Geschäfte**, die erfolgen als:

❏ **Dokumenteninkasso**, das dem Exporteur die »Zahlung gegen Dokumente« zusichert. Dies kann geschehen durch:

Zahlungs-inkasso	Der Exporteur beauftragt seine Bank, den Gegenwert für die eingereichten Dokumente vom Importeur oder dessen Bank einzuziehen.
Wechsel-inkasso	Der Importeur hat eine vom Exporteur mitgeschickte Tratte zu akzeptieren, bevor ihm die Dokumente übergeben werden.

Das Dokumenteninkasso kann Risiken nicht völlig ausschließen. Für den Exporteur besteht das Risiko in der verspäteten oder verweigerten Dokumentenaufnahme.

Der Importeur nimmt in Kauf, die Ware vor einer Besichtigung oder Überprüfung zu bezahlen. Deshalb wird zumeist das Dokumentenakkreditiv verwandt.

❑ Das **Dokumentenakkreditiv** bindet zusätzlich Bankgarantien ein. So verspricht die Bank des Importeurs dem im Akkreditiv genannten Exporteur eine bestimmte Leistung bei Übergabe der Dokumente.

Die Zahlung oder die Akzeptleistung kann durch die das Akkreditiv eröffnende Importbank oder durch die das Akkreditiv bestätigende Exportbank erfolgen. Gewöhnlicherweise verpflichtet sich die Akkreditivbank mit einem **unwiderruflichen Akkreditiv** zur sofortigen, unwiderruflichen Zahlung bei der Vorlage ordnungsgemäßer Dokumente.

Eine Verstärkung der Sicherung des Lieferanten erfolgt durch ein **bestätigtes Akkreditiv**, bei dem zusätzlich auch die Korrespondenzbank in die Zahlungsverpflichtung miteintritt.

Zeigen Sie die wesentlichen Unterschiede auf zwischen:

(1) Electronic Cash und Electronic Banking
(2) Scheckkarte und Kreditkarte
(3) Lorokonto und Nostrokonto
(4) Konnossement und Frachtbrief
(5) Dokumenteninkasso und Dokumentenakkreditiv

Seite 186

Erläutern Sie, was unter folgenden Begriffen zu verstehen ist, die Sie in diesem Kapitel kennen gelernt haben:

❑ Konkretes Kapital   ❑ Innenfinanzierung
❑ Abstraktes Kapital   ❑ Zahlungsverkehr
❑ Finanzwirtschaftliche   ❑ Überweisungsverkehr
   Funktionen   ❑ Lastschriftverkehr
❑ Vermögen   ❑ Scheckverkehr
❑ Investition   ❑ Wechselverkehr
❑ Finanzierung   ❑ Electronic Cash
❑ Außenfinanzierung   ❑ Auslandszahlungsverkehr

Seite 205 ff.

B. Finanzwirtschaftliche Führung

Die finanzwirtschaftliche Führung erfolgt auf mehreren **Ebenen,** die sich in folgender Weise unterscheiden lassen:

Top-Management = Obere Führungsebene	**Beispiele:** Finanzvorstand Kaufmännischer Geschäftsführer Direktor der Finanzabteilung	**Entscheidungsart:** Vorwiegend strategische Entscheidungen **Beispiel:** Vorgaben zur Entwicklung der Kapitalstruktur, Börsengang, Emissionen
Middle-Management = Mittlere Führungsebene	**Beispiel:** Hauptabteilungsleiter in der Finanzabteilung	**Entscheidungsart:** Vorwiegend dispositive Entscheidungen und Anordnungen **Beispiel:** Entscheidungen innerhalb der Kreditpolitik
Lower-Management = Untere Führungsebene	**Beispiel:** Disponent im Zahlungsverkehr	**Entscheidungsart:** Vorwiegend Anordnungen und Ausführungen **Beispiel:** Tägliche Disposition der Gelder

Als **Prozess** umfasst die finanzwirtschaftliche Führung:

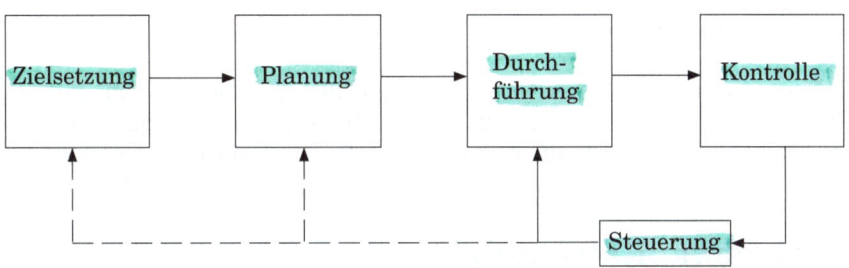

Die Zielsetzung und Planung haben für die Durchführung den Charakter von **Vorgaben**, deren Einhaltung durch die Kontrolle überprüft wird. Stimmen Soll-Werte und Ist-Werte nicht überein, sind Maßnahmen der Steuerung angezeigt. Sie beziehen sich vorrangig auf die Durchführung, können aber auch Veränderungen z. B. unrealistischer Zielsetzungen bzw. Planungsdaten zur Folge haben.

Im Rahmen der finanzwirtschaftlichen Führung sollen schwerpunktmäßig behandelt werden:

Finanzwirtschaftliche Führung	Ziele
	Instrumente

1. Ziele

Die finanzwirtschaftlichen Ziele leiten sich aus den Unternehmenszielen ab als:

Sie richten sich insbesondere an der Rentabilität aus, die als Oberziel verstanden werden kann und zu den untergeordneten Zielen Liquidität, Sicherheit und Unabhängigkeit in einen **Konflikt** tritt.

1.1 Rentabilität

Die Rentabilität ergibt sich aus dem Verhältnis von Ertragsgrößen und Einsatzgrößen. Wertmäßige **Ertragsgrößen** können z. B. der Jahresüberschuss, Steuerbilanzgewinn oder Cash Flow sein. Verschiedene Kapitalien, wie das Eigen- oder Gesamtkapital, bilden die **Einsatzgrößen**. Dementsprechend gibt es:

* **Eigenkapitalrentabilität**
* **Gesamtkapitalrentabilität**
* **Return on Investment**.

Die Bildung dieser Relationen entspricht dem **ökonomischen Prinzip**, das die Erreichung eines maximalen Ertrages durch einen bestimmten Einsatz bzw. eines bestimmten Ertrages durch einen minimalen Einsatz fordert.

1.1.1 Eigenkapitalrentabilität

Die Eigenkapitalrentabilität stellt eine Relation zwischen Gewinn und Eigenkapital her:

$$\text{Eigenkapitalrentabilität} = \frac{\text{Gewinn}}{\text{Eigenkapital}} \cdot 100$$

Sie interessiert vor allem Eigenkapitalgeber, die eine angemessene Verzinsung für das von ihnen eingesetzte Kapital fordern. Die Verzinsung des investierten Kapitals kann in Relation zu anderen Investitionsalternativen gesetzt und verglichen werden, z. B. mit einem Aktien- oder Anleihekauf am Kapitalmarkt.

Die Aussagekraft der Eigenkapitalrentabilität ist begrenzt. Sie wird durch den **Leverage-Effekt** geschmälert, wonach eine Steigerung der Eigenkapitalrentabilität durch den vermehrten Einsatz von Fremdkapital möglich ist, solange die Gesamtkapitalrentabilität höher ist als die zu zahlenden Fremdkapitalzinsen. Dieser Umstand wird als **Leverage-Chance** bezeichnet.

Beispiel: Ein Unternehmen weist eine Bilanzsumme von 120 Mio. € aus, die sich mit 10 % verzinst (Gewinn). An die Fremdkapitalgeber ist durchschnittlich ein Zins von 8 % zu zahlen. Die Situationen A und B zeigen die Entwicklung der Eigenkapitalrentabilität unter verschiedenen Zusammensetzungen des Kapitals.

Situation	A	B
Eigenkapital	60	20
Fremdkapital	60	100
Gesamtkapital	120	120
Gewinn vor Zinsen (10 %)	12	12
Fremdkapitalzinsen (8 %)	4,8	8
Gewinn nach Zinsen	7,2	4
Eigenkapitalrentabilität	**12 %**	**20 %**

(handschriftlich:) EK-Rentabilität $= \dfrac{\text{Gewinn}}{\text{EK}} \cdot 100\,\%$

Wie zu sehen ist, erhöht sich die Eigenkapitalrentabilität von 12 % (Situation A: EK = 60, FK = 60) durch einen vermehrten Einsatz von Fremdkapital auf 20 % (Situation B: EK = 20, FK = 100). Voraussetzung ist, dass die Gesamtkapitalrentabilität (10 %) größer als der Zins für das Fremdkapital (8 %) ist.

Zu berücksichtigen ist, dass mit zunehmender Verschuldung auch ein **Leverage-Risiko** entsteht, welches das Unternehmen schon bei der kurzfristigen Aufhebung der zwingend notwendigen Voraussetzung (Gesamtkapitalrentabilität > Fremdkapitalzins) in seiner Existenz bedroht.

10 ▷ Sie wollen anhand des vorangegangenen Beispiels ihrem Eigenkapitalgeber zu einer höheren Eigenkapitalrentabilität verhelfen. Diese Verhaltensweise birgt aber auch ein Leverage-Risiko.

Zeigen Sie dieses Risiko für den Fall eines möglichen Gewinneinbruchs auf 5 % auf!

Seite 187

1.1.2 Gesamtkapitalrentabilität

Die Gesamtkapitalrentabilität berücksichtigt das gesamte im Unternehmen arbeitende Kapital. Sie analysiert damit die Leistungsfähigkeit des Unternehmens unter Einbezug des Fremdkapitals:

$$\text{Gesamtkapitalrentabilität} = \frac{\text{Gewinn} + \text{Fremdkapitalzinsen}}{\text{Eigenkapital} + \text{Fremdkapital}} \cdot 100$$

Die Gesamtkapitalrentabilität zeigt die tatsächliche **Effektivität des Unternehmens**. Dies interessiert insbesondere das Management des Unternehmens. Auch berücksichtigt die Einbeziehung der Fremdkapitalzinsen wesentlich stärker die vorliegenden Kapitalstrukturen.

Die Gesamtkapitalrentabilität gibt den **Grenzzinssatz** vor, der von Fremdkapitalzinsen nicht überschritten werden sollte, damit weiterhin das Bestehen und der Erfolg des Unternehmens gesichert sind.

1.1.3 Return on Investment

Ebenso als Maßstab für die Rentabilität des Kapitaleinsatzes verwendbar ist der Return on Investment (**RoI**). Erfolgsgrößen wie der Gewinn, der Jahresüberschuss oder der Cash Flow werden dem investierten Kapital gegenübergestellt, wobei Rentabilitätsaussagen über Unternehmen gesamthaft, aber auch über einzelne Unternehmensbereiche, Produkte oder einzelne Investitionen erfolgen können.

$$\text{Return on Investment} = \frac{\text{Jahresüberschuss}}{\text{Gesamtkapital}} \cdot 100$$

Durch die **Erweiterung** der RoI-Formel mit dem Umsatz erhöhen sich die Analysemöglichkeiten der Kennzahl:

$$\text{Return on Investment} = \frac{\text{Jahresüberschuss}}{\text{Umsatz}} \cdot 100 \cdot \frac{\text{Umsatz}}{\text{Gesamtkapital}}$$

Die Einführung des Umsatzes als dritter Faktor des Renditeeinflusses spaltet die RoI-Formel in zwei **Komponenten**:

❑ Die **Umsatzrentabilität** als das Verhältnis des Jahresüberschusses zum Umsatz, die leistungswirtschaftliche Ursachen von Ergebnisveränderungen im Unternehmen ergründet. Sie wird vornehmlich durch die Kostenstruktur des Unternehmens bestimmt und beantwortet z. B. die Frage, wie viel Gewinn das Unternehmen mit 100 € Umsatz erreicht.

❑ Die **Kapitalumschlagshäufigkeit** als das Verhältnis von Umsatz und Gesamtkapital, die finanzwirtschaftliche Gründe von Ergebnisveränderungen aufzeigt. Sie misst die **Umschlagsgeschwindigkeit des investierten Kapitals**. Ein Kapitalumschlag von 2 bedeutet, dass mit 100 € investiertem Kapital 200 € Umsatz erreicht wurden.

Hier steht die Kapitalbindung im Vordergrund, wobei ein höherer Kapitalum-schlag zeigt, dass z. B. durch Verminderung des Anlage- oder Umlaufvermögens bei gleichbleibendem Umsatz der RoI erhöht wurde.

Drei Unternehmen aus einer Branche weisen folgende Zahlen auf:

Unternehmen	A	B	C
Jahresüberschuss	40	50	36
Bilanzsumme	200	500	360
Umsatz	400	500	720

❑ Errechnen Sie die Umsatzrentabilität und die Kapitalumschlags-häufigkeit!

❑ Schlagen Sie geeignete Maßnahmen zur Verbesserung des RoI vor! Gehen Sie aufgrund von verteilten Märkten von konstanten, also nicht steigerbaren Umsätzen aus.

Seite 187

1.2 Liquidität

Ziel der Liquiditätspolitik eines Unternehmens ist die **Erhaltung des finanziellen Gleichgewichtes**. Das Prinzip des finanziellen Gleichgewichtes fordert unter anderem, dass unter Beachtung der Rentabilität die auf das Unternehmen zukommenden Zahlungsverpflichtungen jederzeit erfüllt werden können. Die Zahlungen müssen **betragsgenau** und **zeitgenau** geleistet werden, um das Überleben des Unternehmens zu sichern.

Die **Zahlungsunfähigkeit** (auch drohende Zahlungsunfähigkeit) gilt nach der Insolvenzordnung als Grund zur Eröffnung des Insolvenzverfahrens. Bei den Gesellschaftsformen OHG und KG reicht hierzu die Zahlungsunfähigkeit aus, während dies bei der AG, KGaA bzw. GmbH neben der Zahlungsunfähigkeit auch die Überschuldung sein kann.

Nach der Abstufung des **wirtschaftlichen Ausmaßes** der Liquidität gibt es:

❑ Die **Unterliquidität**, der eine nur noch eingeschränkte Zahlungsfähigkeit des Unternehmens und damit ein Sicherheitsrisiko zu Grunde liegt. Es droht Zahlungsunfähigkeit. Die Zielsetzungen des Unternehmens können nur noch teilweise erreicht werden.

❑ Die **Überliquidität**, die das Gegenteil der Unterliquidität ist. Das Unternehmen verfügt hier über mehr liquide Mittel als es im Moment benötigt. Sie stellt einen Zustand hoher Sicherheit für das Unternehmen dar. Die Haltung von zu vielen liquiden Mitteln beeinflusst aber die Rentabilität negativ.

❑ Die **optimale Liquidität**, die sowohl dem Sicherheitsdenken als auch den Rentabilitätsaspekten gerecht wird und zwischen den beiden zuvor genannten Zustandsarten liegt.

Als **Arten** der Liquidität lassen sich **ihrer Ausprägung nach** unterscheiden:

* **Absolute Liquidität**
* **Relative Liquidität**.

1.2.1 Absolute Liquidität

Die absolute Liquidität beschreibt die **Eigenschaft** von Vermögensgegenständen, als Zahlungsmittel zu dienen oder in Zahlungsmittel umgewandelt zu werden. Die Ausprägung der absoluten Liquidität ist umso stärker, je rascher sich die Umwandlung eines Vermögensgegenstandes in liquide Mittel vollziehen kann.

Als Anhaltspunkt für die **Liquidationsdauer** kann die Stellung des Vermögensgegenstandes auf der Aktiv-Seite der Bilanz gelten, wobei festzustellen ist, dass Vermögensgegenstände tendenziell umso schneller in Geld umzuwandeln sind, je weiter »unten« sie in der Bilanz stehen.

Neben der Dauer der Liquidation ist auch der **Liquidationserlös** von Bedeutung. Seine Höhe wird insbesondere von drei Faktoren beeinflusst:

❑ Der **Qualität** des Gutes selbst. So kann sie sich z. B. in der Bonität der Forderung oder dem Zustand bei Sachgütern äußern.

❑ Den **Marktgegebenheiten**, z. B. die Konjunktur, die Existenz und der Organisationsgrad eines Marktes sowie die Marktgängigkeit des zu liquidierenden Gutes.

❑ Der **Dringlichkeit**, die den Verkaufspreis eines Gutes umso niedriger werden lässt, je größer der Zeitdruck des Verkaufs ist.

Der **Prozess der** »**Geldwerdung**« weist zwei Formen auf. Zu unterscheiden sind:

❑ Die **natürliche Liquidität**, die sich erst nach der vollkommenen Ausreifung eines Gutes einstellt. Beispielhaft für einen solchen Reifeprozess ist folgender Ablauf:

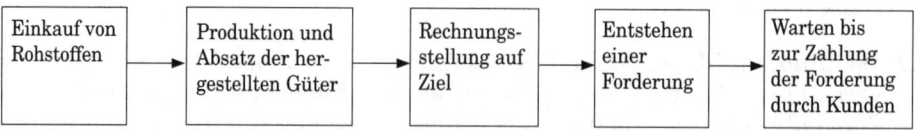

❑ Die **künstliche Liquidität**, die eine vorzeitige Umwandlung eines Vermögensgegenstandes in Liquidität meint. Sie unterbricht den natürlichen Reifeprozess von Gütern, z. B. durch den vorzeitigen Verkauf von Halbfertigwaren oder durch den Verkauf von Forderungen im Rahmen des Factoring.

1.2.2 Relative Liquidität

Greift die absolute Liquidität als Vermögensliquidität ausschließlich auf die Aktiv-Seite der Bilanz zurück, bindet die relative Liquidität **auch** die **Passiv-Seite** mit ein. Sie prüft die Möglichkeiten des Unternehmens, anstehenden Verpflichtungen nachzukommen.

Die liquiditätsbezogene Aufrechterhaltung der Betriebsbereitschaft wird auch als **Zahlungsbereitschaft** oder **Unternehmensliquidität** bezeichnet. Sie kann sein:

❑ Die **statische Liquidität** eines Unternehmens, die sich auf einen bestimmten Zeitpunkt bezieht. Sie leitet sich aus einer **Beständebilanz** ab, wobei unterscheidbar sind:

Kurzfristige Ausrichtung	Hier bildet die Liquidität das Verhältnis von Zahlungsmitteln und liquiden Vermögensgegenständen zu den kurzfristigen Verbindlichkeiten in Form von **Liquiditätsgraden**, siehe S. 53.
Langfristige Ausrichtung	Bei dieser Form der Liquidität gibt es verschiedene **Deckungsgrade**. Langfristig gebundene Vermögensteile werden dem langfristig zur Verfügung stehenden Kapital gegenübergestellt, siehe S. 54.

❑ Die **dynamische Liquidität** löst sich von der zeitpunktbezogenen Betrachtung einer Beständebilanz. Mittels einer **Bewegungsbilanz** werden Ausgaben als Verpflichtungen und Einnahmen als Forderungen gegenübergestellt, die in einem bestimmten Zeitraum zu Auszahlungen bzw. Einzahlungen führen:

Mittelverwendung	Mittelherkunft
Aktivzunahmen (z. B. Investition in das Vermögen) Passivabnahmen (z. B. Kredittilgung)	Aktivabnahmen (z. B. Liquidation von Vermögen) Passivzunahmen (z. B. Kreditfinanzierung)

Diese Betrachtungsform gibt alle Einzahlungen sowie Auszahlungen wieder und prognostiziert Zahlungsströme für verschiedene Zeiträume. Sie dient damit der Aufstellung von **Finanzplänen** zur finanzwirtschaftlichen Steuerung des Unternehmens mit dem Ziel der Erhaltung des finanziellen Gleichgewichtes.

Ebenso zur Messung der dynamischen Liquidität wird der **Cash Flow** herangezogen. Er bildet im Gegensatz zu den Finanzplänen eine **partielle Brutto-Kapitalflussrechnung**. Das Cash Flow Statement zeigt den aus den Umsatzerlösen entstandenen Einzahlungsüberschuss einer Geschäftsperiode.

Der ermittelte Cash Flow reicht über die reine Aufwandsdeckung hinaus und steht dem Unternehmen als Innenfinanzierungspotenzial für Investitionen, Tilgungspotenzial für Verbindlichkeiten und Gewinnausschüttungsvolumen zur Verfügung, siehe S. 55 f.

Die Erhaltung des finanziellen Gleichgewichtes ist für das Fortbestehen des Unternehmens von entscheidender Bedeutung. Zahlungsunfähigkeit ist ein Insolvenzgrund.

Zeigen Sie die Unterschiede zwischen unterschiedlichen Liquiditätszuständen und Liquiditätsausprägungen auf:

(1) Absolute und relative Liquidität
(2) Natürliche und künstliche Liquidität
(3) Dynamische und statische Liquidität
(4) Unter- und Überliquidität

Seite 188

1.3 Sicherheit

Die Sicherheit beinhaltet eine Zukunftserwartung und korrespondiert mit dem Risiko. Das finanzwirtschaftliche Sicherheitsdenken ist unter zwei **Sichtweisen** zu betrachten:

❑ Der **Kapitalnehmer** zielt im Bereich der Investitionen auf den Ausschluss möglicher Verluste. Im Falle der Finanzierung strebt das Unternehmen an, bei Verlusteintritt die Aufzehrung des vorhandenen Eigenkapitals gering zu halten. Um das **Eigenkapital-Risiko** auszuschalten, wäre eine möglichst hohe Eigenkapitalbasis erforderlich, was aber in Anbetracht des Leverage-Effektes gegen das Rentabilitätsziel verstößt.

❑ Der **Kapitalgeber** steht der Sichtweise des Kapitalnehmers entgegen. Ihn interessiert ein Haftungsausschluss bzw. möglichst hohe, an den Kapitalnehmer zu stellende Sicherheitsanforderungen aufgrund der Hergabe des Kapitals.

Bei einer Kapitalhergabe stehen sichere Rückflüsse mit geringerer Verzinsung dem Risiko hoher, aber schwankender oder vielleicht auch ausbleibender Rückflüsse einer risikoreicheren Kapitalhergabe gegenüber. Diesem **Kreditrisiko** tritt der Kapitalgeber zum einen durch die Forderungen nach Kreditsicherheiten, zum anderen durch die Kreditwürdigkeitsprüfung entgegen.

Ein weiteres finanzwirtschaftliches Risiko ist beispielsweise das **Risiko der Geldwertschwankungen** mit Gefahren der Inflation für Geldanlagen und der Deflation bei Sachanlagen.

Für beide Seiten birgt die Kreditvergabe bzw. die Kreditaufnahme ein **Zinsrisiko**, das z. B. in schwankenden Marktzinsen während der Laufzeit von Krediten besteht.

1.4 Unabhängigkeit

Unabhängigkeit innerhalb der finanzwirtschaftlichen Führung bedingt, dass insbesondere Fremdkapitalgeber nicht auf das Unternehmen Einfluss nehmen können.

Besonders bei Außenfinanzierungen entstehen Abhängigkeiten, deren **Formen** sein können:

❏ **Informationspflichten**, die hinsichtlich der Menge und Qualität der bereitzustellenden Information unterschiedlich stark ausgeprägt sein können. Sie können nötig werden gegenüber:

> ○ Den Banken bei der Kreditvergabe
> ○ Den Gesellschaftern bei weiterem Einsatz von Eigenkapital
> ○ Weiteren Institutionen, die nach Information verlangen (Informationspflicht gegenüber dem Betriebsrat, gesetzliche Publizitätspflicht, Steuererklärung u. Ä.)

❏ **Kontrollen**, die z. B. bei Finanzierungen hinsichtlich der wirtschaftlichen Entwicklungen eines Unternehmens durch Kreditinstitute erfolgen.

❏ **Beeinflussungen** als stärkste Form der Abhängigkeit, indem betriebliche Entscheidungen:

> ○ Dem Mitspracherecht der Fremdkapitalgeber unterliegen
> ○ Durch das Setzen von Richtlinien eingeschränkt werden
> ○ Von Weisungen oder Genehmigungen Dritter abhängig werden

Die Erfüllung des Oberzieles Rentabilität konkurriert mit Zielsetzungen der Liquidität, Sicherheit und Unabhängigkeit.

(1) Zeigen Sie grafisch die Zielkonflikte zwischen Rentabilität und den Nebenbedingungen Liquidität und Sicherheit!

(2) Belegen Sie diese Zielkonflikte jeweils mit einem praktischen Beispiel!

 Seite 188

2. Instrumente

Zur Erreichung der finanzwirtschaftlichen Zielsetzungen bedarf die finanzwirtschaftliche Führung verschiedener Instrumente. Sie geben eine Hilfestellung zur Optimierung der Finanzierungsentscheidungen als:

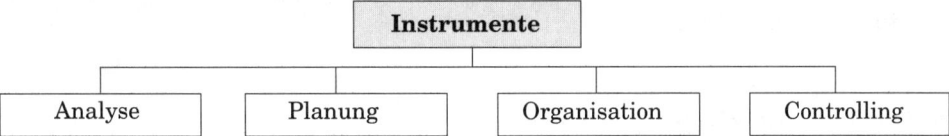

2.1 Analyse

Die finanzwirtschaftliche Analyse bereitet Informationen auf und verdichtet diese, um Tatsachen und Zusammenhänge deutlich zu machen. Sie wertet und beurteilt die finanzwirtschaftlichen Alternativen und Entscheidungen innerhalb des Unternehmens.

In der Analyse werden Vergleiche verwandt, die unterschiedlichen Inhalt haben können. **Arten der Vergleiche** sind:

❑ **Objektvergleiche**, die das zu untersuchende Objekt mit einem ähnlich strukturierten Objekt vergleichen, z. B. Finanzierungsalternativen.

❑ **Zeitvergleiche**, die zum Analysegegenstand z. B. eine Finanzierung mit variablen Kreditzinsen haben und diesen über einen Zeitraum hinweg untersuchen. Ziel ist es, Trendentwicklungen aufzuzeigen, um geeignet reagieren zu können.

❑ **Soll-Ist-Vergleiche**, die innerhalb der internen Analyse Vorgabe- und Planwerte zur Kontrolle mit den tatsächlich erreichten Werten vergleichen.

Als **Arten der Analyse** können genannt werden:

❑ Die **interne Analyse**, die auf das unternehmensinterne Datenmaterial zurückgreift, und die **externe Analyse**, die sich auf veröffentlichte Daten beschränkt.

❑ Die **formelle Analyse**, die z. B. gesetzliche Vorgaben für Formalien bei der Erstellung des Jahresabschlusses überwacht, sowie die **materielle Analyse**, die den Inhalt eines Jahresabschlusses prüft in Form der:

Substanz- analyse	Mit ihrer Hilfe werden die Posten des Jahresabschlusses auf ihr Zustandekommen, Zusammensetzung und die weitere Entwicklung untersucht.
Kennzahlen- analyse	Sie bezieht sich auf Investitionen und Finanzierungen sowie den Erreichungsgrad der finanzwirtschaftlichen Zielsetzungen.

Kennzahlenanalysen können auch als Managementmethoden verstanden und dazu ausgebaut werden. Ein möglicher Ansatz hierzu ist die **Balance Scorecard**, die als Controllinginstrument auf S. 72 f. kurz dargestellt ist.

Als finanzwirtschaftliche Analysen können unterschieden werden:

• **Investitionsanalyse**

• **Finanzierungsanalyse**

• **Liquiditätsanalyse**.

2.1.1 Investitionsanalyse

Die Investitionsanalyse untersucht die **Aktiv-Seite** der Bilanz. Sie erfolgt als:

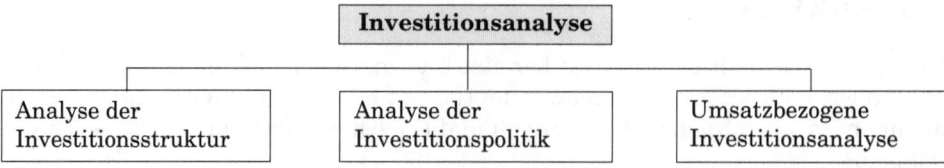

2.1.1.1 Analyse der Investitionsstruktur

Die Analyse der Investitionsstruktur erfolgt mithilfe von Kennzahlen, welche die Zusammensetzung der Vermögensteile wiedergeben. Es werden Aussagen zum Umfang der **Kapazitätsnutzung** und zur **Flexibilität** bzw. **Stabilität** des Unternehmens getroffen. Kennzahlen sind:

$$\text{Vermögenskonstitution} = \frac{\text{Anlagevermögen}}{\text{Umlaufvermögen}} \cdot 100$$

$$\text{Anlageintensität} = \frac{\text{Anlagevermögen}}{\text{Gesamtvermögen}} \cdot 100$$

$$\text{Umlaufintensität} = \frac{\text{Umlaufvermögen}}{\text{Gesamtvermögen}} \cdot 100$$

Niedrige Anlagevermögen stehen für geringere Fixkosten und betriebliche Flexibilität, da schneller auf Beschäftigungsschwankungen reagiert werden kann. Ausgeprägte **Umlaufintensitäten** deuten bei materialintensiven Branchen auf einen zu hohen Lagerbestand und/oder einen zu hohen Forderungsbestand hin.

2.1.1.2 Analyse der Investitionspolitik

Die Analyse der Investitionspolitik zeigt das Verhalten des Unternehmens als Investor, die Änderungen der Investitionstätigkeit im Zeitverlauf sowie das Unternehmenswachstum und dessen Finanzierung auf. Dazu dienen als Kennzahlen:

$$\text{Investitionsquote} = \frac{\text{Nettoinvestitionen bei Sachanlagen}}{\text{Anfangsbestand der Sachanlagen}} \cdot 100$$

$$\text{Investitionsdeckung} = \frac{\text{Abschreibungen auf Sachanlagen}}{\text{Zugänge an Sachanlagen}} \cdot 100$$

$$\text{Abschreibungsquote} = \frac{\text{Abschreibungen auf Sachanlagen}}{\text{Endbestand an Sachanlagen}} \cdot 100$$

Die **Investitionsquote** zeigt die Investitionsneigung, die **Investitionsdeckung** misst das tatsächliche Wachstum, die **Abschreibungsquote** betrachtet mehrperiodisch die Entwicklung stiller Reserven.

2.1.1.3 Umsatzbezogene Investitionsanalyse

Die umsatzbezogene Investitionsanalyse dient dazu, die Beziehungen zwischen den Umsatzerlösen und Vermögensteilen zu untersuchen, um Aussagen über die Geschäftsentwicklung zu gewinnen. Kennzahlen sind:

$$\text{Anlagennutzung} = \frac{\text{Umsatz}}{\text{Sachanlagen}} \cdot 100$$

$$\text{Vorratshaltung} = \frac{\text{Vorräte}}{\text{Umsatz}} \cdot 100$$

$$\text{Umschlagshäufigkeit des Anlagevermögens} = \frac{\text{Abschreibungen des Anlagevermögens} + \text{Abgänge des Anlagevermögens}}{\text{Ø Bestand des Anlagevermögens}}$$

$$\text{Laufzeit der Forderungen (in Tagen)} = \frac{\text{Ø Bestand an Warenforderungen}}{\text{Umsatz}} \cdot 360$$

Die **Anlagennutzung** gibt Auskunft über die Ausnutzung der Sachanlagen und damit über den Beschäftigungsgrad. Die **Vorratshaltung** zeigt die Wirtschaftlichkeit der Bevorratung auf.

Die **Umschlagshäufigkeit** untersucht in unterschiedlichen Ausprägungen (Anlagevermögen, Umlaufvermögen, Gesamtvermögen) die Kapitalbindung und die Höhe des Kapitalbedarfs eines Unternehmens. Die **Forderungslaufzeit** gibt Aufschluss über das Zahlungsverhalten der Kunden.

2.1.2 Finanzierungsanalyse

Die Finanzierungsanalyse untersucht die **Passiv-Seite** der Bilanz. Sie erfolgt als:

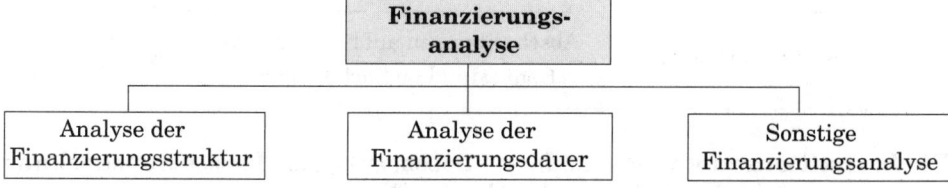

2.1.2.1 Analyse der Finanzierungsstruktur

Die Analyse der Finanzierungsstruktur geschieht über Kennzahlen zur Struktur von Eigenkapital, Fremdkapital und Gesamtkapital. Sie ermöglicht Aussagen zur Freiheit des Unternehmens, Entscheidungen selbst treffen zu können.

Kreditinstitute leiten aus der Finanzierungsstruktur unter anderem Aussagen über die **Bonität** bzw. Kreditwürdigkeit eines Unternehmens ab. Zu unterscheiden sind:

❑ Die **Eigenkapitalquote**, die Eigenkapital und Gesamtkapital gegenüberstellt:

$$\text{Eigenkapitalquote} = \frac{\text{Eigenkapital}}{\text{Gesamtkapital}} \cdot 100$$

Eine Einschränkung der Aussagekraft ergibt sich durch die erschwerte Ermittlung des Eigenkapitals. Seine Zusammensetzung aus gezeichnetem Kapital und Rücklagen kann durch stille Reserven erhöht werden.

❑ Der **Anspannungskoeffizient**, der auch eine Bonitätsgröße darstellt, wobei eine generelle Festlegung seiner Höhe nicht möglich, sondern je nach Unternehmensart, Branche und Wirtschaftslage des Unternehmens unterschiedlich ist:

$$\text{Anspannungskoeffizient} = \frac{\text{Fremdkapital}}{\text{Gesamtkapital}} \cdot 100$$

Er wird auch **Anspannungsgrad** oder **Verschuldungsgrad** genannt.

❑ Der **Verschuldungskoeffizient** basiert auf Fremdkapital und Eigenkapital:

$$\text{Verschuldungskoeffizient} = \frac{\text{Fremdkapital}}{\text{Eigenkapital}} \cdot 100$$

Für ihn existieren allgemeine, insbesondere bei der Kreditwürdigkeitsprüfung durch Banken angewandte Größenverhältnisse, die als Qualitätsnormen gelten und **vertikale Finanzierungsregeln** genannt werden:

1 : 1-Regel	$\dfrac{\text{Fremdkapital}}{\text{Eigenkapital}} \leq 1$	Gilt als *»erstrebenswerte«* Relation bei den Kreditinstituten
2 : 1-Regel	$\dfrac{\text{Fremdkapital}}{\text{Eigenkapital}} \leq 2$	Gilt als *»gesunde«* Relation bei den Kreditinstituten
3 : 1-Regel	$\dfrac{\text{Fremdkapital}}{\text{Eigenkapital}} \leq 3$	Gilt als *»noch zulässige«* Relation bei den Kreditinstituten

2.1.2.2 Analyse der Finanzierungsdauer

Die Analyse der Finanzierungsdauer gibt Auskunft über die Finanzlage des Unternehmens. Betrachtet werden die Laufzeiten der vom Unternehmen beanspruchten kurzfristigen Finanzierungsmittel. Kennzahlen sind:

❑ Die **Lieferantenkreditdauer**, die in folgender Weise ermittelt wird:

$$\text{Lieferantenkreditdauer (in Tagen)} = \frac{\varnothing \text{ Kreditorenbestand}}{\text{Wareneingang}} \cdot 360$$

Hohe Werte der Lieferantenkreditdauer weisen auf eine Nichtausnutzung der angebotenen Skontoabzüge durch das Unternehmen hin. Dies ist zum einen aus Rentabilitätsgründen problematisch, zum anderen zeigt es eine starke Liquiditätsanspannung des Unternehmens sowie vermutlich ausgereizte Kreditlinien an.

❑ Die **Wechselkreditdauer** vergleicht den Schuldwechselbestand mit dem Wareneingang:

$$\text{Wechselkreditdauer (in Tagen)} = \frac{\varnothing \text{ Schuldwechselbestand}}{\text{Wareneingang}} \cdot 360$$

Sie zeigt bei hohen Werten an, dass das Unternehmen auf eine kurzfristige Überbrückung der Liquiditätsanspannung durch die Beschaffung bis hin zum Absatz angewiesen ist.

2.1.2.3 Sonstige Finanzierungsanalyse

Weitere Kennzahlen, die im Rahmen der Finanzierungsanalyse verwendet werden, sind z. B.:

❑ Der **Bilanzkurs**, der den inneren Wert bzw. die Substanz einer Aktie aufzeigt und im Vergleich mit dem Börsenkurs zum einen die Kaufwürdigkeit untersucht, aber auch auf Faktoren hinweist, die den Unternehmenswert verändern, z. B. stille Reserven oder der Goodwill des Unternehmens.

$$\text{Bilanzkurs} = \frac{\text{Eigenkapital}}{\text{Gezeichnetes Kapital}} \cdot 100$$

❑ Die **Kreditanspannung**, die das Finanzierungspotenzial der Lieferantenkredite aufzeigt. Hohe Werte lassen wie bei der Lieferantenkreditdauer die Nichtausnutzung von Skontoabzügen mit allen negativen Folgerungen vermuten.

$$\text{Kreditanspannung} = \frac{\text{Kurzfristige (Wechsel-) Verbindlichkeiten}}{\text{Warenschulden}} \cdot 100$$

2.1.3 Liquiditätsanalyse

In die Liquiditätsanalyse werden sowohl **Aktiv-Seite** als auch **Passiv-Seite** der Bilanz einbezogen. Sie kann erfolgen als:

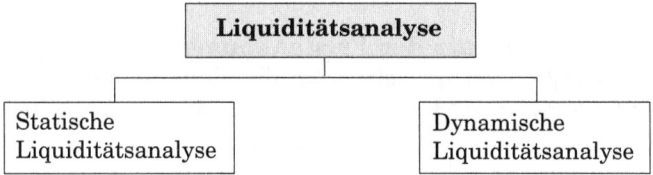

2.1.3.1 Statische Liquiditätsanalyse

Die statische Liquiditätsanalyse verwendet Jahresabschlussbestände, die **stichtagsbezogen** die Situation des Unternehmens darstellen.

❏ In ihrer **kurzfristigen Ausrichtung** weist die statische Liquidität durch die Gegenüberstellung von unterschiedlich ausgeprägten Liquiditätsmitteln und kurzfristigen Verbindlichkeiten drei Abstufungen auf, die **Liquiditätsgrade** genannt werden:

Barliquidität	Liquidität 1. Grades $=$	$\dfrac{\text{Zahlungsmittel}}{\text{Kurzfristige Verbindlichkeiten}}$	Sie kann unter 100 % liegen.
Liquidität auf kurze Sicht	Liquidität 2. Grades $=$	$\dfrac{\text{Zahlungsmittel + kurzfristige Forderungen}}{\text{Kurzfristige Verbindlichkeiten}}$	Sie soll 100 % erreichen.
Liquidität auf mittlere Sicht	Liquidität 3. Grades $=$	$\dfrac{\text{Zahlungsmittel + kurzfristige Forderungen + Vorräte}}{\text{Kurzfristige Verbindlichkeiten}}$	Sie soll 200 % erreichen.

Eine Einschränkung der **Aussagekraft** der Liquiditätsgrade ergibt sich unter anderem durch die Messung der Liquidität zu einem einzigen Zeitpunkt. Vor und nach dem Geschäftsjahresabschluss kann es um die Liquidität des Unternehmens völlig anders bestellt sein.

Die Liquidität dritten Grades wird in Form einer absoluten Zahl auch als **Working capital** bezeichnet. Es ermittelt den Überschuss des kurzfristig gebundenen Umlaufvermögens zum kurzfristigen Fremdkapital und trifft Aussagen über unternehmensinterne Finanzierungspotenziale sowie Liquiditätsrisiken.

> Umlaufvermögen (kurzfristige, innerhalb eines Jahres
> liquidierbare Vermögensteile)
> – Kurzfristige Verbindlichkeiten
> ───
> = **Working capital**

Das Working capital wird auch **Reinumlaufvermögen** genannt.

❑ In ihrer **langfristigen Ausrichtung** gibt es bei der statischen Liquidität unterschiedliche **Deckungsgrade**, welche die langfristig gebundenen Vermögensteile
mit den langfristig zur Verfügung stehenden Kapitalien vergleichen.

Dabei wird der **Grundsatz der Fristenkongruenz** verfolgt, nach dem die
durch eine Investition verursachte Kapitalbindungsdauer gleich der durch die
Finanzierung ermöglichten Kapialüberlassungsdauer sein sollte.

$$\text{Deckungsgrad A} = \frac{\text{Eigenkapital}}{\text{Anlagevermögen}} \cdot 100$$

$$\text{Deckungsgrad B} = \frac{\text{Eigenkapital + langfristiges Fremdkapital}}{\text{Anlagevermögen}} \cdot 100$$

$$\text{Deckungsgrad C} = \frac{\text{Eigenkapital + langfristiges Fremdkapital}}{\text{Anlagevermögen + langfristig gebundenes Umlaufvermögen}} \cdot 100$$

Für die Deckungsgrade bestehen normative Regeln, die als optimaler Zustand
vom Unternehmen anzustreben sind. Da die Aktiv-Seite und Passiv-Seite der Bilanz einbezogen werden, nennt man sie **horizontale Finanzierungsregeln**:

Goldene Bilanzregeln	im **engeren** Sinne: $\dfrac{\text{Anlagevermögen}}{\text{Eigenkapital}} \leq 1$	im **weiteren** Sinne: $\dfrac{\text{Anlagevermögen}}{\text{Eigenkapital + langfristiges Fremdkapital}} \leq 1$
Goldene Finanzierungsregeln	$\dfrac{\text{Kurzfristiges Vermögen}}{\text{Kurzfristiges Kapital}} \geq 1$ $\dfrac{\text{Langfristiges Vermögen}}{\text{Langfristiges Kapital}} \leq 1$	

Die Einhaltung der Fristenkongruenz bezweckt die Aufrechterhaltung der Liquidität zur Sicherung der Unternehmensexistenz.

Aktiva		Bilanz zum 31.12.08	Passiva
Anlagevermögen		Eigenkapital	
Sachanlagen	15.000 €	Gezeichnetes Kapital	8.000 €
Finanzanlagen	2.500 €	Gewinn	1.000 €
Umlaufvermögen		Fremdkapital	
Vorräte	5.500 €	Langfristige Bankdarlehen	7.000 €
Forderungen	3.000 €	Kurzfristige Bankdarlehen	9.500 €
Bankguthaben	1.500 €	Kurzfristige Verbindlich-	
Kasse	500 €	keiten Warenlieferungen	2.500 €
Summe	28.000 €		28.000 €

Weitere Informationen:

Umsatzerlöse	30.000 €	Bestände am 31.12.07	
Abschreibungen auf		des Umlaufvermögens	9.000 €
Sachanlagen	750 €	der Sachanlagen	13.500 €
		der Finanzanlagen	2.500 €
		der Forderungen	2.800 €

Errechnen Sie aus den vorgegebenen Informationen folgende Kennzahlen:

- ❏ Vermögenskonstitution
- ❏ Umlaufintensität
- ❏ Umschlagshäufigkeit des Anlagevermögens
- ❏ Investitionsdeckung
- ❏ Vorratshaltung
- ❏ Eigenkapitalquote
- ❏ Liquidität ersten Grades
- ❏ Liquidität zweiten Grades
- ❏ Liquidität dritten Grades

- ❏ Anlageintensität
- ❏ Anlagennutzung
- ❏ Investitionsquote
- ❏ Abschreibungsquote
- ❏ Laufzeit der Forderungen
- ❏ Anspannungskoeffizient
- ❏ Verschuldungsgrad
- ❏ Deckungsgrad A
- ❏ Deckungsgrad B
- ❏ Deckungsgrad C
- ❏ Working capital

Seite 189

2.1.3.2 Dynamische Liquiditätsanalyse

Die dynamische Liquiditätsanalyse dient dem Zweck, die Liquidität **zeitraumbezogen** darzustellen. Dazu werden herangezogen:

❏ Der **Cash Flow**, der den während einer Zeitdauer entstandenen Einzahlungsüberschuss in Form einer partiellen Brutto-Kapitalflussrechnung wiedergibt.

Er ist ein wichtiger **Finanzkraft-Indikator**, der die Fähigkeit des Unternehmens misst, aus eigener Kraft zur Innenfinanzierung, Schuldentilgung und Dividendenzahlung beizutragen. Seine Berechnung kann erfolgen als:

Direkte Ermittlung des Cash Flow	Sie geschieht im Rahmen der unternehmens**internen** Analyse. Zahlungswirksame Erträge – Zahlungswirksame Aufwendungen = **Cash Flow**

Indirekte Ermittlung des Cash Flow*	Sie wird bei der unternehmens**externen** Analyse notwendig.
	Bilanzgewinn + Zuführung zu den Rücklagen (– Auflösung von Rücklagen) – Gewinnvortrag aus der Vorperiode (+ Verlustvortrag aus der Vorperiode)
	= Jahresüberschuss + Abschreibungen (– Zuschreibungen) + Erhöhung der langfristigen Rückstellungen (– Verminderung der langfristigen Rückstellungen)
	= **Cash Flow**

❑ Die **Bewegungsbilanz**, die Mittelverwendung und Mittelherkunft vergleicht und mittels der Bestandsveränderungen finanzwirtschaftliche Vorgänge aufzeigt:

Bewegungsbilanz	
Mittelverwendung	**Mittelherkunft**
Aktivmehrung Passivminderung	Aktivminderung Passivmehrung

Diese dynamische Sichtweise der Liquidität wird dann in Form von **Kapital-flussrechnungen** umgesetzt, die Bilanzen und GuV-Rechnungen zu Beginn und am Ende einer Rechnungsperiode gegenüberstellen:

Mittelherkunft	Einstellungen in die Rücklagen – Entnahmen aus den Rücklagen + Abschreibungen auf Sachanlagen + Abschreibungen auf Beteiligungen + Erhöhung des Grundkapitals + Zunahme der langfristigen Verbindlichkeiten + Zunahme der mittelfristigen Verbindlichkeiten + Erhöhung der Rückstellungen + Verringerte Vorratshaltung
	= **Gesamtbetrag der verfügbaren Mittel (1)**
Mittelver-wendung	Investitionen in Sachanlagen oder Beteiligungen + Erhöhung der Vorräte + Zunahme der Forderungen aus langfristigen Geschäften + Zunahme der Forderungen aus mittelfristigen Geschäften – Verminderungen der kurzfristigen Verbindlichkeiten
	= **Gesamtbetrag der eingesetzten Mittel (2)**

Die Differenz aus (1) und (2) zeigt die Zu- oder Abnahme der flüssigen Mittel und damit die Liquiditätsentwicklung eines Unternehmens. Es lassen sich Aussagen über den Finanzierungs- und Investitionsbereich treffen.

---

* Der Cash Flow ist unterschiedlich definierbar – siehe hierzu *Olfert/Reichel* Finanzierung.

❑ Eine Umsetzung der dynamischen Betrachtung der Liquidität geschieht auch in Form von **Finanzplänen**. Sie ermitteln - ausschließlich unternehmensintern - den Liquiditätsstatus für unterschiedliche Perioden. Dabei werden Ein- und Auszahlungen gegenübergestellt:

I. Auszahlungen

    Auszahlungen für laufende Geschäfte

    Auszahlungen für Investitionszwecke

    Auszahlungen im Rahmen des Finanzgeschäftes

II. Einzahlungen

    Einzahlungen aus ordentlichen Umsätzen

    Einzahlungen aus außerordentlichen Umsätzen

    Sonstige Einzahlungen

III. Ermittlung der Über- oder Unterdeckung

    II – I + Zahlungsmittelbestand der Vorperiode

IV. Ausgleichsmaßnahmen

    Bei Unterdeckung oder bei Überdeckung

V. Zahlungsmittelbestand am Periodenende

Es gibt tägliche, wöchentliche, monatliche, vierteljährliche und längerfristige Finanzpläne.

(1) Errechnen Sie aus folgenden Daten den Cash Flow und geben Sie Verwendungsmöglichkeiten an! Die Bilanz weist einen Gewinn von 4 Mio. € aus, wobei ein Verlustvortrag aus der Vorperiode von 0,4 Mio. € besteht. Aufgelöst wurden 1,5 Mio. € Rücklagen. An Abschreibungsvolumen ergab sich 0,8 Mio. €. Rückstellungen wurden in Höhe von 0,6 Mio € gebildet.

(2) Sie wollen Ihren Liquiditätszustand anhand der statischen Liquiditätsgrade messen. Beurteilen Sie deren Aussagekraft! Seite 189

2.2 Planung

Die Planung stellt ein Verbindungsglied zwischen Information und Aktion dar. Durch sie geschieht die **Willensbildung** im Unternehmen und damit auch im finanzwirtschaftlichen Bereich. Sie ist die gedanklich vorweggenommene »**Bewertung von Alternativen**«, z. B. die Beurteilung von unterschiedlichen Finanzierungsformen.

Grundlage für die Beurteilung von Alternativen ist der **Informationsstand**:

$$\text{Informationsstand} = \frac{\text{Tatsächlich vorhandene Information}}{\text{Für notwendig erachtete Information}}$$

Entscheidungen in der Finanzierung sind durch **unvollkommene Information** und/oder durch das Vorliegen großer, sich ständig ändernder **Datenmengen** gekennzeichnet. So kann nur ein Bruchteil der infrage kommenden Alternativen näher geprüft werden, wodurch die Entscheidung zumeist in einer Situation der Unsicherheit zu treffen ist.

Weitere Schwierigkeiten bestehen in der Berücksichtigung der **Umweltsituation** und der meist vielfältigen **Verhaltensalternativen** im Unternehmen selbst, da der Marktbezug der Entscheidung einen sehr großen Komplexitätsgrad ergibt.

Wichtige **Arten** der Planung im Rahmen der finanzwirtschaftlichen Führung sind:

❑ Die **strategische Planung** als Gesamtplanung, die durch die oberste Führungsebene erfolgt und langfristig ausgerichtet ist. Sie hat allgemeine Produkt- und Marktstrategien sowie die Diagnose von Stärken und Schwächen des Unternehmens zum Gegenstand.

Das Finanzmanagement gibt hier zumeist in Form der Bilanzplanung und Erfolgsplanung als Rahmendaten vor:

> ○ Daten für die strategische **Vermögens-** und **Kapitalstrukturplanung**
> ○ Daten für den **Kapitalfluss** und die **Kapitalbindung**

❑ Die **taktische* Planung** hat als mittelfristige Ausprägung die Aufrechterhaltung des laufenden Geschäftes zum Ziel. Grundlage sind die Vorgaben der strategischen Planung. Im Finanzierungsbereich wären dies die Investitions- und Kapazitätsplanung, welche die taktische Planung des **Finanzierungsmix** und die Aufstellung mittelfristiger **Finanzpläne** vorbestimmen.

❑ Die **operative* Planung** ist die Planung kurzfristiger Routinevorgänge sowie die Umsetzung der taktischen Planung. Dieses operative Geschäft wird **Disposition** genannt. Inhalte sind z. B. Maßnahmen der Liquiditätssicherung sowie die Optimierung der Wertstellung im Zahlungsverkehr.

Es sollen als Planung weiter unterschieden werden:

• **Investitionsplanung**

• **Finanzplanung**.

2.2.1 Investitionsplanung

Die Investitionsplanung hat als Teilplanung der Unternehmensplanung eine **besondere Bedeutung**, da Investitionen:

❑ Eine **längerfristige Kapitalbindung** verursachen. Probleme ergeben sich, wenn vor dem Ablauf der Planungsperioden die Kapitalbindungen nur unter Inkaufnahme von Verlusten verändert oder aufgehoben werden können.

---

* Unter taktischer Planung wird in der Literatur auch die kurzfristige Planung, unter operativer Planung die mittelfristige Planung verstanden.

❏ **Änderungen in der Kostenstruktur** eines Unternehmens verursachen und dies zumeist unabhängig von der Kapazitätsauslastung im Fixkostenbereich.

❏ Durch die **Möglichkeiten der Finanzierung** in ihrem Volumen begrenzt werden.

❏ Den **technischen Fortschritt** prägen und damit zur Sicherung und Weiterentwicklung des Unternehmens maßgeblich beitragen.

Die Investitionsplanung sollte sich an den obersten, langfristigen Zielen des Unternehmens ausrichten und mittels festgelegter **Beurteilungskriterien** und zuverlässiger **Planungsverfahren** durchgeführt werden.

Organisatorisch ist die Investitionsplanung optimal in das Unternehmen einzubetten. Sie erfolgt zum einen in Form der Planung von **Einzelinvestitionen**. Zum anderen werden vollständige **Investitionsprogramme** aufgestellt, mit deren Hilfe der Investitionsbedarf für eine Rechnungsperiode geplant und mit dem sich hieraus ergebenden Kapitalbedarf abgeglichen werden kann.

2.2.2 Finanzplanung

Die Finanzplanung dient dazu, die finanziellen Vorhaben eines Unternehmens zu gestalten, wobei Entscheidungen und deren Umsetzung unter Berücksichtigung der **finanzwirtschaftlichen Ziele** zu geschehen haben, die sind:

❏ Rentabilität, Liquidität, Sicherheit, Unabhängigkeit.

Die Finanzplanung baut auf der finanzwirtschaftlichen Analyse auf und hat folgende **Bestandteile**:

2.2.2.1 Kapitalbedarf

Die Möglichkeiten der Finanzierung bestimmen die Durchführbarkeit von Investitionen. Jede Investition beeinflusst den Kapitalbedarf eines Unternehmens, der Kapitalbedarf wiederum fordert die Finanzierung. Der Kapitalbedarf innerhalb eines Unternehmens entsteht, weil:

❏ Einzahlungen und Auszahlungen sich **in der Höhe unterscheiden.**
❏ Einzahlungen und Auszahlungen **zeitlich auseinander fallen.**

Die **Ermittlung** des Kapitalbedarfes geschieht durch die Subtraktion der kumulierten Einzahlungen und der kumulierten Auszahlungen:

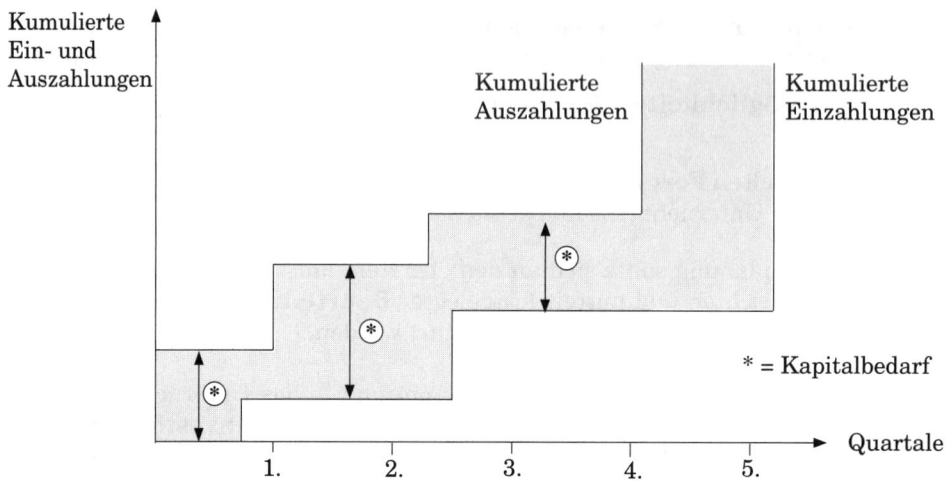

Sind die kumulierten Einzahlungen höher als die kumulierten Auszahlungen, entsteht kein negativer Kapitalbedarf, sondern eine Situation, in der das Unternehmen überschüssige Liquidität anhäuft, die zu disponieren ist.

Der Kapitalbedarf wird von mehreren **Einflussfaktoren** in seiner Höhe bestimmt. Es sollen unterschieden werden (*Gutenberg, Hahn*):

❑ Die **Mengenkomponente**, da betriebliche Grundprozesse Kapital im Unternehmen binden und hierdurch einen Kapitalbedarf erzeugen. Dieser Vorgang kann durch mehrere **Determinanten** beeinflusst werden:

– Die **Prozessanordnung** organisiert den zeitlichen Ablauf der betrieblichen Leistungserstellung. Als betrieblicher Prozess sind die einzelnen Fertigungsschritte zu verstehen, die zur Erstellung eines Gutes notwendig werden. **Arten** der Prozessanordnung sind:

Gleichzeitige Prozessanordnung	Dabei werden die betrieblichen Prozesse **zeitlich nebeneinander** organisiert, d. h. die Prozessschritte beginnen und enden jeweils zur gleichen Zeit: Prozess 1 ⟶ Prozess 2 ⟶ Prozess 3 ⟶ Durch diese Anordnung steigt der **Kapitalbedarf** zunächst sehr stark an und weist im weiteren Verlauf relativ große Schwankungen auf.
Zeitlich gestaffelte Prozessanordnung	Hier werden betriebliche Prozesse so angeordnet, dass jeweils zu einem bestimmten Punkt eines laufenden Prozesses bereits ein nachfolgender Fertigungsprozess beginnt. Das kann wie folgt aussehen:

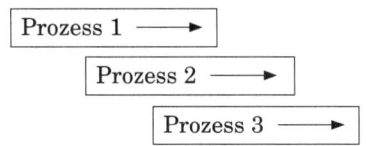

> Der **Kapitalbedarf** steigt hier nicht in gleich drastischer Art wie bei der gleichzeitigen Prozessanordnung an und verharrt danach auch auf einem niedrigeren Niveau, d. h. die zeitlich gestaffelte Prozessanordnung führt zu einem absolut geringeren Kapitalbedarf und einem ausgeglicheneren Verlauf der Inanspruchnahme des Kapitals.

Unterschiedliche Prozessanordnungen schaffen daher unterschiedliche Formen und Volumina an Kapitalbedarfen.

Sie sind bei einem Unternehmen beschäftigt, das Kopiergeräte in vier Fertigungsschritten herstellt, die jeweils einen Tag dauern.

❏ Entwerfen Sie beispielhafte Produktionsprozesse, die den Unterschied der gleichzeitigen und der zeitlich gestaffelten Prozessanordnung bei der Produktion dieser Kopiergeräte deutlich machen!

❏ Zeigen Sie anhand dieses Beispiels die unterschiedliche Entwicklung des Kapitalbedarfes!

Seite 189

- Die **Unternehmensgröße** bzw. deren Änderung beeinflusst den Kapitalbedarf ebenfalls. Die fehlende Teilbarkeit von Betriebsmitteln z. B. wirkt sich bei einem Kapazitätsaufbau auf den Kapitalbedarf negativ aus, wobei vor allem unter- oder überproportionale Zu- oder Abnahmen des Kapitalbedarfs bei steigenden oder fallenden Unternehmensgrößen interessieren.

- Das **Leistungsprogramm** eines Unternehmens und dessen Änderung beeinflusst den Kapitalbedarf. Je zahlreicher und je unterschiedlicher die gefertigten Typen sind, umso größer ist die Unterschiedlichkeit bei der Erstellung des Leistungsprogramms, was zu einem Anstieg des Kapitalbedarfes führt, z. B. wegen der einzelnen Mindest-Lagerhaltungen für die verschiedenen Werkstoffe.

- Der **Nutzungsgrad** gibt die tatsächliche Nutzung des Leistungsvermögens eines Unternehmens wieder und wird auch **Beschäftigungsgrad** genannt. Er beeinflusst den Kapitalbedarf, indem er unterschiedlich variiert werden kann. Es gibt:

Quantitative Anpassung	Die Änderung der Anzahl von **Arbeitsplätzen** wirkt auf den Kapitalbedarf:
	○ Eine **Erhöhung** der Anzahl von Arbeitsplätzen kann zu einer proportionalen oder einer überproportionalen Erhöhung des Kapitelbedarfes führen.

	○ Beim **Abbau** von Arbeitsplätzen kommt es zumeist zu einer unterproportionalen Verminderung des Kapitalbedarfs, da eine entsprechend proportionale Verminderung der Betriebsmittel und Werkstoffe häufig nicht gelingt.
Zeitliche Anpassung	Mit der zeitlichen Anpassung wird die **Arbeitszeit** bei konstant gehaltener Arbeitsplatzanzahl und konstanter Prozessgeschwindigkeit verändert. Längere Arbeitszeiten erhöhen im Bereich des Umlaufvermögens den Kapitalbedarf proportional, bei Überstundenzuschlägen allerdings überproportional, beim Anlagevermögen verbleibt er auf gleichem Niveau.
Intensitäts-mäßige Anpassung	Durch sie wird bei konstanter Arbeitsplatzanzahl und konstantem Arbeitszeitumfang der **Nutzungsgrad** und damit der Kapitalbedarf durch die Variation der Prozessgeschwindigkeit verändert.

❑ Die **Zeitkomponente** bezieht sich auf den zeitlichen Bedarf, den ein einzelner betrieblicher Prozess benötigt. Je größer die **Prozessgeschwindigkeit** ist, des-to weniger weit fallen die Einzahlungen und Auszahlungen auseinander und desto niedriger ist der Kapitalbedarf.

Dies gilt sowohl für den güterwirtschaftlichen Bereich, z. B. bei kürzeren Verweilzeiten in Fertigung und Lager, als auch für den finanzwirtschaftlichen Bereich, z. B. bei schnellerer Zahlungsweise der Debitoren oder längerer Inanspruchnahme der Ziele des eigenen Unternehmens.

Eine **Kennzahl** für die Prozessgeschwindigkeit ist der Kapitalumschlag:

$$\text{Kapitalumschlag} = \frac{\text{Jahresumsatz}}{\text{Ø investiertes Kapital}}$$

❑ Die **Wertkomponente**, oder einfacher der **Preis**, hat nach *Hahn* hinsichtlich des Kapitalbedarfs eine mehrfache Bedeutung:

○ Es besteht ein Einfluss des **Preises bei gegebenen Mengen**, d. h. das allgemeine Preisniveau verändert bei einem Ansteigen oder Absinken das produktionsbezogene Mengengerüst des Unternehmens bei unveränderten Finanzierungsspielräumen.

○ Die **Mengen** werden **durch den Preis** beeinflusst, d. h. nach der klassischen Preistheorie verändert der Preis die Nachfrage. Höhere Preise haben eine kleinere Nachfrage und umgekehrt zur Folge. Daraus resultiert auch ein sich verändernder Kapitalbedarf.

○ **Preisnachlässe** verringern den Kapitalbedarf. Sie sind der Ausgleich für entsprechende Opfer des Käufers hinsichtlich der Zeit (Saisonrabatte, Skonto), der Menge (Mengenrabatte) und der Qualität.

2.2.2.2 Kapitalbedarfsermittlung

Die hinreichend genaue Ermittlung des Kapitalbedarfes ist notwendig, um die erforderlichen Finanzierungsmittel zur Kapitaldeckung frühzeitig disponieren zu können.

Möglichkeiten zur Ermittlung des Kapitalbedarfes sind:

❑ Die **Kapitalbedarfsrechnung**, die bei ein- oder erstmaligem Entstehen eines Kapitalbedarfes (Unternehmensgründungen) oder bei besonderen Anlässen im Unternehmenslebenszyklus (Unternehmenserweiterungen) zur Anwendung kommt und die Ermittlung näherungsweiser Bedarfswerte mithilfe von Faustregeln ermöglicht.

❑ Der **Finanzplan**, mit dem der Kapitalbedarf für einen laufenden Geschäftsbetrieb errechnet wird. Alle laufenden Ein- und Auszahlungen werden über einen bestimmten Zeitraum hinweg prognostiziert und kumulativ zur Errechnung von Liquiditätsüberschüssen und Liquiditätsunterdeckungen gegenübergestellt.

In der **Kapitalbedarfsrechnung** setzt sich der Kapitalbedarf aus dem Anlagekapitalbedarf und dem Umlaufkapitalbedarf zusammen:

❑ Der **Anlagekapitalbedarf** sichert die Betriebsbereitschaft des Unternehmens. Als Wertgrößen des **Anlagevermögens** werden gewöhnlich **Anschaffungswerte** verwendet, die sich zusammensetzen können aus:

Anschaffungspreis
+ Transportkosten
+ Montagekosten
+ Versicherung
+ Provisionen
= **Anschaffungskosten**

Die Addition der jeweiligen Anschaffungswerte ergibt den **Anlagekapitalbedarf**.

Beispiel:	Grundstück	300.000 €
	+ Gebäude	400.000 €
	+ Maschinen	250.000 €
	+ Betriebs- und Geschäftsausstattung	150.000 €
	= **Anlagekapitalbedarf**	**1.100.000 €**

Erstmalige Kosten einer Unternehmensgründung oder der Ingangsetzung des Geschäftsbetriebes können entstehen als:

Ausgaben für die Gründung	**Beispiele**: Gerichtskosten, Notariatskosten, Maklergebühren, Provisionen, Grundbuchgebühren.
Ausgaben für die Ingangsetzung	**Beispiele**: Personalbeschaffungskosten, Ausgaben für Marktstudien, Ausgaben für Einführungswerbung, Ausgaben für Organisationsgutachten.

❑ Der **Umlaufkapitalbedarf** sichert den Leistungserstellungsprozess. Hier können Wertgrößen der täglichen Auszahlungen und die Dauer der Bindung des Vermögens nicht ohne Weiteres festgelegt werden. Deshalb erfolgt die **Ermittlung** des Umlaufkapitalbedarfes **in drei Schritten**:

- Zuerst erfolgt die Feststellung der **Kapitalbindungsdauer**, die sich durch die zeitlichen Vorgaben der verschiedenen Leistungsprozesse ergibt:

Beispiel:	Zeitdauer der Rohstofflagerung	20 Tage
	Zeitdauer der Produktion	15 Tage
	Zeitdauer der Lagerung von Fertigerzeugnissen	10 Tage
	Zeitdauer des Kundenziels	30 Tage
	Zeitdauer des Lieferantenziels	10 Tage

Die Zeitdauer eines möglicherweise eingeräumten **Lieferantenziels** muss von der Kapitalbindung abgesetzt werden.

- Danach werden die **durchschnittlichen täglichen Werteinsätze** ermittelt:

Beispiel:	Durchschnittlicher täglicher Werkstoffeinsatz	7.000 €
	Durchschnittlicher täglicher Lohneinsatz	10.000 €
	Durchschnittlicher täglicher Gemeinkosteneinsatz	2.000 €

- Schließlich wird der **Kapitalbedarf des Umlaufvermögens** festgestellt, indem die folgende Faustregel verwendet wird:

$$\frac{\text{Kapitalbedarf des}}{\text{Umlaufvermögens}} = \text{Täglicher Werteinsatz} \cdot \text{Bindungsdauer}$$

Die **Berechnung** kann auf zwei Arten geschehen. Zu unterscheiden sind:

Kumulative Methode	Sie vereinfacht die Berechnung, indem die Summe der Werteinsätze gesamthaft mit der Bindungsdauer multipliziert wird.

	Werteinsatz		**Bindungsdauer**	
Werkstoffeinsatz	7.000 €	Rohstofflagerung	+ 20 Tage
Lohneinsatz	10.000 €	Produktion	+ 15 Tage
Gemeinkosteneinsatz	2.000 €	Lagerung der Fertigerzeugnisse	+ 10 Tage
Summe	19.000 €	Kundenziel	+ 30 Tage
		Lieferantenziel	- 10 Tage
		Summe	65 Tage

Umlaufkapitalbedarf = 19.000 € · 65 = **1.235.000 €**

Elektive Methode	Sie differenziert stärker die unterschiedlichen Zeitdauern für jeden einzelnen Werteinsatz:

Werteinsatz		Bindungsdauer in Tagen
Werkstoffeinsatz	7.000 € · (20 + 15 + 10 + 30 - 10) =	455.000 €
Lohneinsatz	10.000 € · (15 + 10 + 30) =	550.000 €
Gemeinkosteneinsatz	2.000 € · (20 + 15 + 10 + 30) =	150.000 €
Umlaufkapitalbedarf		**1.155.000 €**

Trotz der anscheinend größeren Genauigkeit der elektiven Methode bestehen auch dort Unwägbarkeiten bzw. Ungenauigkeiten.

❑ Der **Gesamtkapitalbedarf** ergibt sich aus der Addition des Anlagekapitalbedarfs und des Umlaufkapitalbedarfs:

> Gesamtkapitalbedarf = Anlagekapitalbedarf + Umlaufkapitalbedarf

Beispiel:

Kumulative Methode		Elektive Methode	
Anlagekapitalbedarf	1.100.000 €	Anlagekapitalbedarf	1.100.000 €
Umlaufkapitalbedarf	1.235.000 €	Umlaufkapitalbedarf	1.155.000 €
Summe	**2.335.000 €**	Summe	**2.255.000 €**

 Errechnen Sie den Umlaufkapitalbedarf nach der kumulativen und der elektiven Methode mit den Zahlen aus obigem Beispiel unter der Berücksichtigung folgender Änderungen:

Fertigungssynchrone Anlieferung spart 50 % der Rohstofflagerungszeit ein, dafür verkürzt sich aber auch die Möglichkeit der Ausnutzung von Lieferantenzielen auf 5 Tage. Das Kundenziel halbiert sich, wodurch sich die Lagerung von Fertigerzeugnissen um 5 Tage erhöht. Zudem steigen die Gemeinkosten und die Löhne um 10 %.

 Seite 190

Der **Finanzplan** eignet sich ausschließlich zur Ermittlung des Kapitalbedarfs eines laufenden Geschäftsbetriebes. Er kann nur intern erstellt werden. Als Vorgehensweise bietet sich an, alle laufenden Vorgänge, die Einzahlungen und Auszahlungen verursachen, über unterschiedlich lange Zeiträume hinweg zu prognostizieren.

Die Kumulierung der Einzahlungen und Auszahlungen gibt Auskunft über Liquiditätsüberschüsse und Liquiditätsunterdeckungen zu bestimmten Zeitpunkten. Die **Grundstruktur** des Finanzplans wurde bei der Finanzanalyse gezeigt, siehe S. 57.

Sie wird in der Praxis vielfach **dynamisch-liquiditätsbezogen** erweitert. Damit kann der **Finanzplan** z. B. folgenden Inhalt haben:

I. Ermittlung der Auszahlungen	II. Ermittlung der Einzahlungen
Auszahlungen für laufende Geschäfte	Einzahlungen aus ordentlichen Umsätzen
○ Gehälter ○ Löhne ○ Rohstoffe ○ Hilfsstoffe ○ Frachten ○ Steuern und Abgaben	○ Barverkäufe ○ Eingehende Zahlungen (Ford./L.u.L.) Einzahlungen aus außerordentlichem Umsatz
Auszahlungen für Investitionszwecke	○ Verkäufe aus dem Anlagevermögen ○ Verkäufe des Finanzanlagevermögens
○ Sachinvestitionen ○ Finanzinvestitionen	
Auszahlungen im Rahmen des Finanzgeschäfts	
○ Kredittilgung ○ Akzepteinlösung ○ Privatentnahmen	

III. Ermittlung der Über- oder Unterdeckung =
II − I + Zahlungsmittelbestand der Vorperiode

IV. Ausgleichsmaßnahmen
bei Unterdeckung (Kreditaufnahme, Eigenkapitalerhöhung, Desinvestitionen)
bei Überdeckung (Anlageentscheidung, Kreditrückführung)

V. Zahlungsmittelbestand am Periodenende

Die Prognose der Einzahlungen und Auszahlungen kann für verschiedene Zeiträume geschehen. Hieraus ergibt sich durch die Kumulation ein Saldo für die **Liquiditätsvorschau** mit den Angaben, wann welcher Kapitalbedarf entsteht:

Beispiel:

Zeitraum	Einzahlungen (+)	Auszahlungen (−)	Saldo = Überschuss bzw. Defizit
1. Tag	50	24	26
2. Tag	76	56	20
3. Tag	305	280	25
4. Tag	22	100	− 78
5. Tag	155	84	71
1. Woche	608	544	64
2. Woche	280	450	− 170
3. Woche	250	485	− 235
4. Woche	270	109	161
1. Monat	1.408	1.588	− 180
2. Monat	1.785	1.560	225
3. Monat	1.669	2.200	− 531
1. Quartal	4.862	5.348	− 486
2. Quartal	2.600	3.800	− 1.200
3. Quartal	2.700	4.300	− 1.600
4. Quartal	8.700	4.356	4.344

Diese Form der Übersicht kann fortlaufend als rollierendes Planungs- und Controllinginstrument erfolgen und zeigt dann in Verbindung mit Soll-Ist-Vergleichen die tägliche Entwicklung der tatsächlichen zur geplanten Liquidität.

Sie haben den obigen Plan für Ihr Unternehmen aufgestellt.

(1) Welche Rückschlüsse sind aus dem obigen Plan für die finanzwirtschaftliche Führung zu ziehen?

(2) Wie hat die Finanzabteilung auf diese Zahlen zu reagieren? Seite 191

2.2.2.3 Kapitalstruktur

Bei einer Optimierung der Kapitalstruktur ist es wichtig, die verschiedenen Sichtweisen der am Finanzierungsprozess Beteiligten zu kennen, denen unterschiedliche Risiken zu Grunde liegen – siehe S. 46. **Beteiligte** sind:

❑ **Eigenkapitalgeber**, die das Kapitalrisiko und Gewinnrisiko tragen.
❑ **Fremdkapitalgeber**, deren Risiken das Kreditrisiko und Zinsrisiko sind.
❑ **Unternehmen**, für die das Abzugsrisiko und Liquiditätsrisiko bedeutsam sind.

Im Rahmen der **Finanzanalyse** wurden bereits verschiedene Praktikerregeln aufgezeigt, die Qualitätsnormen darstellen und Finanzierungsregeln genannt werden. Der Optimierung der Kapitalstruktur dienen:

❑ **Vertikale Finanzierungsregeln**, wie auf S. 51 beschrieben:

○ 1 : 1-Regel	○ 2 : 1-Regel	○ 3 : 1-Regel

❑ **Horizontale Finanzierungsregeln**, die auf S. 54 dargestellt wurden:

○ Goldene Bilanzregeln	○ Goldene Finanzierungsregeln

Weitere Optimierungskriterien der Kapitalstruktur sind:

❑ Die **Kapitalhöhe**, die durch die Art und den Umfang von Investitionsalternativen bestimmt wird, wobei es zum Ausschluss von Investitionsobjekten kommen kann,

> ○ wenn eine einzelne **Finanzierungsalternative** (z. B. die von der Bank zugestandene Kreditlinie) besteht, die den erforderlichen Umfang nicht erreicht.
>
> ○ wenn die **Unternehmensführung** eingrenzende Vorgaben für die Verschuldung des Unternehmens gibt (Finanzplan als Engpassfaktor).

❑ Die **Kapitalkosten**, die mit jeder Finanzierungsmaßnahme verbunden sind. Angestrebtes Ziel ist die Minimierung der Kosten der Kapitalaufnahme. Es können unterschieden werden:

Einmalige Kapitalkosten	○ **Beschaffungskosten**, z. B. Kosten der Sicherheitsstellung, Grundbucheintrag, Emissionskosten, Provisionen, Bearbeitungsgebühren. ○ **Tilgungskosten**, z. B. Rückzahlungsagio, Kurssicherungskosten, Kosten der Rückerstattung der Sicherheiten.
Laufende Kapitalkosten	○ **Nutzungskosten** in Form des Zinses, der Überziehungsprovision und der Bereitstellungsprovision bzw. Kreditprovision. Sie betragen gewöhnlicherweise ca. 80 % der Finanzierungskosten. - Die **Überziehungsprovision** wird erhoben, wenn eine Überziehung der zugesagten Kreditlinie stattfindet. - **Bereitstellungsprovision** stellt die Bank in Rechnung für einen zugesagten, aber nicht in Anspruch genommenen Kredit. ○ **Effektenkapitaldienstkosten**, z. B. Kosten der Kuponeinlösung, Kosten der Einlösung einzelner Wertpapiere. ○ **Marktpflegekosten**, z. B. Kosten für die Kurspflege sowie die Publizierung der Unterlagen, Aktionärsbriefe, Geschäftsberichte, Presseinformationen.

❑ Der **Kapitaleinfluss**, denn der Finanzierungsvorgang kann Einflussnahmen auf die Entscheidungen des Unternehmens bewirken, die dessen Unabhängigkeit begrenzen können:

Eigenkapital-geber	Ihnen steht i. d. R. das **Recht auf Mitbestimmung** zu, z. B. als Gesellschafter des Unternehmens.
Fremdkapital-geber	Sie verfügen kraft Gesetz nicht über Mitbestimmungsrechte. Zugestandene **Einflussrechte** können jedoch sein: Information Kontrolle Mitsprache Richtlinien-vorgabe Mitwirkung an Geschäftsführung Relative Unabhängigkeit ——————→ Relative Abhängigkeit

❑ Die **Kapitalfristigkeit**, die sich am Verwendungszweck des hereingenommenen Kapitals orientiert, wobei das **Prinzip der Fristenkongruenz** zwischen Kapitalverwendung und Kapitalbeschaffung möglichst einzuhalten ist. So sollen:

○ Langfristige Kapitalbindungen durch langfristig zur Verfügung gestelltes Kapital abgedeckt sein

○ Kurzfristig gebundene Vermögensgegenstände auch kurzfristig finanziert werden

Es ist nicht immer davon auszugehen, dass **Eigenkapital** dem Unternehmen unbegrenzt für langfristige Kapitalbindungen überlassen wird, da es durch Kündigung entzogen werden kann, z. B. durch den Austritt eines Gesellschafters.

Ebenso kann das befristete **Fremdkapital** dem Unternehmen durch Prolongationen weiterhin zur Verfügung stehen oder aufgrund von besonderen Vorkommnissen vorzeitig gekündigt werden.

❑ Die **Kapitalflexibilität**, die sich vor allem auf die Möglichkeiten der Umfinanzierung und damit der kurzfristigen Wahrnehmung günstigerer Finanzierungsalternativen bezieht. Die **Umfinanzierung** wird erleichtert durch:

> ○ Kürzere Kreditlaufzeiten
> ○ Eingeräumte Kündigungsmöglichkeiten (jedoch i. V. m. höheren Kapitalkosten)

❑ Die **Kapitalrentabilität**, wobei unter dem Gesichtspunkt der Optimierung auf den **Leverage-Effekt** zu verweisen ist, der die Eigenkapitalrentabilität durch die Aufnahme von Fremdkapitalien erhöht, sofern die Voraussetzung gilt, dass die Gesamtkapitalrendite höher als die zu entrichtenden Fremdkapitalzinsen ist.

❑ Die **Kapitalsicherheit**, die für das Unternehmen die Sicherstellung der Kapitaldeckung und für den Kapitalgeber die Minimierung seines Verlustrisikos bedeutet, die bei der Fremdfinanzierung erfolgt durch:

> ○ Die Prüfung der **Kreditwürdigkeit** – siehe S. 78 ff.
> ○ Die Stellung von **Sicherheiten** – siehe S. 82 ff.

2.2.2.4 Finanzdisposition

Als Finanzdisposition kann die planerische Vorausschau und die den Finanzplan im operativen Geschäft umsetzende Tätigkeit verstanden werden. Sie wird auch als **Cash Management** bezeichnet.

Die Finanzdisposition dient der Überwachung und Steuerung des **Liquiditätsbestandes**, der sich zusammensetzt aus:

❑ Bargeld und Sichtguthaben
❑ Nicht ausgenutzte Kreditlinien
❑ Kurzfristig liquidisierbare Finanzanlagen.

Vielfach erfolgt die Finanzdisposition in größeren Unternehmen EDV-unterstützt durch **Cash Management-Systeme**, die von den Kreditinstituten im Rahmen des Electronic Banking angeboten werden.

Zielsetzung dieser Systeme ist es, die richtigen Beträge auf den richtigen Konten in den richtigen Währungseinheiten zu den richtigen Zeitpunkten unter Berücksichtigung der Rentabilität und der Zahlungsbereitschaft des Unternehmens bereitzustellen.

Dienstleistungen, die von Cash Management-Systemen erbracht werden, können sein:

❑ **Dienstleistungen einfacher Cash Management-Systeme**

○ Umsatz- und Saldenübersichten	○ Bankenübergreifende Berichte
○ Kontoauszüge	○ Kontoabgleichungen
○ Valutarische Informationen	○ Historische Übersichten

❑ **Dienstleistungen anspruchsvollerer Cash Management-Systeme**

○ Inlands-/Auslandszahlungen	○ Ausführung von Zahlungen
○ Plausibilitätsprüfung der Zahlungen	○ Datensatzübertragung
○ Vorformatierte Zahlungsauftragstypen	○ Datierte Zahlungsaufträge

❑ **Weitere Dienstleistungen**

○ Liquiditätsprognosen	○ Risikoanalysen
○ Finanzplanungen	

2.3 Organisation

Die organisatorische Einbindung der finanzwirtschaftlichen Führung in das Unternehmen wird durch mehrere Faktoren bestimmt. Dies sind insbesondere:

❑ Unternehmensgröße
❑ Rechtsform
❑ Branche
❑ Art der Einbindung des Unternehmens in einen Konzern.

Es kann festgestellt werden, dass die organisatorische Eingliederung der finanzwirtschaftlichen Führung tendenziell wie folgt geschieht:

❑ Bei **kleineren Unternehmen** liegen die finanzwirtschaftliche Führung und die Unternehmensleitung zumeist in einer Hand. Finanzielle Entscheidungen unterliegen damit einem oft unterschätzten Engpassfaktor, der die weitere Existenz des Unternehmens gefährden kann.

❑ **Mittlere bis größere Unternehmen** trennen vielfach die Unternehmensleitung in eine technische und in eine kaufmännische Führung, wobei letztere die finanzwirtschaftliche Leitung übertragen bekommt.

❑ **Große Unternehmen und Konzerne** besitzen zumeist schon im oberen Organisationsbereich eine eigenständige finanzwirtschaftliche Abteilung.

Bei der organisatorischen **Einordnung** der Finanzwirtschaft lassen sich unterscheiden:

❑ Die **funktionale Organisation**, die gleichartige Verrichtungen und Arbeitsvorgänge in Abteilungen oder Ressorts zusammenfasst. Ziel ist die Realisierung von Spezialisierungsvorteilen und Kostendegressionen.

Die Aufgliederung nach dem Verrichtungsprinzip kann nach Ressorts vorgenommen werden.

Beispiel:

Ressort Einkauf	Ressort Technik	Ressort Vertrieb	Ressort Finanzen und Betriebswirtschaft
			○ Controlling ○ Finanzwesen: Banken, Kasse, Kredit, Ausland ○ Rechnungswesen ○ Beteiligungen

Kleinere und mittlere Unternehmen richten sich oftmals funktional aus, was bei wachsender Betriebsgröße jedoch zu Koordinationsproblemen führt.

❑ Die **divisionale Organisation** ist vor allem bei größeren Unternehmenseinheiten zu finden. Die Gliederung der Aufgaben erfolgt nach Objekten oder Sparten.

Das können z. B. Produkte, Produktgruppen, Kunden, Kundengruppen, Regionen oder Länder sein.
Beispiel:

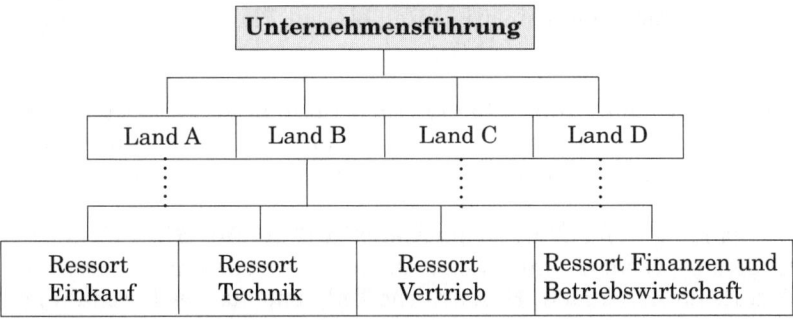

Vorteile dieser Organistionsform sind die konkreten Zielausrichtungen, z. B. auf eine bestimmte Kundengruppe oder ein bestimmtes Land sowie gleichzeitige Spezialisierungsvorteile der Funktionen.

Letztlich schaffen **Profit Center** eine Dezentralisation der Ergebnisverantwortung, wobei dies für Finanzabteilungen nur eingeschränkt gilt, da sie in Großunternehmen oftmals als zentralistisch geführte Querschnittsabteilungen hierarchisch verankert sind.

Beispiel:

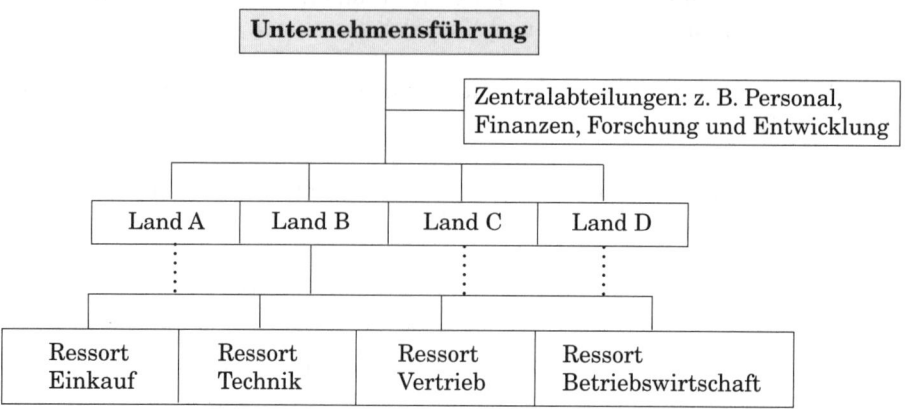

2.4 Controlling

Unternehmensübergreifend zielt das Controlling auf die Unterstützung der Unternehmensführung in den Aufgabenbereichen Planung und Kontrolle sowie Koordination und Informationsversorgung. Diese Aufgaben des Controlling können zur Erreichung der finanzwirtschaftlichen Ziele uneingeschränkt übernommen werden.

Der Finanzcontroller unterstützt das Finanzmanagement in der **Planung**, koordiniert Teilpläne, konzipiert, implementiert und betreut Planungs-und Kontrollsysteme.

Controlling, verstanden als **Kontrolle** in Form eines Soll-Ist-Vergleiches, kann im Finanzbereich die periodische Erstellung eines Finanzberichtes sein, der neben der Analyse der Abweichungen auch Maßnahmen zur Korrektur beinhaltet.

Eine Hauptaufgabe des Controlling ist die **Koordinationsfunktion**, die durch den Finanzcontroller insbesondere gegenüber anderen Unternehmensteilen wahrgenommen wird. Er hat leistungswirtschaftliche Teilpläne aus der Beschaffung, der Produktion und dem Absatz als Informationsgrundlage für die Finanzplanung zu beschaffen und in die Finanzplanung einzuarbeiten.

Außerdem obliegt es dem Finanzcontroller, für die **Informationsversorgung** der Entscheidungsträger im Finanzmanagement und in der Unternehmensführung zu sorgen. In Form eines täglichen Cash Flow-Statements oder einer periodisierten Liquiditätsvorausschau in Form eines Finanzplanes wird dieser Aufgabe im Finanzbereich Rechnung getragen.

Als Controlling- bzw. Managementmethode findet inzwischen auch die **Balance Scorecard** Anwendung – siehe *Kaplan / Norton, Ehrmann.* Sie fungiert als Bindeglied zwischen Strategiesetzung und deren operative Umsetzung in Zielsetzungen mittels Kennzahlen, die nicht nur schwerpunktartig aus dem finanzwirtschaftlichen Bereich und dem Rechnungswesen stammen sollen.

❏ Es wird eine **Balance der Kennzahlen** gefordert:

> ○ Zwischen vergangenheitsorientierten Ergebnissen und zukünftigen Entwicklungen
>
> ○ Zwischen externen Anforderungen, z. B. der Eigentümer oder Kunden, und internen Prozessgrößen

❏ Dazu sind vier **Perspektiven** einzubeziehen:

Finanzwirtschaftliche Perspektive	Sie ist mithilfe traditioneller Kennzahlen darstellbar. Dabei kommen z. B. Umsatz- oder Kapitalrenditen als Kennzahlen in Betracht.
Kundenperspektive	Kundenzufriedenheit oder z. B. Kundenrentabilität legen als kundenorientierte Kennzahlen die Kundensicht dar.
Interne Prozessperspektive	Mittels der Prozesskostenrechnung können beispielsweise erfolgsbestimmte Prozesse innerhalb des Unternehmens festgestellt und bewertet werden.
Lern- und Entwicklungsperspektive	Unternehmensbezogene Kernkompetenzen sind auszumachen und über Kennzahlen, z. B. der Qualität und Motivation der Mitarbeiter, weiterzuentwickeln.

Ein ganzheitliches Managementsystem wird angestrebt, in dem die genannten Perspektiven ausgewogen miteinander verknüpft, materielle und immaterielle Größen einbezogen sowie unternehmensinterne und unternehmensexterne Kennzahlen verwendet werden.

Erläutern Sie, was unter folgenden Begriffen zu verstehen ist, die Sie in diesem Kapitel kennen gelernt haben:

❏ Finanzwirtschaftliche Führung
❏ Finanzwirtschaftliche Ziele
❏ Eigenkapitalrentabilität
❏ Gesamtkapitalrentabilität
❏ Return on Investment
❏ Liquidität
❏ Absolute Liquidität
❏ Relative Liquidität
❏ Statische Liquidität
❏ Dynamische Liquidität
❏ Cash Flow
❏ Sicherheit

❏ Unabhängigkeit
❏ Investitionsanalyse
❏ Finanzierungsanalyse
❏ Liquiditätsanalyse
❏ Liquiditätsgrad
❏ Working capital
❏ Kapitalbedarf
❏ Kapitalstruktur
❏ Finanzierungsregel
❏ Finanzdisposition
❏ Cash Management
❏ Finanzielle Organisation
❏ Finanzielles Controlling

Seite 205

C. Kreditfinanzierung

Die Kreditfinanzierung ist eine Fremdfinanzierung von außerhalb des Unternehmens. Dem Unternehmen wird **Fremdkapital** zugeführt, das

- ❏ ein **Schuldverhältnis** begründet,
- ❏ **keine Haftung** für die Geschäftstätigkeit des Unternehmens übernimmt,
- ❏ nach einer **bestimmten Frist** an den Kapitalgeber **zurückzuzahlen** ist,
- ❏ i. d. R. **keinen Anspruch auf Mitbestimmung** bei der Geschäftsführung hat,
- ❏ **Kosten** für das Unternehmen vor allem in Form von **Zinsen** bewirkt,
- ❏ zumeist nur **gegen Stellung von Sicherheiten** für das Unternehmen zur Verfügung steht.

Das Fremdkapital kann aufgenommen werden über:

- ❏ **Kreditmärkte**, die zumeist **bankgetragen** sind. Sie stellen den Unternehmen benötigtes Kapital auf Basis von abzuschließenden Kreditverträgen zur Verfügung.

- ❏ **Kapitalmärkte**, auf denen das Kapital über **Emissionen** bereit gestellt wird zum Zwecke der:

  - ○ Investition (z. B. Industrieanleihen)
  - ○ Refinanzierung (z. B. Bankanleihen)
  - ○ Haushaltsfinanzierung und der Subventionierung (z. B. Staatsanleihen)

  Diese Gläubigerpapiere sind fest- oder variabel verzinsliche Wertpapiere mit einem Rückzahlungsanspruch des Inhabers.

- ❏ **Weitere Möglichkeiten** der Kapitalaufnahme können sein:

Kredite von Kapitalsammelstellen	Sie stammen z. B. von Versicherungen, die eine Anlageform für eingehende Versicherungsprämien suchen. **Beispiel**: Schuldscheindarlehen
Kredite von Marktpartnern	Sie werden z. B. als Zielzahlungen gewährt, wobei kontrahierungspolitische Zwecke im Marketingmix verfolgt werden. **Beispiel**: Lieferantenkredit
Substitutionsmöglichkeiten	Dies können z. B. sein: ○ Factoring ○ Leasing Sie ersetzen eine direkte Kreditaufnahme des Unternehmens an den Kredit- und Kapitalmärkten.
Gesellschafterdarlehen	Gesellschafter gewähren anstelle von Eigenkapital dem Unternehmen einen Kredit.

Typische **Merkmale** der Kreditfinanzierung sind:

❑ Die **Kapitalhöhe**, die sich aus unterschiedlichen Sichtweisen heraus bestimmt:

Sicht des Unternehmens	Dabei bestimmen die wirtschaftlichen Notwendigkeiten, also der Kapitalbedarf für Investitionen unter Rentabilitäts-, Sicherheits-, Liquiditäts- und Unabhängigkeitsaspekten die Höhe der Kreditfinanzierung.
Sicht der Kapitalgeber	Hier entwickelt sich die Kredithöhe nach den zur Verfügung gestellten Sicherheiten und nach der wirtschaftlichen Situation des Kreditnehmers.

❑ Die **Kapitalfristigkeit**, nach der zu unterscheiden sind:

○ Kreditfinanzierungen mit **kurzfristigen** Laufzeiten (bis ein Jahr)
○ Kreditfinanzierungen mit **mittelfristigen** Laufzeiten (ein Jahr bis fünf Jahre)
○ Kreditfinanzierungen mit **langfristigen** Laufzeiten (über fünf Jahre)

❑ Die **Kapitalgeber**, die sein können:

○ Kreditinstitute
○ Kapitalsammelstellen
○ Kunden/Lieferanten
○ Sonstige Unternehmen
○ Privatpersonen
○ Staat

❑ Die **Kapitalverwendung**, nach der sich nennen lassen:

○ **Investitionskredit** zur Beschaffung von Anlagevermögen
○ **Betriebsmittelkredit** zur Beschaffung von Umlaufvermögen
○ **Zwischenfinanzierungskredit** zur Überbrückung von Finanzierungen

❑ Die **Kapitalformen**, die auftreten können als:

○ **Geldkredit** als direkter Kredit in Form von Geld
○ **Sachkredit** als Kredit in Form von sachlichen Vermögensgegenständen
○ **Kreditleihe** als Zuverfügungstellung der Kreditwürdigkeit

❑ Die **Kapitalkosten**, die sein können:

○ Kosten für die **Nutzung** des Kredits in Form von variablen oder festen Zinsen
○ Kosten der **Bereitstellung** des Kredits (Bereitstellungsprovision, Disagio)
○ Kosten der **Tilgung** des Kredits (Rückerstattung der Sicherheiten)

❑ Die **Kapitalrückzahlung**, die als Tilgung der Kreditfinanzierung erfolgt:

○ In einem Betrag oder mehreren Beträgen
○ Zu festgelegten oder nicht determinierten Terminen
○ In gleich hohen oder in der Höhe wechselnden Beträgen

Der **Ablauf der Kreditfinanzierung** erfolgt typischerweise wie folgt:

Kreditantrag	Er ist Ausgangspunkt für die Kreditfinanzierung, wobei das Unternehmen ihn mündlich oder schriftlich stellen kann. Zumeist werden **Formulare** verwendet, die ein standardisiertes Vorgehen garantieren. Der Kreditantrag löst von Seiten des Kreditinstituts aus: ○ Die Beurteilung der Kreditwürdigkeit des Antrag stellenden Unternehmens ○ Die Bestimmung von Kreditsicherheiten ○ Die Ausfertigung des Kreditvertrages

Kreditwürdig-keitsprüfung	Kreditinstitute erwarten vor einer Kreditvergabe **Informationen** vom Unternehmen, um Prüfungen des Kreditantragstellers durchzuführen, die sich beziehen auf: ○ Die Kreditfähigkeit eines Kreditantragstellers ○ Die wirtschaftliche Kreditwürdigkeit des Antragstellers ○ Die persönliche Kreditwürdigkeit des Antragstellers – siehe Seite 79 ff. Übersteigt der Kreditbetrag 750.000 € oder 10 Prozent des haftenden Eigenkapitals des Kreditinstituts, ist dieses nach § 18 KWG aus Gründen des Anlegerschutzes verpflichtet, sich die wirtschaftlichen Verhältnisse offenlegen zu lassen. Liegen entsprechende Sicherheiten vor, kann hiervon abgesehen werden.

Kreditzusage	Nach erfolgreicher Prüfung der Kreditwürdigkeit und der positiven Bewertung des Kreditantrags muss in der Kreditzusage zwischen Kreditinstitut und dem Unternehmen Einigkeit erzielt werden über: ○ Kreditart ○ Kredithöhe ○ Kreditlaufzeit ○ Form der Zinsberechnung ○ Provisionsberechung ○ Kreditbereitstellung ○ Kündigungsformen ○ Kredittilgung Mit der **Einverständniserklärung** des Unternehmens zu den Konditionen an die Bank kommt der Kreditvertrag zu Stande.

Kreditkontrolle	Die in der Krediwürdigkeitsprüfung untersuchten Fakten zur wirtschaftlichen Situation des Kreditnehmers werden während der Laufzeit des Kredits vom Kreditgeber überwacht. Dabei sind auch mögliche Wertminderungen von Sicherheiten und die Form der Kreditverwendung zu überprüfen.

(1) Zeigen Sie die wichtigsten Unterschiede zwischen Fremd- und Eigenkapital auf!

(2) Welche unterschiedlichen Märkte für Kreditfinanzierungen kennen Sie?

(3) Nennen Sie weitere Möglichkeiten der Fremdkapitalaufnahme, die außerhalb der Märkte für Kreditfinanzierungen erfolgen können!

Seite 191

Im Rahmen der Kreditfinanzierung sollen behandelt werden:

Kreditfinanzierung	Vorbereitung
	Langfristige Kreditfinanzierung
	Kurzfristige Kreditfinanzierung
	Sonstige Kreditfinanzierung

1. Vorbereitung

Die wichtigsten Schritte bei der Vorbereitung zu einer Kreditfinanzierung sind:

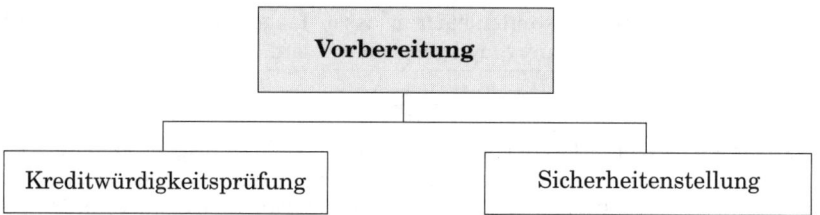

1.1 Kreditwürdigkeitsprüfung

Die Kreditwürdigkeitsprüfung verfolgt unterschiedliche **Zwecke**:

❑ Der **Kapitalgeber** strebt die Minimierung des Vergaberisikos bzw. des Kreditausfallrisikos an. Er ist an einer vertragsgemäßen Erfüllung aller Verpflichtungen aus dem Kreditvertrag interessiert.

❑ Der **Kapitalnehmer** zielt auf eine möglichst kostengünstige und antragsgerechte, ohne Auflagen belastete Überlassung des Kreditkapitals ab.

Die Kreditwürdigkeitsprüfung erfolgt in drei **Schritten**:

• **Beschaffung der notwendigen Informationsquellen**

• **Prüfung der Kreditfähigkeit**

• **Prüfung der Kreditwürdigkeit.**

1.1.1 Informationsquellen

Als Informationsquellen sind zur Kreditwürdigkeitsprüfung zu verwenden:

❑ **Personen**, die über Informationen verfügen, z. B. Geschäftspartner.

❑ **Banken**, wobei Bankauskünfte vor allem an andere Banken gegeben werden. Sie sind vertrauliche, zumeist ohne Obligo abgegebene Informationen zur Bonitätseinschätzung.

❑ **Auskunfteien**, die gewerbsmäßig Auskunft über wirtschaftliche Verhältnisse von Unternehmen und Einzelpersonen gegen Gebühr geben.

❑ Die **Schufa**, welche die Schutzgemeinschaft für allgemeine Kreditsicherung ist. Sie gibt Kreditgebern schnell und kostengünstig Auskunft über private Kreditnehmer. Die Kreditgeber verpflichten sich im Gegenzug, positive und negative, Schufa-genormte Kreditfolgedaten zu melden.

1.1.2 Prüfung der Kreditfähigkeit

Mit ihr werden die **rechtlichen Verhältnisse** des Kreditantragstellers festgestellt und damit dessen Fähigkeit, Kreditverträge rechtswirksam abschließen zu können. Sie ist grundsätzlich bei natürlichen, voll geschäftsfähigen Personen, bei juristischen Personen des privaten und öffentlichen Rechts und bei Personenhandelsgesellschaften (OHG, KG) gegeben.

Bei **natürlichen Personen** ist zu beachten:

❑ Ihre **Geschäftsfähigkeit** liegt bis zum siebten Lebensjahr nicht und danach bis zur Vollendung des 18. Lebensjahres nur beschränkt vor. Für geschäftsunfähige Personen werden Kredite über gesetzliche Vertreter (Eltern, Vormund) aufgenommen, im Falle von beschränkt geschäftsfähigen Personen reicht die Zustimmung der gesetzlichen Vertreter aus.

❑ Bei verheirateten Personen ist der **Güterstand** festzustellen, der Einfluss auf Haftungsfragen haben kann.

Im Falle von **juristischen Personen** und **Personengesellschaften** erfolgt durch eine Prüfung der Legitimation zur Vertretung (z. B. Prokura) der Nachweis einer **Vertretungsbefugnis**.

1.1.3 Prüfung der Kreditwürdigkeit

Bei der Prüfung der Kreditwürdigkeit durch den Kreditgeber sind zu unterscheiden:

❑ Die **Prüfung der persönlichen Kreditwürdigkeit**, die auf der Vertrauens-
würdigkeit der Person, die für sich selbst oder für ein Unternehmen Kredit beantragt, sowie auf der Untersuchung ihrer persönlichen Verhältnisse basiert.

Die sich oft auf Vergangenheitserfahrungen stützende Prüfung hat einen morali-
schen sowie einen fachlichen Aspekt, der die berufliche Qualifikation untersucht.
Beurteilungskriterien können sein:

Persönliche Beurteilung	○ Ausbildung ○ Werdegang ○ Abhängigkeiten ○ Familiäre Verhältnisse	○ Erfahrung ○ Ruf ○ Stellvertretung ○ Lebensstil	○ Fähigkeiten ○ Erfolgsnachweise ○ Nachfolge

Geschäftliche Beurteilung	○ Zahlungsmoral
	○ Geschäftsmoral
		○ Zuverlässigkeit
		  bei Vertragser-
		  erfüllung
			○ Fachliche
			  Qualifikation

Von besonderer Wichtigkeit wird die persönliche Kreditwürdigkeitsprüfung dann,
wenn die Kreditvergabe nicht dinglich besichert ist.

❑ Die **Prüfung der wirtschaftlichen Kreditwürdigkeit**, die sich auf die wirtschaftlichen Verhältnisse einer kreditantragstellenden Person bzw. Unternehmens bezieht, um die Rückzahlung der Zins- und Tilgungsbeträge abzusichern.
Beurteilungskriterien sind z. B. bei:

Privaten Haushalten	○ Momentane/zukünftige Lage der Einkommensverhältnisse ○ Momentane/zukünftige Lage der Vermögensverhältnisse

Unternehmen	○ Momentane Ertrags-, Liquiditäts-, Vermögenslage sowie Kapi-
	  talstruktur
	○ Zukünftige Ertrags-, Liquiditäts-, Vermögenslage sowie Kapi-
	  talstruktur

Traditionelle Kreditwürdigkeitsprüfungen der Banken basieren auf der
Bilanzanalyse, die stichtagsbezogene Vergangenheitswerte untersucht. Probleme
ergeben sich durch Bewertungsspielräume oder Bilanzfälschungen.

Modernere Kreditwürdigkeitsprüfungen stellen auf die **zukünftige wirtschaftliche Ertragskraft** und damit auf die zukünftige Kraft zur Zinszahlung und
Schuldentilgung des Kreditnehmers ab. Untersucht wird dies zumeist anhand
von Planbilanzen und Cash Flow-Prognosen.

1.1.4 Baseler Akkord und Rating

Der Begriff Baseler Akkord steht für internationale Vereinbarungen zur Bankenaufsicht, die ein Ausschuss* der **Bank für Internationalen Zahlungsausgleich**

---

* Den *Baseler Ausschuss für Bankenaufsicht (Basel Committee on Banking Supervision)* bilden
Vertreter der Zentralbanken und Bankenaufsichtsbehörden aller wichtigen Industriestaaten.

mit Sitz in Basel entwickelt. Reguliert wird die Unterlegung von Bankkrediten mit Bankeigenkapital. Da ausfallende Kredite Bankenkrisen erzeugen können, wird mit der Vergabebeschränkung von Bankkrediten auf den Schutz der Einlagen der Bankkunden sowie auf die Stabilisierung des Bankensystems und der internationaler Finanzmärkte gezielt.

Mit dem 1988 vorgelegten **Baseler Akkord I** wurde ein internationaler Standard erreicht, der Eingang in Bankgesetzen (KWG) fand und vorgibt, dass mit einigen wenigen Ausnahmen (z. B. Kredite an Staaten) für Risikoaktiva zumindest 8 % haftendes Eigenkapital durch die Kredit vergebende Bank vorzuhalten ist. Dies begrenzt die Kreditvergabemöglichkeit eines Kreditinstitutes auf das 12,5-fache des haftenden Eigenkapitals.

Der derzeit in Konsultationspapieren diskutierte **Baseler Akkord II** hat drei Zielrichtungen. Neben der Fortentwicklung des bankaufsichtlichen Überprüfungsprozesses und einer verstärkten Marktdisziplin über erweiterte Publizitätsanforderungen hinsichtlich der Eigenkapital- und Risikolage einer Bank steht die Weiterentwicklung der **Mindestkapitalanforderungen** im Mittelpunkt.

Dabei soll insbesondere bei der Kreditvergabe an private Unternehmen eine stärkere Orientierung der Eigenkapitalunterlegung an tatsächlichen Bonitätsrisiken und damit an eine bonitätsabhängige Gewichtung der Kreditforderungen an Nichtbanken erreicht werden. Für die Ermittlung der unternehmensrelevanten Kreditrisiken stehen eine externe (Standardansatz) und eine bankinterne (IRB-Ansatz) Möglichkeit zur Verfügung:

❑ Der **Standardansatz** (Standardised Approach) legt die Risikogewichtung aufgrund von Ratingergebnissen **externer Ratingagenturen** (External Credit Assessment Institution = **ECAI**) fest.

Rating ist eine Form der Kreditwürdigkeitsprüfung, die in den USA um die Jahrhundertwende entstanden ist (*Moody's* um 1900, *Standard & Poor's* 1916). Es überprüft die Ausfallwahrscheinlichkeit eines Kredits, wobei das Ergebnis dieser Überprüfung in einer Note zusammengefasst wird. Als Noten, die zur Modifikation noch mit Plus- und Minuszeichen versehen werden können, gelten z. B.:

AAA	Außergewöhnlich gute Fähigkeit des Schuldners, seine finanziellen Verpflichtungen zu erfüllen.
AA	Sehr gute Fähigkeit des Schuldners, seine finanziellen Verpflichtungen zu erfüllen.
A	Gute Fähigkeit des Schuldners, seine finanziellen Verpflichtungen zu erfüllen.
BBB	Angemessene Schutzparameter, jedoch verminderte Fähigkeit des Schuldners bei Eintritt nachteiliger wirtschaftlicher Umstände, seinen finanziellen Verpflichtungen nachzukommen.
BB	Unsicherheitsfaktoren führen bei nachteiligen wirtschaftlichen Bedingungen zur Verminderung der Zahlungsfähigkeit.

B	Wahrscheinlichkeit einer Beeinträchtigung der Zahlungsfähigkeit bei nachteiligen wirtschaftlichen Bedingungen.
CCC	Derzeit Anfälligkeit für Zahlungsverzug.
CC	Derzeit starke Anfälligkeit für Zahlungsverzug.
C	Insolvenzantrag oder dergleichen wurde gestellt, Zahlungen auf die Anleihen werden dennoch gewährleistet.
D	Schuldner ist bereits in Zahlungsverzug.

Den Risikoklassen (AAA, AA ... usw.) werden Risikogewichte zugeordnet, welche die Höhe der notwendigen Eigenkapitalunterlegung und damit die Kreditkosten für Unternehmen nach einem Vorschlag der Deutschen Bundesbank bestimmt:

Noten	Gewichte in Prozent für Nichtbanken	Eigenkapitalunter-legung (100 = 8 %)
AAA bis AA-	20	1,6 %
A+ bis A-	50	4,0 %
BBB+ bis BBB-	100	8,0 %
BB+ bis BB-	100	8,0 %
B+ bis B-	150	12,0 %
Unter B-	150	12,0 %

❑ Da externes Rating in Deutschland kaum verbreitet ist, werden die deutschen Kreditinstitute einen **bankinternen Rating-Ansatz** (Internal Rating Based Approach = **IRB-Ansatz**) verfolgen, der seit Jahren diskutiert wird und unterschiedliche Varianten (foundation/advanced approach) aufweist. Banken werden ihre Kreditforderungen in sechs Klassen (Staaten, Banken, Nichtbanken, Privatkunden, Projektfinanzierung und Beteiligungsbesitz) einteilen und klassenabhängige bzw. einzelfallorientierte Risikozuschläge und Risikoabschläge vornehmen sowie vorhandene Besicherungsmöglichkeiten berücksichtigen. Als Basis für die Berechnungen dienen bankinterne Datenbestände, die das bankinterne Ausfallrisiko mit der Ausfallhöhe und Restlaufzeit des Kredits bestimmen sollen. Letztlich werden auch hier höhere oder niedrigere Sätze der Eigenkapitalunterlegung die Kreditkosten bestimmen.

❑ Weiterhin besteht nun ein Privatkundenportfolio (Kredite bis zu 1 Mio. €), das als eine so genannte Detail-Forderung mit einem einheitlichen Risikogewicht von 75 % belegt ist.

1.2 Sicherheitenstellung

Das Verlangen nach Sicherheiten entsteht durch die Risiken der Kapitalhergabe für den Kreditgeber als:

❑ **Kapitalrisiko**, das sich auf den Untergang des vergebenen Kapitals bezieht.

❑ **Zinsrisiko**, das ein geändertes Zinsgefüge nach der Kapitalvergabe beinhaltet.

Werden keine Besicherungen bei einer Kreditvergabe verlangt, spricht man von einem **ungedeckten Kredit**. Er wird auch **Blankokredit** genannt.

Grundsätzlich bestehen **drei Möglichkeiten**, den bei einer Kreditvergabe entstehenden Risiken zu begegnen. Das sind:

❑ Die **Beschränkung des Risikos** als der Versuch der Kreditgeber, ein ausgewogenes Portefeuille hinsichtlich der Kreditengagements zu gestalten. Das kann geschehen durch:

Risikoteilung	Verschiedene Kreditgeber schließen sich zusammen, um einen Gesamtbetrag aufzubringen (Kreditkonsortium).
Risikostreuung	○ Zeitliche Streuung (unterschiedliche Fristigkeiten) ○ Sachliche Streuung (unterschiedliche Branchen) ○ Örtliche Streuung (unterschiedliche Regionen) ○ Persönliche Streuung (unterschiedliche Kreditnehmer)
Risiko-kompensation	Das Risiko wird z. B. durch Gegengeschäfte neutralisiert (Schließen von offenen Positionen im Devisenhandel).
Risiko-überwälzung	Das Risiko wird auf andere überwälzt, z. B. in Form einer Kreditversicherung.

❑ Die **Honorierung des Risikos**, die auf zweifache Weise erfolgen kann:

Höherer Zinssatz	Das Eingehen eines besonderen Risikos wird durch einen höheren Zinssatz honoriert, d. h. der Kapitalgeber erhebt einen Risikozuschlag.
Information/ Mitbestimmung	Das besondere Risiko wird durch ein höheres Maß an Information und/oder Mitbestimmung honoriert, siehe S. 46 f.

❑ Die **Sicherung des Risikos**, indem für die Vergabe von Fremdkapital die Stellung von Sicherheiten gefordert wird.

Als Sicherheiten sollen behandelt werden:

• **Personalsicherheiten**

• **Realsicherheiten.**

1.2.1 Personalsicherheiten

Bei den Personalsicherheiten erfolgt die Besicherung dadurch, dass neben dem Kreditnehmer noch eine weitere dritte Person für den Kredit haftet. Es gibt:

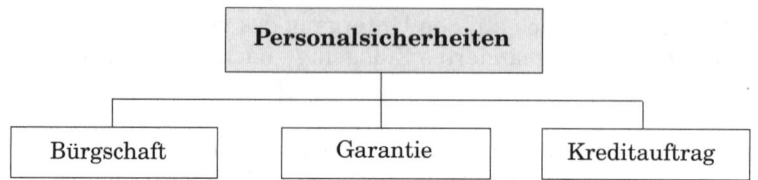

Als **weitere Personalsicherheiten** können genannt werden:

❑ Der **Schuldbeitritt**, der in den Kreditvertrag eine weitere Person mit einbezieht, die gesamtschuldnerisch die Haftung mit übernimmt.

❑ Die **Patronatserklärung**, bei der von einer Muttergesellschaft abhängige Unternehmen Kredite mit einer solchen Erklärung der Muttergesellschaft besichern können. Diese übernimmt eine Verpflichtung, den konzerneigenen Kreditnehmer finanziell so zu stellen, dass dieser den Verpflichtungen aus der Kreditverbindlichkeit nachkommen kann.

Für die Muttergesellschaft entstehen bei dieser Form der Patronatserklärung Eventualverbindlichkeiten.

❑ Die **Verpflichtungserklärung**, bei der sich der Kreditnehmer verpflichtet, alle oder besonders festzulegende Kreditgeber gleich zu behandeln oder bestimmte Bilanzrelationen nicht zu unterschreiten (financial covenants).

Eine Form solcher Erklärungen kann die **Negativerklärung** sein, bei der sich der Schuldner z. B. verpflichtet, künftig keine Belastung von Vermögensteilen in Form der Sicherheitenstellung zu Gunsten anderer Gläubiger vorzunehmen.

1.2.1.1 Bürgschaft

Die Bürgschaft ist im Gesetz geregelt (§§ 765 bis 777 BGB und §§ 349, 350 HGB) und wird von der deutschen Kreditwirtschaft bevorzugt als Sicherheit verwandt. Ihre **Merkmale** sind:

❑ Die Bürgschaft stellt einen **Vertrag** dar, der zwischen dem Gläubiger eines Dritten (Bank) und dem Bürgen des Dritten geschlossen wird. Grundsätzlich besagt die Bürgschaft, dass der Bürge für die **Erfüllung der Verbindlichkeiten** des Dritten (Hauptschuldner) gegenüber dem Gläubiger einsteht.

❑ Die Bürgschaft ist **akzessorisch**, d. h. sie ist in Bestand und Höhe abhängig von einer bestehenden Forderung, der **Hauptschuld**. Deren Zinsen und Kapitalkosten können die Bürgschaft erhöhen, Tilgungen der Hauptschuld die Höhe der Bürgschaft mindern.

❑ Die Bürgschaft kann in ihrer **Höhe und Dauer begrenzt** werden. Grundsätzlich ist zur Abgabe der Bürgschaftserklärung die **Schriftform** notwendig, wobei dies für Kaufleute nicht zwingend vorgeschrieben ist.

❑ **Arten** der Bürgschaft können sein:

Gewöhnliche Bürgschaft	Dem Bürgen steht das Recht der »**Einrede auf Vorausklage**« (§ 771 BGB) zu, d. h. der Bürge muss erst dann zahlen, wenn der Gläubiger erfolglos eine Zwangsvollstreckung auf das Vermögen des Hauptschuldners veranlasst hat. Sie gleicht der **Ausfallbürgschaft**, die zudem bis in das immobile Vermögen des Hauptschuldners greift.
Selbstschuldnerische Bürgschaft	Der Bürge verzichtet auf die »Einrede auf Vorausklage«. Er hat **auf Verlangen** des Gläubigers **zu zahlen**, wenn der Schuldner seinen Verpflichtungen nicht mehr nachkommt. Die selbstschuldnerische Bürgschaft ist die häufiger angewandte Bürgschaftsart, für Kaufleute ist sie im Rahmen einer für ihr Handelsgeschäft übernommenen Bürgschaft alleine zulässig.

❑ **Formen** der Bürgschaft mit **mehreren Bürgen** sind vor allem:

Mitbürgschaft	Mehrere Bürgen haften gesamtschuldnerisch für die gleiche Verbindlichkeit, auch wenn sie die Bürgschaft nicht gemeinschaftlich übernommen haben.
Nachbürgschaft	Die Haftung für eine Nachbürgschaft tritt erst dann ein, wenn Vorbürgen oder Hauptbürgen sich als nicht zahlungsfähig erwiesen haben.
Rückbürgschaft	Sie regelt das Haftungsverhältnis zwischen einem Hauptbürgen und einem Nachbürgen. Der Rückbürge haftet gegenüber dem Hauptbürgen, wenn dieser aus einer Bürgschaft heraus Zahlungen leisten musste.

1.2.1.2 Garantie

Die Garantie ist ein bürgschaftsähnlicher Vertrag. Der Garantiegeber verpflichtet sich gegenüber dem Garantienehmer, für den **Eintritt eines bestimmten Erfolges** bzw. für das **Ausbleiben eines Misserfolges** Gewähr zu übernehmen.

Garantien werden zumeist für klar definierte **Einzelgeschäfte** abgegeben. Sie sind gesetzlich nicht geregelt und – im Gegensatz zur Bürgschaft – nicht akzessorisch und damit rechtlich von einem zu Grunde liegenden Schuldverhältnis losgelöst.

Garantiegeber sind u. a. der Staat, Organisationen der Europäischen Union, Banken und Kreditgarantiegemeinschaften der einzelnen Wirtschaftsbranchen.

Die gebräuchlichsten Garantien sind:

❑ Die **Anzahlungsgarantie** zu Gunsten des Auftraggebers, die bei Großaufträgen zur Anwendung kommt und die Rückerstattung der geleisteten Anzahlung absichert, falls die Leistungs- bzw. Lieferungsverpflichtung nicht erfüllt wird. Die Garantie der Bank des Auftragnehmers erlischt nach Leistungserbringung.

❏ Die **Bietungsgarantie**, die dem Auftraggeber bei Ausschreibungen zusichert, dass die an der Ausschreibung teilnehmenden Unternehmen ihr Angebot im Falle eines Zuschlags aufrecht erhalten.

❏ Die **Vertragserfüllungsgarantie**, die sich der Bietungsgarantie anschließt und dem Auftraggeber im gewissen Maße zusichert, dass der Auftrag vollständig erfüllt wird.

❏ Die **Gewährleistungsgarantie**, die absichert, dass Waren oder Leistungen in bestimmten vereinbarten Qualitäten geliefert bzw. erstellt werden.

1.2.1.3 Kreditauftrag

Der Kreditauftrag beruht auf einem **bürgschaftsähnlichen Vertragsverhältnis**. Er entsteht, indem ein Auftraggeber (z. B. Muttergesellschaft) einem zukünftigen Gläubiger (z. B. Bank) die Anweisung gibt, einem Dritten (z. B. Tochtergesellschaft) mit einem Kredit zur Verfügung zu stehen.

Durch die Annahme des Kreditauftrags verpflichtet sich die Bank, im eigenen Namen und auf eigene Rechnung zukünftig den Kredit zu gewähren. Der Kreditauftrag besichert hauptsächlich Finanzierungen innerhalb von Konzernen, z. B. als Kreditauftrag für eine in- oder ausländische Tochtergesellschaft.

Sie haben für einen Bankkredit Sicherheiten zu stellen. Von der Bank werden unterschiedliche Sicherheiten verlangt. Zeigen Sie die Unterschiede auf, die bestehen zwischen:

(1) Gewöhnlicher Bürgschaft und selbstschuldnerischer Bürgschaft
(2) Rückbürgschaft und Nachbürgschaft
(3) Bürgschaft und Garantie
(4) Anzahlungs- und Bietungsgarantie
(5) Patronatserklärung und Negativerklärung

Seite 192

1.2.2 Realsicherheiten

Realsicherheiten sind **Sachwerte**, die durch den Kreditnehmer zur Absicherung bereitgestellt werden. Es sind zu unterscheiden:

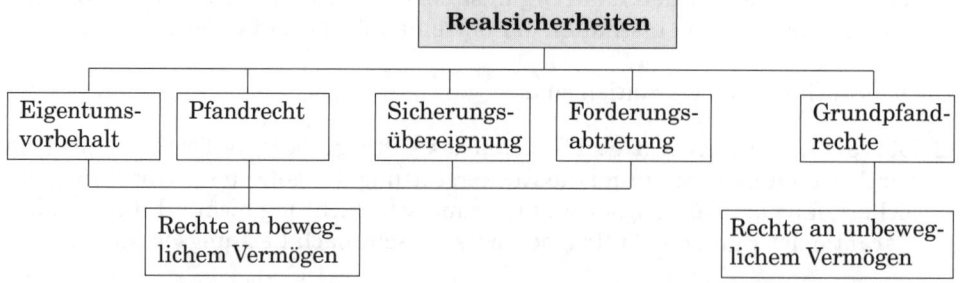

1.2.2.1 Eigentumsvorbehalt

Der Eigentumsvorbehalt verschiebt den Eigentumsübergang vom Verkäufer einer Ware zum Käufer auf den Zeitpunkt der Bezahlung der Ware. Durch die Übergabe der Ware wird der Käufer nur Besitzer einer beweglichen Sache.

Der Eigentumsvorbehalt ist das wichtigste Sicherungsmittel für die verbreiteten Lieferantenkredite, die durch die Einräumung eines Zahlungszieles zustande kommen. Es sind folgende **Formen** des Eigentumsvorbehaltes zu unterscheiden:

❑ Der **einfache Eigentumsvorbehalt**, der sich aus § 449 BGB ergibt, wobei zwischen Lieferer und Käufer vereinbart wird, dass die Ware bis zu ihrer Bezahlung Eigentum des Verkäufers bleibt. Der Verkäufer kann bei Nichtzahlung oder Zahlungsverzug die Herausgabe der Sache fordern.

Die **Wirkung** des einfachen Eigentumsvorbehalts **setzt** dann **aus**, wenn:

> ○ die Ware weiterverarbeitet oder mit anderen Gegenständen verbunden wird.
> ○ die Ware wesentlicher Bestandteil eines Grundstücks wird.
> ○ die Ware gutgläubig von einem Dritten erworben wurde.

❑ Der **verlängerte Eigentumsvorbehalt**, mit dem verhindert werden soll, dass der Sicherungseffekt des Eigentumsvorbehaltes durch die Weiterverarbeitung bzw. Weiterveräußerung aufgehoben wird. Er erfolgt als:

> ○ Ermächtigung zur Weiterveräußerung durch den Käufer der Ware unter gleichzeitiger **Vorausabtretung der entstehenden Forderung** an den Lieferanten der Ware (§ 398 ff. BGB).
> ○ Ermächtigung zur Weiterverarbeitung der Ware durch den Käufer mit der Vereinbarung des **Eigentumsübergangs** an den hergestellten Erzeugnissen **auf den Lieferanten** (§ 950 BGB).

❑ Der **erweiterte Eigentumsvorbehalt**, bei dem zu unterscheiden sind:

Kontokorrentvorbehalt	Er ermöglicht den Eigentumsübergang auf den Käufer erst nach Tilgung aller aus der Geschäftsverbindung stammenden Verbindlichkeiten.
Konzernvorbehalt	Er erweitert den Kontokorrentvorbehalt um die Forderungen der Lieferanten, die gemeinsam einem Konzern angehören. Er ist rechtlich inzwischen nicht mehr zulässig.

1.2.2.2 Pfandrecht

Zur Besicherung belastet ein Pfandrecht bewegliche Sachen (§§ 1204 - 1208 BGB) oder ein Recht (§§ 1273 - 1274 BGB), wobei als **Voraussetzungen** bestehen:

❑ Vorliegen einer Forderung, auf die sich das Pfandrecht bezieht (Akzessorietät).
❑ Einigung der beteiligten Parteien, dass dem Gläubiger das Pfandrecht zusteht.
❑ Übergabe des Pfandes, die erfolgen muss als:

> ○ Effektive Übergabe
> ○ Übergabe eines Herausgabeanspruchs eines Dritten
> ○ Übergabe eines verbrieften Rechtes, z. B. eines Lagerscheines als Orderpapier
> ○ Lagerung der Sache unter Mitverschluss des Kreditgebers

Als Pfandrechte eignen sich bewegliche Sachen, die für die Aufrechterhaltung der Geschäftätigkeit des Unternehmens nicht zwingend notwendig sind, da das Pfand den unmittelbaren Besitz wechselt.

Für die **Verwertung** der Pfandrechte müssen die folgenden **Voraussetzungen** erfüllt sein:

❑ Teilweise oder gänzliche Fälligkeit der Forderung (§ 1228 BGB)
❑ Androhung der Versteigerung bzw. des Verkaufs des Pfandes (§ 1234 BGB) gegenüber dem Schuldner
❑ Einhaltung bestimmter, angemessener Wartefristen (§ 1234 BGB, § 368 HGB).

Die Verwertung einer als Pfand gegebenen Sache erfolgt durch eine **öffentliche Versteigerung** oder durch den **freihändigen Verkauf** über einen öffentlich bestellten Makler, falls für die Pfandsache ein Börsenwert besteht oder der Marktwert bestimmt werden kann.

1.2.2.3 Sicherungsübereignung

Die Sicherungsübereignung wird in der Regel mit beweglichen, genau zu definierenden Sachen durchgeführt, die der Schuldner (Besitzer) dem Gläubiger (treuhändischer Eigentümer) übereignet.

Damit ist im Gegensatz zum Pfandrecht dem Schuldner eine **weitere Nutzung** der Gegenstände **möglich**. Dies erbringt die Einigung über den Eigentumsübergang und die Vereinbarung eines **Besitzkonstituts** (§ 930 BGB).

Arten der Sicherungsübereignung können sein:

❑ Die **Einzelübereignung**, die für konkret bezeichnete Sachen erfolgt.
❑ Die **Raumübereignung** für Sachen in einem bestimmten Raum.
❑ Die **Mantelübereignung** für durch Listenführung konkretisierte Sachen innerhalb eines Rahmenvertrages.

Probleme der Sicherungsübereignung treten vor allem auf, wenn Doppelübereignungen erfolgt sind oder Wertminderungen bzw. Verwertungsschwierigkeiten von sicherungsübereigneten Sachen auftreten.

Sie haben im Unternehmen eine Anzahl von Kopiergeräten, die als Sicherheit für einen Bankkredit verwendet werden sollen.

(1) Für welche Sicherheit würden Sie sich entscheiden, wenn Sie das Wahlrecht zwischen dem Pfandrecht und der Sicherungsübereignung hätten?

(2) Zeigen Sie die wesentlichen Unterschiede beider Realsicherheiten auf!

 Seite 192

1.2.2.4 Forderungsabtretung

Bei der Forderungsabtretung tritt der Kreditnehmer (bisheriger Gläubiger = Zedent) Forderungen, die er gegenüber Dritten (Drittschuldner) besitzt, mittels eines formfreien Abtretungsvertrages (§§ 398 ff. BGB) an den Kreditgeber (neuer Gläubiger = Zessionar) zum Zwecke der Besicherung von Krediten ab.

Vielfach wird auch von einer **Sicherungsabtretung** oder **Zession** gesprochen, wenn es sich um eine Forderungsabtretung handelt. Die Abtretung von Forderungen kann unterschiedlich erfolgen. Es gibt:

❏ Nach ihrer **Anzeige gegenüber dem Drittschuldner**

Offene Zession	Sie wird dem Drittschuldner angezeigt. Er hat an den Kreditgeber Zahlung zu leisten.
Stille Zession	Hier wird der Drittschuldner nicht über die Abtretung informiert. Er zahlt mit befreiender Wirkung an den Kreditnehmer.
	Die stille Zession ist in der Praxis weiter verbreitet (Imagegründe) als die offene Zession, birgt aber auch Gefahren wie die Doppelabtretung und die Nichtabführung des Forderungsbetrages durch den Kreditnehmer.

❏ Nach dem **Umfang der Abtretungen**

Einzelne Forderung(en)	Die Abtretung wird bei der Besicherung einmaliger oder sehr kurzfristiger Kredite angewandt.
Mehrere Forderungen	o Bei der **Mantelzession** verpflichtet sich der Kreditnehmer, laufende Forderungen bis zu einer bestimmten Gesamthöhe abzutreten.
	Sie wird durch die Einreichung von Rechnungskopien oder Forderungslisten vollzogen, wobei der Kreditnehmer eine Auswahlmöglichkeit hat.
	o Bei der **Globalzession** erfolgt die Abtretung aller gegenwärtigen und zukünftigen Forderungen, z. B. eines bestimmten Kundenkreises.
	Der Zessionar wird bereits bei der Entstehung der Forderung Gläubiger dieser Forderung. Eine Auflistung der Forderung wird nicht notwendig.

Probleme ergeben sich, wenn Forderungen nicht abtretbar sind, weil sie gesetzlich verboten sind (nicht pfändbare Forderungen, § 400 BGB).

Seit 1994 sind Abtretungsverbote, die bis dahin von Großunternehmen bzw. der öffentlichen Hand ausgesprochen wurden, unwirksam (Einfügung zum § 354 a BGB).

1.2.2.5 Grundpfandrechte

Bisher wurden bewegliche Vermögensgegenstände als Grundlage für Realsicherheiten dargestellt. Indessen gibt es auch **immobile Vermögensgegenstände**, die als Realsicherheiten in Betracht kommen.

Das sind Grundpfandrechte, die Grundstücke belasten und grundstücksgleiche Rechte in Form von dinglichen Verwertungsrechten beinhalten. Der Gläubiger kann Zahlung aus dem Grundstück verlangen.

Grundpfandrechte entstehen durch die Eintragung in das **Grundbuch**, das bei öffentlichen Stellen geführt wird, Eintragungen aller Grundstücke eines Bezirks beinhaltet und folgenden **Aufbau** hat:

Grundakte	Sammlung von Unterlagen, die zur Eintragung in das Grundbuch geführt haben (z. B. Kaufverträge)
Aufschrift	Grundbuchbezirk, Nummer des Bandes und des Grundbuchblattes
Bestandsverzeichnis	Lage, Art und Größe des Grundstücks (Liegenschaftsregister mit Flurkarten)
Erste Abteilung	Name des Grundstückseigentümers, Rechtsgrund, Zeitpunkt des Erwerbs
Zweite Abteilung	Lasten und Beschränkungen (Dienstbarkeiten, Reallasten, Vorkaufsrechte, Erbbaurechte)
Dritte Abteilung	Grundpfandrechte (Hypotheken, Grundschulden und Rentenschulden)

Wird ein Grundstück, z. B. in der dritten Abteilung, mit mehreren Grundpfandrechten belastet, dann entsteht für diese Rechte ein **Rangverhältnis**:

❑ Nach der **Reihenfolge** der Eintragungen innerhalb derselben Abteilung

❑ Nach dem **Datum** der Eintragungen bei Rechten in verschiedenen Abteilungen, wobei am gleichen Tag eingetragene Rechte den gleichen Rang erhalten.

Generell gilt, dass das ältere Recht Vorrang vor dem jüngeren Recht hat, sofern kein Rangvorbehalt (§ 881 BGB) oder ein Rangrücktritt ins Grundbuch eingetragen wurden.

Ein Grundstück ist mit mehreren Grundpfandrechten belastet. Das Grundbuch zeigt folgende Daten:

❏ Grundschuld über 150.000 € vom 06.06.08
❏ Grundschuld über 50.000 € vom 11.06.08
❏ Grundschuld über 20.000 € vom 02.07.08

Der Gläubiger der Grundschuld über 150.000 € betreibt die Zwangsvollstreckung, die 180.000 € erbringt. Welchen Betrag erhalten die Gläubiger aus dem notleidend gewordenen Kredit?

Seite 192

Zur Kreditsicherung verwandte Grundpfandrechte sind die **Hypothek** und die **Grundschuld**, wobei letztere fast ausschließlich zur Anwendung bei Besicherungen kommt.

Die ebenfalls in der dritten Abteilung des Grundbuches aufgeführte **Rentenschuld** bewirkt regelmäßige Zahlungen aus einem Grundstück und ist für die Kreditsicherung nicht bedeutsam.

❏ Die **Hypothek** (§§ 1113 - 1190 BGB) ist eine Grundstücksbelastung, die eine bestehende Forderung eines Gläubigers besichert, für den **ein dinglicher Anspruch** an das Grundstück **und ein persönlicher Anspruch** an den Schuldner besteht. Sie ist akzessorisch und damit direkt abhängig vom Bestehen und von der Höhe der Forderung.

Arten der Hypothek sind:

Verkehrs-hypothek	Sie wird bei gutgläubigem Erwerb durch Dritte in das Grundbuch eingetragen und kann erfolgen als: ○ **Briefhypothek**: Es wird eine Urkunde (Hypothekenbrief) ausgestellt, die ohne Eintrag in das Grundbuch abgetreten und verpfändet werden kann. ○ **Buchhypothek**: Es erfolgt ausschließlich eine Eintragung in das Grundbuch. Änderungen sind hier jeweils durch Umschreibungen nachzuvollziehen.
Sicherungs-hypothek	Sie verlagert die Beweisführung der Forderung auf den Gläubiger. Ihre Eintragung als **Buchhypothek** erfolgt zumeist aufgrund von Gerichtsbeschlüssen.
Höchstbetrags-hypothek	Sie begrenzt die Haftung des Grundstücks bis zu einem eingetragenen Höchstbetrag und wird ebenfalls als **Buchhypothek** ausgestellt.

❏ Die **Grundschuld** ist im Gegensatz zur Hypothek **fiduziarisch** und hebt damit die direkte Bindung an eine bestehende Forderung auf (Abstraktheit der Grundschuld). Durch ihre Eintragung entsteht **ein dinglicher Anspruch** aus dem Grundstück, ein **persönlicher Anspruch** an den Schuldner **besteht nicht**.

Arten der Grundschuld können sein:

Brief-grundschuld	Bei der Briefgrundschuld wird eine Urkunde (Grundschuldbrief) ausgestellt.
Buch-grundschuld	Bei der Buchgrundschuld erfolgt ausschließlich eine Eintragung ins Grundbuch.
Eigentümer-grundschuld	Sie ist in § 1196 BGB geregelt und kann: ○ durch die Rückzahlung eines mit einer Hypothek besicherten Kredits entstehen. ○ von einem Grundstückseigentümer in das Grundbuch eingetragen werden, um später an einen zukünftigen Kreditgeber abgetreten zu werden.

2. Langfristige Kreditfinanzierung

Langfristige Kreditfinanzierungen stellen Fremdkapital mit einer Laufzeit von mehr als fünf Jahren dem Unternehmen zur Verfügung. Diese Form der Kreditvergabe wird auch **Darlehen** genannt (§§ 607 - 610 BGB). **Kapitalgeber** können sein:

❑ **Kreditinstitute**, die sämtliche Bankleistungen als Universalbanken oder lediglich einzelne Bankleistungen als Spezialbanken anbieten.

❑ **Versicherungen**, die als Kapitalsammelstellen Prämieneinzahlungen aus verschiedenen Versicherungsbereichen in Aktien, Anleihen oder Immobilien anlegen, sowie Darlehen in Form von **Schuldscheindarlehen** vergeben.

❑ **Öffentliche Institutionen**, die eine Kreditaufnahme unterstützen.

❑ **Private Personen**, die Darlehen gewähren. Das können auch Gesellschafter des Unternehmens sein. Stellen sie **Gesellschafterdarlehen** zur Verfügung, ist **vorteilhaft**, dass keine Änderung der Herrschaftsverhältnisse erfolgt, das Kapital weitgehend ohne Haftungsübernahme überlassen wird und ggf. steuerliche Vorteile entstehen.

Nachteilig kann gesehen werden, dass eine Verzinsung marktgerecht zu erfolgen hat. Überzogene Zinsforderungen lassen eine versteckte Gewinnausschüttung vermuten. Außerdem können nach § 32 a GmbHG Darlehen von den Gesellschaftern im Insolvenzfall nicht als Forderungen gegenüber der eigenen Gesellschaft geltend gemacht werden, wenn sie zu einem Zeitpunkt gewährt wurden, an dem »ordentliche Kaufleute« Eigenkapital dem Unternehmen zugeführt hätten.

Schließlich kann sich nach § 8 a KStG bei Übersteigen bestimmter Kapitalrelationen ein Abzugsverbot der Fremdkapitalzinsen ergeben bzw. die Zurechnung der Fremdkapitalzinsen zum Einkommen der Gesellschafter erfolgen.

Näher auszuführende Arten der langfristigen Kreditfinanzierung:

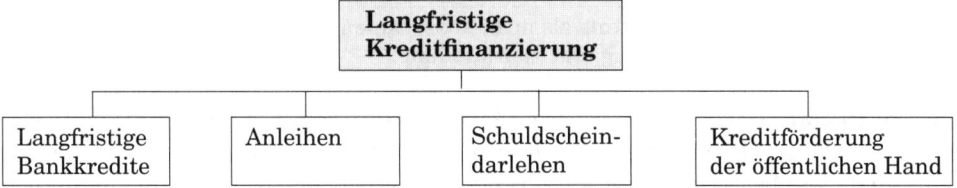

2.1 Langfristige Bankkredite

Langfristige Bankkredite dienen als **Investitionskredite** in den Unternehmen zur Beschaffung oder Erstellung von Gütern des Anlagevermögens, teilweise werden sie aber auch zur Beschaffung von Vorräten verwendet.

Merkmale langfristiger Bankkredite sind:

❑ Die **lange Laufzeit**, die bis zu 15 bis 30 Jahren betragen kann und bei Investitionskrediten oftmals dem Abschreibungszeitraum entspricht. Damit lässt sich die Finanzierung der Tilgung aus den Abschreibungserlösen absichern.

❑ Die unterschiedliche **Ausgestaltung** der **Zinskonditionen**. Die Festschreibung eines bestimmten Zinses wird oft nur für einen Teil der Laufzeit vereinbart. Festzinssatzkredite für die gesamte Laufzeit eines Kredites werden immer seltener vergeben.

Kredite mit einer variablen Verzinsung finden hingegen immer öfter Verwendung. Sie sind an einen **Referenzzinssatz** angebunden, der z. B. basiert auf:

Basiszinssatz	Er löste von 1999 bis 2001 den als Referenzzinssatz in Kreditverträgen verwendeten Diskontsatz ab. Dabei richtete er sich nach dem Zinssatz für längerfristige Refinanzierungsgeschäfte.
	Inzwischen entspricht er dem Basiszinssatz des Bürgerlichen Gesetzbuches (§ 247 BGB) und wird jährlich im Januar und im Juli dem Zinsniveau der Hauptrefinanzierungsoperation der EZB angepasst.
Spareckzins	Er stellt die Verzinsung der Spareinlagen mit dreimonatiger, »gesetzlicher« Kündigungsfrist dar.
EURIBOR/ LIBOR	Das sind Zinssätze für kurzfristige Anlagen und Kredite zwischen Banken in bestimmten Regionen bzw. an bestimmten Bankplätzen. Als Aufnahmesätze bestehen: ○ EURIBOR = **Eur**opean **I**nterbank **O**ffered **R**ate ○ LIBOR = **L**ondon **I**nterbank **O**ffered **R**ate.

❑ Die unterschiedliche **Ausgestaltung** der **Tilgungskonditionen**, die verschiedene Darlehensformen ergeben, welche in Annuitätendarlehen, Abzahlungsdarlehen und Festdarlehen unterschieden werden können, siehe S. 94 f.

❑ Die unterschiedliche **Ausgestaltung** sonstiger **Konditionen**, z. B.:

> ○ Festlegung eines **Damnums** als nicht auszuzahlender Teil des Darlehens
> ○ **Kosten** für die Bewertung und Beurkundung.

❑ Die **Besicherung**, die zumeist aufgrund der langen Laufzeiten in Form von erstrangigen Grundpfandrechten erfolgt. Dabei gibt es für die Beleihung von Immobilien bestimmte **Höchstgrenzen**, die das Kreditvolumen und damit das Risiko des Kreditgebers begrenzen, z. B. 60 % des Verkehrswertes einer Immobilie bei Hypothekenbanken, 80 % bei Bausparkassen.

Bei der **Tilgung** langfristiger Bankkredite können verschiedene Formen unterschieden werden, die unterschiedlichen Darlehen zu Eigen sind:

❑ Eine sehr verbreitete Form des Darlehens stellt das **Annuitätendarlehen** dar. Die Annuität ist eine **jährlich gleichbleibende Jahresleistung**, die in Form von jährlich fallenden Zinsen und jährlich steigenden Tilgungsraten auf eine Schuld erhoben wird.

Die jährlich gleich hohen Jahresraten führen den ehemals aufgenommenen Kreditbetrag bis zum Ende der Laufzeit vollständig zurück.

Die **Annuität** wird durch die Multiplikation des Barwertes des Darlehens mit dem Wiedergewinnungsfaktor ermittelt. Der Barwert des Darlehen ist der vereinbarte Kreditbetrag.

Der **Wiedergewinnungsfaktor** lautet:
$$q^n \cdot \frac{q-1}{q^n-1}$$

Damit ergibt sich für die **Annuität** z:
$$z = K_0 \cdot q^n \cdot \frac{q-1}{q^n-1}$$

K_0 = Barwert des Darlehens i = Zinssatz
q = 1+i n = Laufzeit des Darlehens in Jahren

Ein Unternehmen plant den Bau einer neuen Lagerhalle. Das Investitionsvorhaben soll eine Million € betragen. Das Unternehmen erwartet die Aufstellung eines Zins- und Tilgungsplanes für ein Annuitätendarlehen.

Folgende Konditionen sind hierbei zu beachten:

○ Zins p. a.   7 %
○ Laufzeit   5 Jahre

Errechnen Sie die jährliche Annuität und stellen Sie einen entsprechenden Zins- und Tilgungsplan auf!

Seite 193

❏ Eine weitere Form des Darlehens ist das **Abzahlungsdarlehen**. Bei ihm vermindern sich die jährlich zu leistenden Rückzahlungsbeträge im Zeitablauf. Dies entsteht bei jährlich gleich hohen Tilgungsraten durch die in ihrer Höhe fallenden Zinsen, da die Restschuld sich vermindert.

Die Höhe der jährlichen Tilgungsraten ergibt sich aus der Division des Kreditbetrages mit der Laufzeit des Darlehens.

Von einer Bank bekommen Sie das Angebot, die Lagerhalle aus der Übung 24 in Form eines Abzahlungsdarlehens zu finanzieren.

Errechnen Sie für das Beispiel aus Übung 24 die unterschiedlich hohen, jährlichen Rückzahlungsbeträge und stellen Sie den von der Annuitätenmethode abweichenden Zins- und Tilgungsplan auf!

Seite 193

❏ Eine dritte Form des Darlehens ist das **Festdarlehen**, bei dem über die Laufzeit nur Zinsen gezahlt werden und keine Tilgung erfolgt. Sie geschieht am Endes der Darlehenslaufzeit durch eine einmalige Rückzahlung des aufgenommenen Kreditbetrages.

Um die Vorteilhaftigkeit langfristiger Bankkredite einschätzen zu können, ist die Kenntnis der **effektiven Zinsbelastung** erforderlich, die sich in den meisten Fällen von der nominellen Zinsbelastung unterscheidet. Zu ihrer Ermittlung existiert eine praxisübliche **Faustformel**, die ein mögliches Damnum berücksichtigt:

$$r = \frac{Z + \dfrac{D}{n}}{AK} \cdot 100$$

r   = Effektivzinssatz   AK = Auszahlungskurs
Z   = Nominalzinssatz   n   = Laufzeit (Jahre)
D   = Damnum

Beispiel: Ein Darlehen über 100.000 € wird mit einem 10 %igen Damnum ausgezahlt und mit einem Nominalzins von 9 % versehen. Die Laufzeit soll 20 Jahre betragen.

$$r = \frac{Z + \dfrac{D}{n}}{AK} \cdot 100 = \frac{9 + \dfrac{10}{20}}{90} \cdot 100 = \mathbf{10{,}56\ \%}$$

Diese Formel gilt für den Fall, dass das Darlehen am Ende der Laufzeit zurückgezahlt ist. Andere **Tilgungsvarianten** erfordern eine Veränderung der Formel.

❏ Bei einer **Tilgung in jährlich gleichen Raten** ist für die Berechnung der Gesamtlaufzeit n in die Grundformel die mittlere Laufzeit t_m einzusetzen:

$$t_m = \frac{n + 1}{2}$$

❑ Bei einer **Tilgung in jährlich gleichen Raten nach einer tilgungsfreien Zeit** ist für die Berechnung der Gesamtlaufzeit n in der Grundformel die mittlere Laufzeit t_m unter Berücksichtigung der tilgungsfreien Zeit t_f einzusetzen:

$$t_m = t_f + \frac{(n - t_f) + 1}{2}$$

Eine Bank gewährt dem Unternehmen ein langfristiges Darlehen mit folgenden Konditionen:

❑ Nominalzins = 9 %
❑ Damnum = 10 %
❑ Gesamtlaufzeit = 20 Jahre

Die Bank bietet zudem unterschiedliche Tilgungsmodelle an. Errechnen Sie die unterschiedlichen Effektivzinssätze für eine Darlehenstilgung in jährlich gleich hohen Raten und für eine Tilgung in gleich hohen Raten mit einer tilgungsfreien Zeit von 3 Jahren!

Seite 193

2.2 Anleihen

Anleihen sind klassische Instrumente der langfristigen Kreditfinanzierung. Sie werden auch genannt:

○ Festverzinsliche Wertpapiere	○ Rentenpapiere
○ Schuldverschreibungen	○ Obligationen

Merkmale der Anleihen sind insbesondere:

❑ Sie verbriefen eine **schuldrechtliche Verpflichtung** und gewähren dem Inhaber ein Forderungsrecht gegenüber dem Emittenten, das auch im Falle einer Insolvenz weiterbesteht.

❑ Mit der Ausgabe von Anleihen verschaffen sich private Unternehmen und öffentlich-rechtliche Institutionen **langfristiges Fremdkapital**. Es ist:

○ Mit einem im Voraus festgelegten Zinssatz oder Referenzzinssatz zu verzinsen
○ Zu festen Zeitpunkten gegen Einreichung von Zinsscheinen verzinsbar
○ Am Fälligkeitstag mindestens zum Nennwert zurückzuzahlen

❑ Anleihen unterscheiden sich vom Darlehen dadurch, dass nicht ein einzelner Kapitalgeber angesprochen wird, z. B. eine Bank, sondern der gesamte **Kapitalmarkt** als Kreditgeber genutzt wird. Durch diese Risikoteilung und Risikostreuung sind Anleihen zinsgünstig.

❑ Anleihen sind **fungible Wertpapiere**, wobei die Fungibilität eine Bestimmung von Objekteigenschaften im Geschäftsverkehr ist, um die gleichmäßige Beschaffenheit und damit die mögliche Vertretbarkeit von Wertpapieren im Börsenhandel zu erreichen.

Für den **Handel** von Anleihen an den Börsenmärkten gelten unterschiedliche Zulassungsvoraussetzungen (Börsenprospekt, Zulassungsantrag etc.).

❑ Anleihen haben folgende **Bestandteile**:

Mantel	Der Mantel ist die eigentliche **Schuldurkunde** und verbrieft das Forderungsrecht. Er enthält z. B. Angaben über: o Das Volumen der Anleihe o Die Nominalverzinsung, die Zinstermine o Die Laufzeit der Anleihe
Bogen	Er besteht aus: o **Zinskupons**, die halbjährlich oder jährlich den Zinsbetrag ausweisen. o **Erneuerungsschein** für die Zuteilung eines neuen Bogens.

❑ Falls eine **Besicherung** von Anleihen vorgesehen ist, kann sie erfolgen:

Grundpfand-rechte	Die Eintragung von **Grundschulden** auf den ersten Rang erfolgt mit bis zu 40 % des Beleihungswertes.
Bürgschaften	Als Bürge tritt insbesondere die **öffentliche Hand** auf. Bürgschaften bilden zur Besicherung einer Anleihe eher die Ausnahme.
Negativklausel	Darin verpflichtet sich der Schuldner vertraglich, zukünftig keine Belastungen seiner Vermögensteile zu Gunsten anderer Gläubiger zuzulassen oder bestimmte Bilanzrelationen (financial covenants) zu unterschreiten. Die Negativklausel wird auch **Negativerklärung** bzw. **Negativrevers** genannt.

❑ Die Ausgabe einer Anleihe heißt **Emission**. Sie kann geschehen als:

Fremdemission	Sie wird über ein **Bankenkonsortium** durchgeführt und ist die in Deutschland übliche Vorgehensweise. Eine Bank, zumeist die Hausbank des Emittenten, übernimmt die Konsortialführung und damit die Vertretung des Konsortiums nach außen hin. Das Bankenkonsortium kann als **Emissionskonsortium** sein: o Ein **Platzierungskonsortium**, das als Kommissionär auftritt und im eigenen Namen, aber für Rechnung des Emittenten handelt. Das Emissionsrisiko verbleibt beim Emittenten. o Ein **Übernahmekonsortium**, das die Anleihe auf eigenen Namen und eigene Rechnung zur Distribution übernimmt und damit alle Risiken selbst trägt.
Selbstemission	Sie erfolgt durch das Unternehmen selbst und hat zum **Vorteil**, dass sich die Kosten der Emission um ca. 2,5 % im Vergleich zur Fremdemission vermindern. Als **Nachteil** entsteht für das Unternehmen aufgrund des Fehlens eines speziellen Vertriebssystems das Risiko der Unterbringung der Anleihe am Kapitalmarkt. Selbstemissionen sind bei Bankobligationen üblich.

❑ Als **Kosten** einer Anleihe fallen an:

Einmalige Kosten	Der größte, einmalig anfallende Kostenblock ist die **Konsortialgebühr**, die je nach Konsortiumsart unterschiedlich hoch sein kann. Weitere einmalige **Kosten** sind: ○ Börseneinführungsprovision ○ Börsenzulassungsgebühr ○ Druck- und Veröffentlichungskosten. Insgesamt können sie ca. 5 - 6 % des Nominalbetrages einer Anleihe, z. B. bei einem Übernahmekonsortium, betragen.
Laufende Kosten	Dies sind vor allem die halbjährlichen oder jährlichen **Zinszahlungen**, deren Höhe sich an den Kapitalmarktzinsen zur Zeit der Emission orientieren. Weitere laufende Posten sind die Kosten für die Kuponeinlösung, Kurspflege und Auslosung.

❑ Die **Zinsen** sind als **Nominalzinsen** auf dem Mantel der Anleihe aufgedruckt und zumeist jährlich nachschüssig zu festen Zinsterminen zu zahlen. Bei festverzinslichen Wertpapieren gelten diese über die gesamte Laufzeit, können aber bei starken Schwankungen des Marktzinsniveaus mittels einer Kündigung der Anleihe durch den Schuldner über eine **Konversion** geändert werden.

Für den Anleger ist der **Effektivzinssatz** einer Anleihe interessant, der sich vom Nominalzinssatz unterscheidet, wenn der Ausgabekurs bzw. Rückzahlungskurs einer Anleihe nicht 100 % beträgt. Als in der Praxis übliche **Faustformel** gilt bei einer Tilgung am Ende der Laufzeit:

$$r = \frac{Z + \dfrac{RK - AK}{n}}{AK} \cdot 100$$

r = Effektivzinssatz   AK = Auszahlungskurs der Anleihe
Z = Nominalzinssatz der Anleihe   n = Laufzeit der Anleihe in Jahren
RK = Rückzahlungskurs der Anleihe

Ein Unternehmen begibt zur langfristigen Finanzierung eine Anleihe. Deren Nominalzinssatz beträgt 10 %. Der Emissionskurs ist auf 97 € und der Rückzahlungskurs auf 100 € festgelegt. Die Laufzeit der Anleihe ist 10 Jahre.

Welche Effektivverzinsung bringt diese Anleihe einem potenziellen Anleger?

Seite 193

❑ Die **Tilgung** einer Anleihe kann zu einem **einheitlichen Termin** erfolgen, wie z. B. oftmals bei Staatsanleihen. Möglich ist aber auch die Tilgung in **Jahresraten**, wie z. B. bei Industrieobligationen. Ihr wird gewöhnlicherweise eine zu Anfang der Laufzeit tilgungsfreie, mehrjährige Periode vorangestellt. Weiterhin sind zu unterscheiden:

Tilgungs-raten	○ **Gleichbleibende Tilgungsraten** ergeben eine fallende Belastung des Unternehmens im Lauf der Zeit aufgrund der Verminderung der Zinszahlungen.
	○ **Steigende Tilgungsraten** belasten das Unternehmen entsprechend einer Annuität gleichbleibend.
Tilgungs-methoden	○ Bei der notariell vorgenommenen **Auslosung** wird die vorzeitige Rückzahlung der in einzelne Serien aufgeteilten Industrieobligationen durch Los bestimmt.
	○ Der **Rückkauf** erfolgt durch das emittierende Unternehmen insbesondere dann, wenn der Börsenkurs unter den Rückzahlungskurs gesunken ist.

❏ Die **Kündigung** der Anleihe ist zumeist nach einer bestimmten Laufzeit (z. B. 5 Jahre) vorgesehen und erfolgt einseitig durch den Schuldner. Von Seiten des Anlegers können Anleihen nicht gekündigt werden, aber innerhalb von zwei Börsentagen zum aktuellen Kurs verkauft werden.

❏ Anleihen, die sich durch eine besonders gute **Bonität** auszeichnen und damit risikoarm für den Anleger sind, erhalten folgende **Qualitätsmerkmale**:

Deckungsstock-fähigkeit	Versicherungsunternehmen müssen als Risikopolster einen so genannten Deckungsstock bilden, der von einem Treuhänder verwaltet wird. In diesen Deckungsstock können Anleihen, die als besonders sicher gelten, aufgenommen werden.
Mündel-sicherheit	Mündelsichere Anleihen können durch einen Vormund bzw. Pfleger, der das Vermögen einer nicht geschäftsfähigen Person verwaltet, erworben werden.
	Bundesanleihen sind z. B. mündelsicher, da sie als bonitätsmäßig zweifelsfrei und damit als besonders sicher gelten.
Sicherheits-kategorien der EZB	Für alle Kreditgeschäfte als Kauf- oder Pfandgeschäfte mit der Europäischen Zentralbank sind Sicherheiten zu stellen, die besondere, von der Europäischen Zentralbank festgelegte Bedingungen erfüllen müssen:
	○ **Kategorie-1-Sicherheiten** sind marktfähige Schuldtitel (**Anleihen**), die **europaweit** höchsten Bonitätsanforderungen standhalten.
	○ **Kategorie-2-Sicherheiten** können marktfähige und nicht marktfähige Schuldtitel (**Anleihen**) sowie auch **Aktien** sein, deren Bonität von den **nationalen Zentralbanken** nach bestimmten Standards als einwandfrei eingestuft wird.

Es sollen behandelt werden:

- **Anleiheemittenten**
- **Neuere Anleiheformen**
- **Schuldscheindarlehen**
- **Kreditförderung der öffentlichen Hand.**

2.2.1 Anleiheemittenten

Zur langfristigen Kreditfinanzierung können Unternehmen Anleihen, z. B. in Form der Industrieobligationen, selbst auflegen, was aber aufgrund der nötigen Volumina und der erforderlichen Bonität eher eine untergeordnete Rolle spielt.

Wesentlich häufiger geschieht eine langfristige Unternehmensfinanzierung **indirekt**. Andere Emittenten von Anleihen – wie zum Beispiel der Staat oder Banken – geben die erhaltene Liquidität als langfristige Kredite an Unternehmen aus. Zu unterscheiden sind bei dieser indirekten Unternehmensfinanzierung unterschiedliche **Aussteller**:

❑ Die **Öffentliche Hand** bei der unterschieden werden können:

> ○ Staats- bzw. Bundesanleihen oder Länderanleihen
>
> ○ Anleihen der Kommunen oder anderer Körperschaften des öffentlichen Rechts

Sie werden zur Finanzierung öffentlicher Haushalte begeben und sind durch das gegenwärtige und zukünftige Vermögen und Steueraufkommen des Ausstellers besichert. Staatsanleihen genießen eine hohe Bonität und sind daher mündelsicher, deckungsstockfähig und lombardierfähig.

❑ Die **Kreditinstitute**, wobei als Emissionen der Banken diese Anleihen für die langfristige Finanzierung von Unternehmen nur indirekt wirksam sind. Sie können sein:

> ○ Pfandbriefe und Kommunalobligationen, deren Ausgabe sich auf Hypothekenbanken und öffentlich-rechtliche Kreditinstitute beschränkt. Für die Ausgabe sind besondere Gesetze zu beachten, die bezüglich des Gläubigerschutzes strenge Auflagen machen.
>
> ○ Bankobligationen bzw. Bankschuldverschreibungen, die eine Refinanzierungsquelle der Kreditinstitute am Kapitalmarkt darstellen.

Industrieobligationen sind Schuldverschreibungen **privater Unternehmen** und dienen der direkten langfristigen Kreditfinanzierung. Aussteller dieser Anleihen stammen nicht ausschließlich aus dem Industriesektor, sondern können auch Dienstleistungs- oder Handelsunternehmen sein. Es lassen sich unterscheiden:

Industrie-obligationen ohne Sonder-rechte	Sie werden i. d. R. als Teilschuldverschreibungen ausgegeben, die eine Stückelung der Anleihe in Teilbeträge zulässt, die auf 100 €, 500 €, 1.000 € sowie auf 5.000 € und 10.000 € lauten können.
	Die sehr hohen Emissionsvolumina sollen langfristige Kapitalbe-darfe – zumeist 10 bis 25 Jahre – abdecken. Sofern keine Sonder-rechte eingeräumt sind, treffen die vorgenannten Wesensmerkmale der Anleihen auch für Industrieobligationen zu.
Industrie-obligationen mit Sonder-rechten	Sie stellen Emissionen privater Unternehmen dar, welche Son-derfälle der Finanzierung sind. Sie werden auf S. 167 ff. abgehan-delt.
	Als Mischformen zwischen Kredit- und Beteiligungsfinanzierung räumen sie ein:
	○ Wandelungsrechte (**Wandelschuldverschreibung**) oder ○ Gewinnbeteiligungen (**Gewinnschuldverschreibung**).

2.2.2 Neuere Anleiheformen

Neben den gezeigten traditionellen Anleihen entwickeln sich am Kapitalmarkt ständig neue Formen, die z. B. nach ihrer unterschiedlichen Art der Verzinsung und der Tilgung unterschieden werden können.

❑ Anleihen mit unterschiedlichen **Verzinsungsformen**:

Anleihen mit variablen Zins-sätzen	Im Gegensatz zu festverzinslichen Wertpapieren weisen diese va-riable verzinsten Wertpapiere (**Floating Rate Notes**) eine regel-mäßige Zinsanpassung (alle 3 oder 6 Monate) auf.
	Als Referenzzinssatz fungieren Geldmarktsätze (Euribor, Libor).
Nullkupon-anleihen	Hier bestehen während der Laufzeit keine Zinszahlungen, weshalb diese Anleihen auch **Zero Bonds** genannt werden.
	Nullkuponanleihen werden mit einem hohen Abschlag (Disagio) ausgegeben, ihre Tilgung erfolgt zum Nennwert.
Niedrigverzins-liche Anleihen	Sie weisen eine stark unter dem Marktzinsniveau liegende Ver-zinsung auf (**Discount Bonds**) und sind, wie der Zero Bond, mit einem hohen Emissionsabschlag begeben.
Hochzins-anleihen	Als **High Yield Bonds** haben sie zur Eigenheit, dass ihre Emit-tenten eine stark verminderte Bonität aufweisen und damit ein Risikoausgleich durch eine Rendite über dem Marktzinsniveau notwendig wird.
Indexanleihen	Hier bestehen Abhängigkeiten zwischen der Verzinsung und allge-mein gültigen Indexgrößen (z. B. Aktien-, Lebenshaltungsindex).
	Ebenso kann die Rückzahlung dieser **Indexed Bonds** mit Indices gekoppelt werden.

❑ Anleihen mit unterschiedlichen **Tilgungsformen**:

Umtausch-anleihen	**Exchangeable Bonds** bieten neben einer Zinszahlung die Tauschmöglichkeit der Anleihe in Aktien eines Unternehmens, das nicht der Emittent der Anleihe ist.
Annuitäten-anleihen	Gleich hohe Annuitäten als besondere Tilgungsmethode geben dieser Anleihe den Namen **Annuity Bond**.
Ewige Anleihen	Sie weisen keine Tilgung und keinen Rückzahlungszeitpunkt auf. Der Nominalzinssatz dieser **Perpetual Bonds** wird in größeren Abständen dem Marktzinsniveau angepasst. Der Schuldner hat ein Kündigungsrecht und damit eine Rückzahlungsmöglichkeit.
Aktien-anleihen	Die **Equity-Linked Bonds** haben eine weit über dem Marktzinssatz liegende Verzinsung. Sie verbriefen allerdings für den Emittenten ein Wahlrecht, die Anleihe am Laufzeitende zum Nennwert zurückzuzahlen oder eine vorher festgelegte Anzahl einer bestimmten Aktie zu liefern.
Katastrophen-anleihen	Als **Catastrophe Bonds** verbinden sie ihre Rückzahlung mit dem Ausbleiben von Versicherungsschäden. Sie werden von Versicherungsgesellschaften begeben und sind in ihrer Rentabilität vom Schadensverlauf abhängig.

Die finanzmathematische Formel für die Aufzinsung lautet:

$K_n = K_0 \cdot q^n$, wobei K_n der zukünftige Betrag und K_0 der heutige Betrag (Barwert) ist sowie q den Zins (1+i) und n die Laufzeit in Jahren darstellt.

Eine Nullkuponanleihe wird heute mit 48 € (K_0) begeben und in 10 Jahren zu 100 € (K_n) zurückgezahlt. Errechnen Sie die Rentabilität der Anleihe, indem Sie obige Aufzinsungsformel nach q auflösen.

Seite 194

2.3 Schuldscheindarlehen

Das Schuldscheindarlehen ist – ebenso wie die Anleihe – ein klassisches Instrument der langfristigen Kreditfinanzierung. Mit seiner Hilfe lassen sich Unternehmen Fremdkapital in großem Umfang durch Kapitalsammelstellen, insbesondere Versicherungen, zur Verfügung stellen.

Gesetzlich ist das Schuldscheindarlehen nicht definiert. Der **Schuldschein** selbst stellt kein Wertpapier dar, sondern ein beweiserleichterndes Dokument. Damit ist die Beweislast der Schuld und insbesondere deren Tilgung vom Gläubiger auf den Schuldner übertragen.

Auch muss nicht unbedingt die Ausstellung eines Schuldscheines vorliegen, da langfristige Darlehen von Kapitalsammelstellen auch ohne Ausstellung des Schuldscheines als Schuldscheindarlehen bezeichnet werden.

Merkmale des Schuldscheindarlehens sind vor allem:

❑ Die **Verzinsung** kann für die Dauer der Kapitalbereitstellung variabel oder fest erfolgen. Als Kostenbestandteile sind zu unterscheiden:

Einmalige Kosten	Sie können die Vermittlungsgebühr für einzuschaltende Finanzmakler (ca. 0,5 - 1,5 %) und die Gebühr der Sicherheitenstellung (ca. 0,5 %) sein.
Laufende Kosten	Sie bestehen ausschließlich aus den Zinsen, die ca. 0,25 bis 0,5 % über den jeweiligen Anleihesätzen liegen.

❑ Die **Auszahlung** des Darlehens muss nicht unbedingt zu 100 % erfolgen. Das Gesamtschuldscheindarlehen, das zumeist über mehrere Millionen Euro lautet, kann zur besseren Platzierung Teilschuldscheine mit 50.000 Euro als kleinster Einheit zerlegt werden. Ein Aufteilung bei der Auszahlung nennt man auch **Tranche**.

❑ Die **Laufzeit** beträgt zwischen 5 und 15 Jahren, wobei die obere Grenze aufgrund der Beantragung zur Deckungsstockfähigkeit eines Schuldscheindarlehens besteht.

❑ Die **Sicherheiten** sind aufgrund des Erlangens der Deckungsstockfähigkeit erstrangig und dinglich. Weiterhin sind sie zumeist mit einer Zwangsvollstreckungsklausel versehen. Neben den Grundpfandrechten sind mögliche Sicherheiten:

o Bürgschaften	o Verpfändung von
o Negativerklärungen	Wertpapieren

Des Weiteren sollte beste Bonität beim Schuldner vorliegen.

❑ Die **Tilgung** ist in ihren Modalitäten individuell vereinbar und daher für die Liquiditätsplanung eines Unternehmens vorteilhaft. Neben tilgungsfreien Zeiten können besondere Tilgungsmöglichkeiten bis hin zu einem einseitigen Kündigungsrecht des Schuldners festgelegt werden. Oft wird eine endfällige Tilgung vereinbart.

Als **Arten** des Schuldscheindarlehens lassen sich unterscheiden:

❑ Das **fristenkongruente Schuldscheindarlehen**, bei dem die Dauer der Kapitalüberlassung durch ein Schuldscheindarlehen mit der Dauer der Kapitalnutzung beim Unternehmen übereinstimmt, d. h. der Schuldschein wird entsprechend der Laufzeit des Darlehens bei einer Kapitalsammelstelle untergebracht.

❑ Das **revolvierende Schuldscheindarlehen**, bei dem für aufeinander folgende, kürzere Zeitabschnitte verschiedene Kreditgeber in ein langfristig laufendes Schuldverhältnis eintreten. Dadurch werden kurzfristige Geldanlagen in einen langfristigen Kredit transformiert.

❑ Das **direkte Schuldscheindarlehen**, das zwischen dem kreditsuchenden Unternehmen und der anlagewilligen Kapitalsammelstelle ohne Einschaltung einer vermittelnden Institution abgeschlossen wird.

❑ Das **indirekte Schuldscheindarlehen**, bei dem in der Vermittlung des Kreditgeschäftes ein Kreditinstitut oder ein Finanzmakler hilft, die neben der Zusammenführung beider Parteien auch noch Aufgaben der Bonitätsprüfung des Kreditnehmers übernehmen.

Entsprechend der **Einbeziehung des Vermittlers** gibt es:

Darlehen ohne Festübernahme	Bei einem Darlehen ohne Festübernahme übt das Kreditinstitut oder der Finanzmakler nur **vermittelnde Funktion** aus.
Darlehen mit Festübernahme	Hier übernimmt der Vermittler ein Platzierungsrisiko, da er rechtlich **zunächst** als **Kapitalgeber** auftritt, danach die Forderung aus dem Schuldscheindarlehen an eine anlagewillige Kapitalsammelstelle abtritt.
Refinanzierungsdarlehen	Bei diesem Darlehen ist der Vermittler über die gesamte Laufzeit des Schuldscheindarlehens rechtlich als **Kapitalgeber** zu betrachten.

Die Einschaltung und die unterschiedliche Einbeziehung von Vermittlern erhöhen die Kosten des Schuldscheindarlehens.

2.4 Kreditförderung der öffentlichen Hand

Die Ausstattung besonders von kleineren bis mittleren Unternehmen mit langfristig zur Verfügung stehendem Kapital ist oftmals nicht ausreichend. Zur Problemlösung entwickelten sich private und öffentlich-rechtliche Spezialkreditinstitute, die auf eine **Kreditförderung im Langfristbereich** insbesondere der mittelständischen Unternehmen abzielen, indem sie:

❑ Staatliche, zentrale Aktionen der Kreditvergabe durchführen helfen.
❑ Langfristige Kredite an ausgewählte Wirtschaftsbereiche gewähren.
❑ Bankenkonsortien gründen, wenn das Potenzial einer einzelnen Bank von der zu bewältigenden Aufgabe überschritten wird.

Als **geförderte langfristige Kredite** lassen sich vor allem nennen:

❑ Die **AKA-Kredite**, die von der AKA-Ausfuhr-Kredit-Gesellschaft mbH gewährt werden. Sie stellt den Zusammenschluss von über 50 am Export interessierten Banken dar.

Zur Unterstützung des Exportkreditgeschäftes bietet die AKA mittel- bis langfristige Kredite (maximal 10 Jahre), um den Investitionsgüterexport, zum Teil auch staatlich unterstützt, zu fördern.

Der AKA stehen hierzu verschiedene **Plafonds** zur Verfügung:

Plafonds A	Er dient der Refinanzierung deutscher Exporteure und setzt sich aus Mitteln der an der AKA beteiligten Banken zusammen.
Plafonds C, D, E	Sie werden verwandt zur Kreditierung ausländischer Importeure oder Banken in Form von gebundenen Finanzkrediten.

❑ **Kredite der KfW-Bankengruppe**, die 2003 aus der Fusion der Kreditanstalt für Wiederaufbau (KfW) mit der Deutschen Ausgleichsbank (DtA) entstand. Die staatlichen Förderprogramme wurden damit neu geordnet. Zu unterscheiden sind:

Kredite der KfW-Mittelstandsbank	Diese mittel- bis langfristigen Kredite sind als Förderprogramme insbesondere für kleinere und mittlere Unternehmen in den Bereichen Unternehmensfinanzierung, Existenzgründung und Beteiligungsfinanzierung hilfreich.
	Ausgegeben bzw. über Hausbanken durchgereicht werden staatliche Kredite oder internationale Hilfsmittel, z. B. aus dem **ERP (European Recovery Programm)**. Zielgruppen hierfür sind:
	○ Existenzgründer und junge Unternehmen (bis 2 Jahre nach der Geschäftsaufnahme)
	○ Wachstumsunternehmen, deren Geschäftsaufnahme mehr als 2 aber höchstens 5 Jahre zurückliegt.
	○ Etablierte Unternehmen (mehr als 5 Jahre am Markt)
Kredite der KfW-Förderbank	Sie stellen Förderungen in den Bereichen Infrastruktur (Kommunales/privates Bauen, Wohnen, Energiesparen), Soziales, Bildung (z. B. BAföG) und Umwelt dar.

Weitere Töchter der KfW-Bankengruppe sind die neu gegründete **KfW-IPEX-Bank** mit der Spezialisierung auf Export- und Projektfinanzierung sowie die **KfW-Entwicklungsbank**, die mit Bundeskrediten und Zuschüssen in Entwicklungsländern Projekte fördert.

Die KfW-Bankengruppe deckt ihren Finanzierungsbedarf weitestgehend an den nationalen und internationalen Kapitalmärkten und reicht zudem nationale und internationale Mittel an die jeweiligen Fördergruppen durch.

❑ **Kredite der IKB** (Deutsche Industriebank) als langfristige gewerbliche Kredite vor allem für etablierte mittelständische Unternehmen, aber auch für junge innovative Unternehmen sowie gewerbliche Immobilieninvestoren. Förderungsgegenstände können Projekte im In- und Ausland, Beteiligungskapital sowie Leasingfinanzierungen für Immobilien, Maschinen und Fahrzeuge sein.

Zudem werden Beratungen und Dienstleistungen im Bereich der Eigenkapitalfinanzierung, der Immobilienfinanzierung und der Akquisitionsfinanzierung angeboten. Die IKB hat überwiegend private und institutionelle Aktionäre. Die KfW hält 38 % des Aktienkapitals.

❏ **Kreditleihen von Kreditgarantiegemeinschaften**, die nach Branchen (Handel, Industrie, Verkehr, Hotel- und Gaststättengewerbe, freie Berufe usw.) zu unterscheidende Einrichtungen sind. Sie erleichtern oder ermöglichen eine Kreditausreichung an mittelständische Unternehmen einer bestimmten Branche. Dies wird durch Teilgarantien in Form von **Ausfallbürgschaften** erreicht, die 80 % des Kreditbetrages abdecken.

Unter Kreditleihe ist auch die Vergabe von Ausfallbürgschaften über die Hermeskreditversicherung durch den Bund zu subsumieren, die den Ausfall von Exportforderungen absichert.

3. Kurzfristige Kreditfinanzierung

Die kurzfristige Kreditfinanzierung bedeutet für das Unternehmen die Aufnahme von Krediten, deren Laufzeiten unter einem Jahr liegen. Grundsätzlich dienen kurzfristige Kredite der Beschaffung der notwendigen Liquidität zur Aufrechterhaltung der Geschäftstätigkeit. Als kurzfristige Kreditfinanzierung sollen behandelt werden:

3.1 Handelskredite

Handelskredite werden im Bereich der Industrie und des Handels von Geschäftspartnern gewährt und beruhen auf Warenlieferungen. Kreditinstitute sind nur indirekt durch die Finanzierung des Handelspartners eingeschaltet. Es gibt:

• **Lieferantenkredite**

• **Kundenkredite**.

3.1.1 Lieferantenkredit

Der Lieferantenkredit ist das bekannteste und am meisten angewandte Instrument im Bereich der Handelskredite. Dem Volumen nach sollen Lieferantenkredite ebenso hohe Bedeutung für die Finanzierung deutscher Unternehmen wie kurz- bis mittelfristige Bankkredite haben. Lieferantenkredite entstehen, indem die Zahlung von erhaltenen Leistungen durch das Unternehmen zeitlich verzögert stattfindet.

Diese freiwillige **Stundung des Kaufpreises** von Waren und Dienstleistungen durch den Lieferanten wird als Einräumung eines **Zielkaufes** bzw. eines **Zahlungszieles** bezeichnet. Hierbei geht die Initiative zumeist vom Lieferanten aus. Er verspricht sich durch die Gewährung des Kredites Umsatzsteigerungen und wendet den Lieferantenkredit als wichtigen Bestandteil der Kontrahierungspolitik innerhalb des Marketing-Mixes an.

Wesentliche **Merkmale** von Lieferantenkrediten sind:

❑ Zwischen Lieferant und Kreditnehmer fließen **keine Geldmittel**, sondern es besteht eine enge Verbindung zum Warenabsatz.

❑ Die **Stundung des Kaufpreises** kann erfolgen als:

Buchkredit	Dabei wird das **Debitorenkonto** beim beliefernden Unternehmen bebucht wie ebenso umgekehrt das **Kreditorenkonto** beim Abnehmer der Ware.
Wechselkredit	Er entsteht durch die **Akzeptierung eines** der Rechnung beigelegten **Wechsels** durch das belieferte Unternehmen. Die Anwendung eines Wechselkredites ist aus Sicherheitsgründen bei zweifelhafter Bonität des Schuldners angezeigt oder dient dazu, die Refinanzierung des Gläubigers durch einen Wechseldiskontkredit zu ermöglichen.

❑ Die **Tilgung** des Lieferantenkredits kann teilweise oder bereits ganz aus Umsatzerlösen der gelieferten Ware geschehen.

Die **Beurteilung** des Lieferantenkredits aus der Sicht des belieferten Unternehmens bezieht sich auf:

❑ Die **Rentabilität**, die durch die Höhe der entstehenden Opportunitätskosten eindeutig nachteilig beeinflusst wird. Diese Kosten erwachsen dem Unternehmen, wenn es anstatt einer eingeräumten Skontoausnutzung den Lieferantenkredit ausnutzt.

❑ Die **Besicherung**, die als Eigentumsvorbehalt auf die gelieferte Ware bzw. als Wechselstrenge bei der Ausstellung und Akzeptierung eines Wechsels erfolgt.

❑ Die **Liquidität**, die sich (vorübergehend) verbessert, da aufgrund der Ausnutzung eines eingeräumten Lieferantenkredits die Kreditlinien bei Banken entlastet werden.

❑ Die **Erhältlichkeit**, die insbesondere aufgrund der Schnelligkeit, der Formlosigkeit und der Bequemlichkeit der Kreditgewährung durch den Lieferanten gegeben ist.

❑ Die **Unabhängigkeit**, die einerseits durch die Abhängigkeit gegenüber dem Lieferanten vermindert, andererseits aber gegenüber Kreditinstituten verbessert wird, da eine Kreditgewährung ohne den Einbezug von Banken erfolgt.

Wird einem Unternehmen ein Lieferantenkredit gewährt, besitzt es folgende **Entscheidungsalternativen**, die zu unterschiedlichen Zahlungshöhen führen:

❑ **Nutzung des eingeräumten Zahlungsziels**, wodurch der Zielpreis dem Rechnungspreis entspricht.

❑ **Prolongation** des eingeräumten Kredits durch Verzögerung oder Absprachen. Dem Zielpreis können somit entstehende Zinsen zugerechnet werden.

❑ **Skontoausnutzung**, indem vom Zielpreis Skonto abgezogen wird. Dies ergibt den Barpreis.

Als Skonto wird der »Preisnachlass bei Zahlung vor Fälligkeit« bezeichnet. Durch den Verzicht auf die Skontoausnutzung entstehen dem Unternehmen **Opportunitätskosten** im Sinne eines entgangenen Skontoabzuges, wobei diese auf das Jahr bezogen hohe Prozentwerte erreichen können.

Eine praxisübliche **Faustformel** zeigt die jährlich anfallenden Zinsen:

$$r = \frac{S \cdot 360}{z - s}$$

r = Jahressatz in %   S = Skontosatz in %
z = Eingeräumtes Zahlungsziel in Tagen   s = Vorgegebene Skontofrist in Tagen

Ein Unternehmen bekommt Ware für 1.000 € geliefert, wobei der Lieferant auf seiner Rechnung ein Zahlungsziel einräumt. Der Preis für die Ware ist mit 2,5 % Skonto bei einer Zahlung innerhalb von 5 Tagen, sonst rein netto innerhalb von 30 Tagen zu entrichten.

Welche Entscheidung sollte das Unternehmen treffen und wie würde die Entscheidung lauten, wenn das Zahlungsziel auf 180 Tage verlängert würde?

Seite 194

Trotz der großen Nachteile aus den entstehenden Opportunitätskosten wird der Lieferantenkredit insbesondere von **kleineren** und **mittleren Unternehmen** in Anspruch genommen. Gründe hierfür sind, dass diese Unternehmen zumeist über geringe Kapitalausstattung und/oder geringe Sicherheiten verfügen und hierdurch von Kreditinstituten nur begrenzt Kreditlinien zur Verfügung gestellt bekommen. Das Ausnutzen von Lieferantenkrediten kann daher auf eine sehr angespannte Liquiditätssituation des Unternehmens hinweisen.

Größere Unternehmen geben in normalen Finanzierungslagen gewöhnlich zwingend vor, dass aufgrund der Kosteneinsparung der Skontoabzug entsprechend ausgenutzt werden muss, auch wenn Kredite für die Ausnutzung eingeräumter Skonti aufzunehmen sind.

Allerdings sinkt bei längeren Zahlungszielen der Opportunitätskostensatz.

3.1.2 Kundenkredit

Der Kundenkredit dreht die Konstellation des Lieferantenkredits um. Auf Basis einer vertraglichen Vereinbarung kreditiert der Kunde den Lieferanten durch eine Anzahlung auf die zukünftig zu erstellende Leistung. Der Kundenkredit wird auch genannt:

○ Abnehmerkredit	○ Kundenanzahlung
○ Vorauszahlungskredit	

Seine Nutzung erfolgt insbesondere dort, wo zwischen Planung und Fertigstellung der Leistung ein großer Zeitraum liegt, große Summen zur Erstellung der Leistung notwendig sind und/oder sehr speziell für die Bedürfnisse des Kunden Produkte gefertigt werden. Deswegen findet der Kundenkredit z. B. Anwendung beim Schiffs-, Flugzeugbau, Großanlagenbau, Großmaschinenbau, Wohnungsbau.

Die **Beurteilung** des Kundenkredits kann sich vor allem beziehen auf:

❑ Die **Rentabilität**, wobei die Kreditierung für den Produzenten entweder zinslos oder verzinst erfolgt. Bei letzterem können die Kreditzinsen durch einen unter dem normalen Barpreis liegenden Rechnungsbetrag Berücksichtigung finden.

❑ Die **Sicherheit** für den Produzenten der Güter, die oft sehr speziell für die Bedürfnisse eines einzigen Kunden gefertigt wurden. Es verringert sich das **Nichtabnahmerisiko** oder das Risiko der **Nichtzahlung**.

Von Seiten des Kunden wird durch eine solche **Finanzierungshilfe** die Leistungsfähigkeit des Produzenten mit abgesichert. Zur Absicherung des Vorgangs selbst wird oft eine Bankbürgschaft verlangt, das Grundgeschäft zumeist mit Garantien oder Konventionalstrafen versehen.

❑ Die **Liquidität**, die für den Lieferanten in dem Maße günstig beeinflusst wird, wie die Liquidität des Kunden belastet wird. Das Ausmaß der Liquiditätsbelastung ergibt sich durch die Höhe und die Zeitdauer der Kreditierung.

❑ Die **Erhältlichkeit**, die abhängig ist von:

Marktstellung der Geschäfts-partner	Diese bezieht sich vor allem auf die Stärke der Geschäftspartner im Wettbewerb.
Auftragslage des Lieferanten	Der Lieferant hat bei einer guten Auftragslage die Möglichkeit, einen Kundenkredit entsprechend auszuhandeln, während er bei einer schlechten Lage ggf. auf einen Kundenkredit verzichtet.
Branchenübli-che Zahlungs-bedingungen	So werden z. B. im Wohnungsbau jeweils ein Drittel des Kaufpreises nach Vertragsschluss, nach Rohbaufertigstellung und schließlich nach Gesamtfertigung zur Zahlung fällig.

❑ Die **Unabhängigkeit**, die vermindert wird. Der Kundenkredit baut Abhängigkeiten zwischen den beiden Geschäftspartnern auf.

3.2 Kurzfristige Bankkredite

Von besonderer Wichtigkeit für die Finanzierung des laufenden Geschäftsbetriebes sind kurzfristige Bankkredite. Als die **klassischen Instrumente** der bankgetragenen Finanzierung lassen sich nennen:

*   **Kontokorrentkredit**
*   **Wechseldiskontkredit**
*   **Lombardkredit**.

3.2.1 Kontokorrentkredit

Der Kontokorrentkredit ist die am meisten verbreitete Form der kurzfristigen Bankkredite. Dabei bekommt der Kreditnehmer von einem Kreditinstitut eine **Kreditlinie** auf seinem Kontokorrentkonto eingeräumt, die einen Maximalbetrag des flexibel zu beanspruchenden Kredits darstellt. Neben der variablen Tilgung - zumeist aus Umsatzerlösen - ist auch ein Überschreiten dieser Linie möglich, wodurch ein **Überziehungskredit** mit höherer Verzinsung entsteht.

Der Kontokorrentkredit hat in der Regel eine Laufzeit von 6 bis 12 Monate, wobei allerdings durch die wiederholte Prolongation der Kreditlinie aus dem kurzfristigen Kontokorrentkredit ein langfristig laufender Kredit werden kann.

Merkmale des Kontokorrentkredits sind:

❑ Die **Rentabilität**, die durch sehr hohe Kapitalkosten beeinflusst wird, welche ca. 5 % über den Geldmarktsätzen liegen. Zudem differenzieren die Kreditinstitute die Zinssätze nach Kundenbonität und erschweren durch sehr unterschiedliche Preismodelle die Markttransparenz.

An **Kapitalkosten** werden erhoben:

Sollzinsen	Sie werden für den in Anspruch genommenen Kredit verrechnet.
Kreditprovision	Sie wird neben den Sollzinsen für die Einräumung einer Kreditlinie berechnet als: o Zuschlag zu den Sollzinsen o Bereitstellungsprovision.
Überziehungs-provision	Sie entsteht zusätzlich zu den Sollzinsen, wenn die zugesagte Kreditlinie überschritten wird.
Umsatz-provision	Sie wird als Gebühr für die Kontoführung und Bereitstellung der Zahlungsverkehrstechnik erhoben.
Barauslagen	Dies sind z. B. Gebühren, Porti, fremde Spesen.

❑ Die **Sicherheit**, die durch die Überprüfung der Daten der Kreditwürdigkeit sowie die laufende Einsicht des Kreditinstituts in die wirtschaftliche Lage des Unternehmens durch die Abwicklung des Zahlungsverkehrs gefördert wird.

Um noch bestehenden Sicherheitsanforderungen gerecht zu werden, verlangen Kreditinstitute darüber hinausgehende Sicherheiten, z. B.:

○ Bürgschaft	○ Zession
○ Sicherungsübereignung	○ Grundschulden
○ Pfandrecht	

❑ Die **Liquidität**, die vorteilhaft gestaltet werden kann, da die tägliche Disposition des Kapitaleinsatzes sowie auch seiner Tilgung sehr flexibel gehandhabt werden kann. Neben der Finanzierung der laufenden Geschäftstätigkeit dient die Kontokorrentkreditlinie auch als Liquiditätsreserve für auftretende Spitzenbelastungen.

❑ Die **Erhältlichkeit** eines Kontokorrentkredits, wobei als Voraussetzung hierfür zumeist die teilweise Abwicklung des Zahlungsverkehrs über die kreditgebende Bank steht.

❑ Die **Unabhängigkeit**, die umso größer ist, je mehr Kontokorrentkredite von einem Unternehmen bei verschiedenen Kreditinstituten unterhalten werden.

Diese Verhaltensweise kann sich jedoch aus Gründen der Rentabilität nicht anbieten oder dadurch unmöglich gemacht werden, dass das Kreditinstitut auf eine **Ausschließlichkeitserklärung** besteht. Mit ihr wird das Unternehmen gezwungen, sämtliche Bankgeschäfte über ein Kreditinstitut abzuwickeln.

> **30**
>
> Ein Unternehmen möchte einen Kontokorrentkredit bei einem Kreditinstitut eingeräumt bekommen, um die im Rahmen der Lieferantenkredite angebotenen Skonti ausnutzen zu können.
>
> Vergleichen Sie den Kontokorrentkredit und Lieferantenkredit anhand der Kriterien:
>
> | | |
> |---|---|
> | ❑ Rentabilität | ❑ Liquidität |
> | ❑ Sicherheit | ❑ Unabhängigkeit |
>
> Seite 195

3.2.2 Wechseldiskontkredit

Am Wechseldiskontkredit sind beteiligt:

❑ Der **Lieferant** der Ware, der einen Wechsel in Höhe des Rechnungsbetrages auf den Abnehmer der Ware zieht. Damit entsteht eine **Tratte**, auf welcher der Bezogene vom Wechselaussteller angewiesen wird, einen bestimmten Betrag an ihn oder einen Dritten zu einem bestimmten Zeitpunkt zu zahlen.

❑ Der **Abnehmer** der Ware, der ein Zahlungsziel eingeräumt bekommt. Durch sein **Akzept** auf dem Wechsel verpflichtet er sich zur zukünftigen Zahlung.

❑ Das **Kreditinstitut** des Lieferanten, das den Wechsel vor Fälligkeit vom Lieferanten z. B. zu einem Laufzeit kongruenten Interbankensatz (z. B. 3-Monats-Euribor) mit einer kundenindividuellen Marge ankauft und die abgezinste Wechselsumme vergütet. Es kreditiert den Lieferanten innerhalb einer festgelegten Diskontlinie, die auch **Wechselobligo** genannt wird.

Die **Deutsche Bundesbank** refinanzierte den Wechseldiskontkredit bis Ende 1998 zum Diskontsatz, der bis dahin zusammen mit dem Lombardsatz als Leitzins in Deutschland diente. Mit dem Übergang auf die Europäische Zentralbank sollten diese notenbankgetragenen Refinanzierungsgeschäfte entfallen, inzwischen gibt die Bundesbank aber wieder Ankaufskonditionen für bundesbankfähige Wechsel bis unter 50.000 € bekannt.

Die **Beurteilung** des Wechseldiskontkredits kann sich beziehen auf:

❑ Die **Rentabilität**, die durch folgende Kapitalkosten beeinflusst wird:

Diskontierungs-satz	Dieser Zinssatz kann Bundesbank- oder Geldmarktsätzen gleichen, die entsprechend der Restlaufzeit des Wechsels (z. B. 30-, 60- oder 90-Tagessätzen) am Interbankenmarkt für diese unterschiedlichen Fristen notiert werden, zuzüglich einer **Marge**, die sich nach der Kreditwürdigkeit bzw. Marktmacht des den Wechsel einreichenden Unternehmens bemisst.
	Die **Effektivverzinsung** kann nach einer in der Praxis üblichen Faustformel errechnet werden:
	$$r = \frac{DB + DS}{KB} \cdot \frac{360}{WL}$$
	r = Effektiver Jahreszins
	$$DB = \text{Diskontbetrag} = \frac{\text{Wechselbetrag} \cdot \text{Diskontierungssatz} \cdot \text{Taggenaue Wechsellaufzeit}}{360 \cdot 100}$$
	DS = Diskontspesen KB = Effektiv verfügbarer Kreditbetrag = Wechselbetrag - DB - DS WL = taggenaue Wechsellaufzeit
	Weitere Möglichkeiten zur Festlegung des Diskontierungssatzes bestehen. Sie orientieren sich z. B. am Kontokorrentkreditsatz und einer kundenindividuellen, davon abzuziehenden Marge.
Diskontspesen	○ Auslagen ○ Inkassoprovision ○ Auskunftsgebühren ○ Porti

❑ Die **Sicherheit**, die durch den Wechseldiskontkredit besonders gegeben ist, wobei zwei Tatbestände zu unterscheiden sind:

Eigentums-vorbehalt	Er lastet auf der gelieferten Ware als einfacher, verlängerter oder erweiterter Vorbehalt, siehe S. 87.
Wechsel-strenge	Sie führt durch den **Protest** eines nicht eingelösten Wechsels zu einer Beurkundung der Zahlungsverweigerung des Wechsel-bezogenen und garantiert damit in einem **Wechselprozess** die beschleunigte Abwicklung aufgrund der vereinfachten Beweis-führung, siehe S. 32.

❏ Die **Liquidität**, die kurzfristig und fallweise verbessert werden kann.

❏ Die **Erhältlichkeit**, deren zukünftige Entwicklung von der Bereitschaft der Banken abhängt, einen Wechseldiskontkredit durchzuführen. Ohne diese sowie die Bereitschaft des Warenlieferanten zur Wechselausstellung und des Belieferten zum Wechselakzept entsteht kein Wechseldiskontkredit.

❏ Die **Unabhängigkeit**, die begrenzt werden kann, wenn der das Zahlungsziel gewährende Aussteller eines Wechsels durch seine Unterschrift und ggf. durch sein Indossament bei der Weitergabe an eine Bank in die gesamtschuldnerische Haftung für die Wechselsumme kommt.

Eine Brauerei bezieht am 12. März von einem Bierdosenhersteller 1 Million Dosen für 100.000 €. In der Branche üblich ist ein Zahlungsziel von 60 Tagen. Am gleichen Tag zieht der Bierdosenhersteller auf die Brauerei einen Wechsel, der am 12. Mai an eigene Order zahlbar ist. Die Brauerei akzeptiert den Wechsel und schickt ihn an den Bierdosenhersteller zurück.

(1) Welche verschiedenen Verwendungsmöglichkeiten hat der Bierdosenhersteller für diesen Wechsel?

(2) Der Bierdosenhersteller benötigt umgehend Liquidität. Deswegen reicht er den Wechsel am 18. März bei seiner Hausbank zum Diskont ein.

60-Tage-Interbankensatz   2,5 %
Kreditmarge des Bierdosenherstellers   3 %
Diskontspesen pro Wechsel   5 €

Welchen Betrag bekommt der Bierdosenhersteller von der Hausbank gutgeschrieben, wenn die Restlaufzeit des Wechsels taggenau (actual/360) berechnet wird?

(3) Welche Effektivverzinsung weist dieser Wechseldiskontkredit auf?

Seite 195

3.2.3 Lombardkredit

Der Lombardkredit ist die Vergabe eines Bankkredits gegen ein »**Faustpfand**«. Er lautet auf einen festen Betrag und hat eine kurze Laufzeit. Möglich ist die Verpfändung von unterschiedlichen Vermögensgegenständen, weshalb sich folgende **Arten** des Lombardkredites unterscheiden lassen:

❑ Der **Effektenlombard**, bei dem fungible Wertpapiere verpfändet werden, deren Beleihungsgrenzen je nach Sicherheit des Papiers unterschiedlich hoch sind. So werden z. B. festverzinsliche Wertpapiere bis zu ca. 80 % und Aktien zwischen 50 % und bis zu 70 % beliehen. Der Effektenlombard wird auch **Effektenkredit** genannt.

Da die Leistungserstellung des Unternehmens durch die Verpfändung nicht behindert wird und die Kreditinstitute diese Wertpapiere oftmals bereits verwahren, kann der Effektenlombard als **wichtigste Art** des Lombardkredites bezeichnet werden.

❑ Der **Warenlombard**, dessen Nachteil darin zu sehen ist, dass die Waren dem Kreditgeber als Pfand übergeben werden müssen, was den Leistungsprozess hemmen kann. Die Verpfändung geschieht zumeist in Form der Übergabe von Dokumenten, die das Recht an der Ware verbriefen, z. B. eines Lagerscheines.

Anwendbar ist der Warenlombard, wenn die Ware haltbar, bewertbar und marktfähig ist. Die Beleihungsgrenzen liegen bei ca. 50 %.

❑ Der **Wechsellombard**, der früher durch Kreditinstitute in Anspruch genommen wurde, wenn ihre Rediskontkontingente für Wechselgeschäfte bei der Deutschen Bundesbank ausgeschöpft waren. Für die kurzfristige Beschaffung von Liquidität ist die Weiterführung dieser Sicherungsfunktion des Wechsel als Pfandobjekt denkbar.

❑ Der **Forderungslombard**, bei dem Forderungen beliehen werden können z. B. aus Lebensversicherungspolicen in Höhe des Rückkaufswertes.

❑ Der **Edelmetalllombard**, bei dem Edelmetalle, z. B. Goldmünzen oder Goldbarren, und Schmuck sowie Kunstwerke als Pfandgegenstände dienen können.

Die Aufnahme eines Lombardkredites erfolgt vor allem dann, wenn die Kreditlinien ausgeschöpft sind. Die **Beurteilung** des Lombardkredits kann sich beziehen auf:

❑ Die **Rentabilität**, die anhand folgender Kapitalkosten zu beurteilen ist. Sie liegen i. d. R. zwischen den Kosten eines Wechseldiskontkredits und den Kosten eines Kontokorrentkredits und umfassen:

Zinsen	Sie entsprechen der Spitzenrefinanzierungsfazilität der Europäischen Zentalbank, die im Allgemeinen die Obergrenze des Tagesgeldsatzes darstellt. Hinzu kommen wird ein sich nach dem individuellen Risiko des Kreditnehmers bestimmender Zuschlag.
Sonstige Kosten	Sie entstehen aufgrund der Bewertung, Verwahrung und Verwaltung der verpfändeten Güter.

❑ Die **Sicherheit**, die über die verpfändeten Güter selbst und die Abschätzung der Bonität des Kreditnehmers erfolgt.

❏ Die **Liquidität**, die sofort bei Gewährung des Kredits zufließt und erst am Ende der Kreditlaufzeit zusammen mit den Zinsen in einer Summe wieder abfließt.

❏ Die **Erhältlichkeit**, die erleichtert wird, wenn die verpfändeten Güter eine hohe Wertbeständigkeit aufweisen, schnell zu liquidieren und einfach zu bewerten sind.

❏ Die **Unabhängigkeit**, die bei dieser Kreditart erhalten bleibt, da im Vordergrund des Interesses das verpfändete Gut steht. Allerdings kann beim Warenlombard der Leistungsprozess des Unternehmens eingeschränkt werden.

3.3 Kreditleihe

Während dem Unternehmen mithilfe eines Bankkredites Kapital zugeführt wird, stellen die Banken bei der Kreditleihe ihre **Kreditwürdigkeit** zur Verfügung, indem sie bedingte oder unbedingte Zahlungsverpflichtungen übernehmen und damit ihre einwandfreie Kreditwürdigkeit auf den Kreditnachfrager übertragen.

Arten der Kreditleihe können sein:

• **Akzeptkredit**

• **Avalkredit**.

3.3.1 Akzeptkredit

Der Akzeptkredit ist ein **Wechselkredit**, bei dem der Bankkunde einen Wechsel auf sein Kreditinstitut zieht, den das Kreditinstitut akzeptiert. Im Außenverhältnis besitzt der Bankkunde damit ein Wertpapier, das durch das Bankakzept eine einwandfreie, international geltende Bonität aufweist. Er kann den Wechsel zur Finanzierung nutzen durch:

❏ Weitergabe an einen Lieferanten zum Zwecke der Zahlung
❏ Einreichung zum Diskont bei dem den Wechsel akzeptierenden Kreditinstitut
❏ Einreichung zum Diskont bei einem anderen Kreditinstitut.

Im Innenverhältnis verpflichtet sich der Bankkunde, den Wechselbetrag einen Tag vor Fälligkeit des Wechsels auf einem Konto des Kreditinstituts zur Verfügung zu stellen.

Die **Beurteilung** des Akzeptkredits kann erfolgen für:

❏ Die **Rentabilität**, die positiv einzuschätzen ist, da keine Zinsen anfallen, weil kein Geld geflossen ist. Es entstehen nur relativ niedrige **Kapitalkosten** als:

Akzept-provision	Sie liegt zwischen 1,2 und 2,5 % des Nominalbetrages.
Bearbeitungs-gebühr	Hier werden ca. 0,5 % erhoben.

❑ Die **Sicherheit**, die durch den Wechsel und damit durch die wechselrechtlichen Vorschriften gegeben ist. Für den Wechselnehmer ist die Entgegennahme eines solchen Wechsels aufgrund des Bankakzeptes **risikolos**, da ein Kreditinstitut für dessen Einlösung haftet.

❑ Die **Liquidität**, die durch die Diskontierung geschaffen wird und bei einer Weitergabe des Wechsels genutzt werden kann.

❑ Die **Erhältlichkeit**, die eingeschränkt ist. Kreditinstitute vergeben den Akzeptkredit nur an Bankkunden mit bester Bonität, da sie sich im Außenverhältnis in die Haftung für die Zahlung begeben.

❑ Die **Unabhängigkeit**, die gefördert wird, da der Bankkunde eine weltweite Zahlungsfähigkeit durch dieses Bankakzept genießt. Allerdings wird er andererseits vertraglich im Innenverhältnis genauso gebunden wie das Kreditinstitut im Außenverhältnis.

3.3.2 Avalkredit

Der Avalkredit ist gesetzlich geregelt (§§ 765-778 BGB i. V. mit §§ 349-351 HGB) und begründet die Übernahme einer **Bürgschaft** oder einer **Garantie** des Kreditinstituts für die Verbindlichkeiten eines Bankkunden.

Während die Bürgschaft akzessorisch eine Mithaftung für die Bank erzeugt, ist die Garantie ein »abstraktes Schuldversprechen«, welches das Vorliegen einer konkreten Forderung nicht voraussetzt. Sie garantiert den Eintritt eines bestimmten Erfolges bzw. das Ausbleiben eines bestimmten Misserfolges.

Wie beim Akzeptkredit fließt auch hier kein Geld, das Kreditinstitut stellt seine **Kreditwürdigkeit** dem Kunden zur Verfügung. Die **Beurteilung** des Avalkredits bezieht sich auf:

❑ Die **Rentabilität**, die dadurch beeinflusst wird, dass der Avalkredit im Voraus – zum Teil quartalsweise – zu zahlen ist. Die **Kapitalkosten** sind abhängig vom Volumen, der Art und der Laufzeit der Bürgschaft oder der Garantie. Ausgehend vom Avalkreditvolumen wird i. d. R. zwischen 1 und 4 % zumeist monatlich oder quartalsweise im Voraus durch die Bank verlangt.

❑ Die **Sicherheit** bezieht sich aus der Sicht des Kreditnehmers auf eine Absicherung seiner Geschäftstätigkeit. So wird sie ihm durch den Avalkredit erst ermöglicht, wenn z. B. für den Geschäftsabschluss eine Bankbürgschaft notwendig wird. Bei der Bank entstehen aufgrund der möglichen Haftung durch die Vergabe von Avalkrediten Eventualverbindlichkeiten, die unterhalb des Bilanzstrichs auszuweisen sind.

Praktische Anwendung findet der Avalkredit dort, wo eine Sicherheit zu stellen ist, ohne dass der Geschäftspartner selbst eingehende Kreditwürdigkeitsprüfungen durchführen möchte oder kann.

❑ Die **Erhältlichkeit**, die abhängig ist vom Risiko des zu besichernden Grundgeschäfts und von den marktüblichen Gegebenheiten, die solche Avalkredite notwendig machen. Zu unterscheiden sind:

Zollbürgschaft	Hierbei erfolgt die Stundung von Zollzahlungen.
Frachtstundungsbürgschaft	Sie wird für Unternehmen mit hohem Frachtaufkommen über die Deutsche Verkehrs-Kredit-Bank als Abrechnungsstelle eingeräumt.
Bietungsgarantie	Sie beträgt bei Ausschreibungen 1 - 5 % des Angebotswertes und soll eine Bindung des Bieters an sein Angebot erreichen.
Anzahlungsgarantie	Sie soll im Außenhandel die Rückzahlung einer geleisteten Anzahlung bei Nichterbringen der vereinbarten Leistung garantieren.
Leistungsgarantie	Sie sichert bei schlecht oder verspätet erbrachten Leistungen die Zahlung der vertraglichen Konventionalstrafe.
Gewährleistungsgarantie	Sie deckt 5 - 10 % des Objektwertes einer erbrachten Leistung ab.

(1) Die Bilanz eines Unternehmens weist Wertpapiere (2 Mio. € Bundesanleihen, 1,5 Mio. € Aktien bester Bonität) sowie Waren im Umlaufvermögen in Höhe von 3 Mio. € aus. Welches kurzfristige Liquiditätsvolumen könnte sich durch einen Lombardkredit ergeben?

(2) Was ist dem Akzeptkredit und dem Avalkredit gemeinsam, was unterscheidet sie?

Seite 196

4. Sonstige Kreditfinanzierung

Als sonstige Kreditfinanzierung sollen behandelt werden:

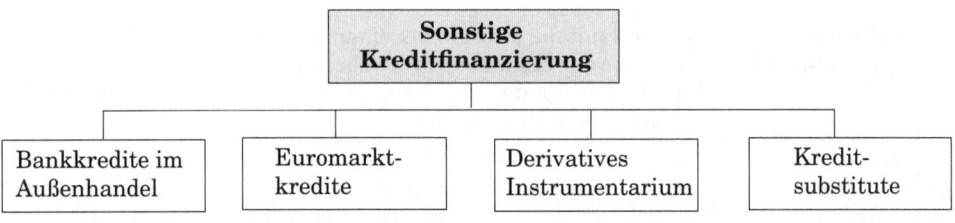

4.1 Bankkredite im Außenhandel

Die den Auslandszahlungsverkehr dominierenden Instrumente wurden bereits darlegt. Das waren das **Clean Payment** (S. 36) als reine ungesicherte Zahlung ohne Dokumente und der **dokumentäre Auslandszahlungsverkehr** in Form des Dokumenteninkassos und Dokumentenakkreditivs (S. 36 ff.).

Neben diesen Zahlungsformen, die je nach Liquiditätssituation des Unternehmens einen Bankkredit oder eine Kreditleihe der jeweiligen Hausbank erfordern, bestehen als Bankkredite im Außenhandel:

❏ Der **Rembourskredit**, der inzwischen nur noch im geringen Umfang angewandt wird. Er ist als kurzfristiger Außenhandelskredit eine **Sonderform des Akzeptkredits**. Dabei wird neben den Dokumenten noch durch ein Kreditleihgeschäft die Unsicherheit der Zahlung und der Übergabe der Ware im Außenhandel besichert. Seine Gewährung erfolgt:

> ○ Im Auftrag eines Importeurs wird ein Dokumentenakkreditiv eröffnet mit der gleichzeitigen Bitte, einen auf die Exportbank gezogenen Wechsel zu akzeptieren.
>
> ○ Entsprechend zieht der Exporteur auf die Exportbank (Remboursbank) eine Zieltratte.
>
> ○ Die Remboursbank akzeptiert diese Tratte im Auftrag und für Rechnung der Importbank gegen Einreichung der Dokumente.
>
> ○ Der Exporteur bekommt den um den Diskont geschmälerten Rechnungsbetrag gutgeschrieben.
>
> ○ Die Exportbank schickt die notwendigen Dokumente an die Importbank und teilt ihr mit, dass sie entsprechend dem Auftrag unter Akzept getreten ist.
>
> ○ Durch die Weitergabe der Dokumente kann der Importeur über die Ware verfügen.
>
> ○ Bei Fälligkeit des Akzepts belastet die Exportbank die Importbank, die ihrerseits den Importeur belastet.

❏ Der **Negoziationskredit**, der mit dem Rembourskredit eng verwandt ist und eine **Sonderform des Diskontkredits** darstellt, wobei die Zahlungen im Vergleich zum Rembourskredit schneller erfolgen. Bei ihm kauft die Exportbank eine auf den Importeur gezogene Tratte an, verbunden mit der Übergabe der notwendigen Dokumente.

Zwei **Formen** des Negoziationskredits können unterschieden werden:

Authority to purchase	Bei ihr kauft die Importbank einen auf sie gezogenen Wechsel bei Übergabe der Dokumente an, wobei die Exportbank die Tratte bei Vorlage der Dokumente, die dann an die Importbank übersandt werden, bevorschussen soll.
Order to negotiate	Dabei wird eine Tratte vom Exporteur auf eine vom Importeur angegebene Korrespondenzbank im Lande des Exporteurs gezogen, die von der Korrespondenzbank gegen Vorlage der Dokumente sofort diskontiert oder nur zunächst akzeptiert wird.

4.2 Euromarktkredite

Von internationalen Finanzmärkten wird gesprochen, wenn Finanzmarkttransaktionen grenzüberschreitend durchgeführt werden. Einer dieser internationalen Finanzmärkte ist der Euromarkt, der auch **Euro-Dollar-Markt** genannt wurde bzw. **Xeno-Markt** genannt wird.

Seine **Entstehung** gründet sich auf dem Anwachsen von US-Dollar-Beständen bei Banken außerhalb der USA, wobei hierfür unterschiedliche **Gründe** angeführt werden:

❑ Die Ostblockstaaten hielten ihre Dollarguthaben bei westeuropäischen und nicht bei amerikanischen Banken.

❑ Ein Ansteigen des US-amerikanischen Zahlungsbilanzdefizits führte zu einem Anwachsen von US-Dollarbeständen außerhalb der USA.

❑ Eine Flucht von Dollaranlagen in das westeuropäische Ausland aufgrund zeitweiser, geringer Verzinsung bzw. Nullverzinsung von Sichteinlagen bei amerikanischen Banken.

Die Teilnahme am Euromarkt setzt beste Bonität und Bekanntheit sowie größere Volumina bei Anlage und Aufnahme von Finanztiteln voraus. Teilnehmer sind daher Banken, Versicherungen, Zentralnotenbanken, Regierungen und Großunternehmen.

Die Märkte für Finanzierungsmittel lassen sich einteilen in folgende **Segmente**:

❑ Den **Primärmarkt**, der ein Emissionsmarkt ist, auf dem die Aufnahme und Anlage von Finanzierungsmitteln direkt erfolgt.

❑ Den **Sekundärmarkt**, in dem als Zirkulationsmarkt der Handel von im Primärmarkt aufgelegten Finanzierungstiteln stattfindet.

Nach der **Fristigkeit** der Laufzeiten können als Finanzmärkte unterschieden werden:

❑ Der **Eurogeldmarkt**, auf dem kurzfristige Laufzeiten charakteristisch sind. In ihm werden Devisenguthaben, z. B. Eurodollar, durch Abtretung unter Banken als Eurogeldmarkt **im engeren Sinne** gehandelt. Am Eurogeldmarkt **im weiteren Sinne** sind zusätzlich multinationale Großkonzerne in den Handel einbezogen.

Hervorzuheben sind Besonderheiten bei der Zinsstellung im Geldhandel unter Banken. Wichtiger **Referenzzinssatz** ist für die unterschiedlichsten Laufzeiten der am Londoner Bankenplatz ermittelte Zinssatz als:

LIBOR	Dies ist die **L**ondon **I**nter**b**ank **O**ffered **R**ate als Geldaufnahmesatz.
LIBID	Diese London Interbank **Bid** Rate gilt als Geldanlagesatz.
LIMEAN	Die **L**ondon Interbankrate **Mean** wird als Mittelkurs gebildet.

Ab 1999 wird der **EURIBOR** (**Eur**opean **I**nter**b**ank **O**ffered **R**ate) als europäischer Referenzzinssatz durch die Kursstellung von bis jetzt 57 Banken – darunter zwölf deutschen Instituten – ermittelt.

Instrumente des Eurogeldmarktes sind z. B.:

Reiner Geldhandel	Er findet unter Banken als Handel in Form von Termin- oder Kündigungsgeldern statt, deren Laufzeiten von unter einem Tag (overnight-money) bis hin zu mehreren Monaten reichen können.
Handel mit Geldmarktpapieren	○ Das kurzfristige **Certificate of Deposit** (CD) stellt als Depositenzertifikat eine handelbare, marktfähige Quittung einer Termineinlage bei einem Kreditinstitut dar.
	○ Das zumeist kurzfristige **Commercial Paper** ist eine von einem bedeutenden Unternehmen emittierte Inhaberschuldverschreibung, die in einer Stückelung ab 100.000 € oder einem entsprechenden Gegenwert mit Laufzeiten bis zu einem Jahr in Serie im Rahmen eines Commercial Paper-Programms revolvierend aufgelegt wird.

❑ Der **Eurokreditmarkt**, auf dem vor allem Kreditinstitute und andere Finanzmakler die Mittlerfunktion zwischen Angebot und Nachfrage übernehmen. Hier werden Eurokredite kurz- bis mittelfristig von Eurobanken angeboten und von Großunternehmen, Staaten und internationalen Institutionen nachgefragt. Typisch für Eurokredite sind große Volumina der Kredittranchen. Sie können Einzelkredite und Konsortialkredite, die von mehreren Kreditinstituten gemeinschaftlich vergeben werden, sein, z. B. als:

Festzinssatzkredite	Sie weisen einen vorher bestimmten festen Zinssatz über die gesamte Laufzeit auf.
Roll-over-Kredite	Dies sind Kredite mit **variablen Zinssätzen**, die anhand des ausgewählten Referenzzinssatzes (z. B. 3-Monats-LIBOR bzw. 6-Monats-LIBOR) nach einer bestimmten Zeit (z. B. nach 3 bzw. 6 Monaten) an die aktuellen Marktsätze angepasst werden. Zu ihnen zählen:
	○ Das **Roll-over-Eurodarlehen** in einem Festbetrag, der entweder am Ende der Laufzeit in einem zurückbezahlt wird oder nach einigen tilgungsfreien Jahren in Teilbeträgen zurückfließt, wobei letztere Form weiter verbreitet ist.
	○ Der **revolvierende Roll-over-Eurokredit** mit einer eingeräumten Kreditlinie, die wie beim Kontokorrentkredit flexibel nutzbar und ebenso flexibel zu tilgen ist.

> ○ Der **stand-by-Roll-over-Eurokredit**, der ein Sicherheitspolster für besonders angespannte Liquiditätssituationen bietet und entsprechend fallweise in Anspruch genommen werden kann.

❑ Der **Eurokapitalmarkt**, der einen Markt für längerfristige Finanzierungsmittel darstellt. Bei ihm sind Angebot und Nachfrage hinsichtlich internationaler Anleihen in einem freien und nicht reglementierten Markt konzentriert. Euroanleihen sind typischerweise auf Währungen ausgestellt, die nicht mit der Währung des Emissionslandes übereinstimmen müssen.

4.3 Derivatives Instrumentarium

Die zunehmende Internationalisierung der Wirtschaft hat für die Unternehmen den Zugang zu internationalen Geld- und Kapitalmärkten wesentlich erleichtert. Dazu wurden die abgeschotteten Märkte mit konstanten Zinsgefügen aufgehoben, was für zunehmende Zinsschwankungen im kurzfristigen wie auch im langfristigen Bereich sorgte.

Als Messzahl der Schwankungsbreite der Zinsen gilt die **Volatilität**. Je größer die Volatilität der Zinsen ist, desto stärker streuen die Zinsen um ihren Mittelwert und damit sind die zu erwartenden Zinsschwankungen in der Zeit umso höher ausgeprägt.

Für die Unternehmen ergeben sich durch Geldaufnahmen und Geldanlagen mit unterschiedlichen Zinsbindungsfristen und unterschiedlichen Laufzeiten ständige **Zinsänderungsrisiken**. Dies kann sowohl die Passiv-Seite wie auch die Aktiv-Seite der Bilanz betreffen und Risiken bei Geschäftsabschlüssen mit sich bringen.

Als Grundsatzentscheidungen zur **Begrenzung der Zinsrisiken** ergeben sich:

❑ **Zins-Sicherungsentscheidungen** als **Hedging**, bei dem das Ziel verfolgt wird, eine Risikoposition durch ein Gegengeschäft zu neutralisieren.

❑ **Zins-Risikoentscheidungen** als **Positionierung**, wobei nach sorgfältigen Analysen der Risikosituation die Erwartungshaltung zur Zinsentwicklung bestimmt wird. Eine Positionierung ist auch dann gegeben, wenn ein Unternehmen sich gegenüber Zinsänderungen **passiv** verhält.

Nach den verschiedenen **Marktformen** sollen behandelt werden:

• **Derivatives Instrumentarium im Kassamarkt**

• **Derivatives Instrumentarium im Terminmarkt**

• **Derivatives Instrumentarium im Optionsmarkt**.

4.3.1 Derivatives Instrumentarium im Kassamarkt

Beim Kassamarkt liegen Geschäftsabschluss und Geschäftserfüllung in einer Transaktion zusammen. Es besteht eine **sofortige Erfüllungspflicht**. Die Transaktionen werden per Kasse getätigt, d. h. Geschäftsabschluss und Geschäftserfüllung fallen zusammen.

Im Kassageschäft liegen bei den Finanzinnovationen vor allem **nicht börsengehandelte Zinsinstrumente** vor, z. B.:

❏ Der **Zinsswap**, bei dem zwei Partner einen Austausch (Swap = Tausch) vereinbaren, der sich auf **unterschiedlich gestaltete Zinszahlungen** bezieht. Der Austausch beschränkt sich auf die Zinszahlungen. Es werden feste gegen variable, variable gegen feste Zinssätze oder variable Zinssätze mit unterschiedlichen Laufzeiten getauscht.

Feste Zinssätze	Sie stellen die jeweiligen Marktzinssätze dar.
Variable Zinssätze	Diese sind an einen **Referenzzinssatz** mit entsprechender Laufzeit - Zinsbindungsdauer - gekoppelt. Als Referenzzinssatz wird ein für alle Beteiligten nachvollziehbarer Zinssatz (LIBOR, EURIBOR) herangezogen.

Weitere Merkmale des Zinsswaps sind:

Laufzeit	Der Zeitraum kann von 1 Jahr bis zu 10 Jahren reichen.
Zinssatzberechnung	Sie beträgt beim Festzinssatz 30/360 Tage und wird beim variablen Zinssatz taggenau abgerechnet.
Zahlungstermine	Beim Festzinssatz wird halbjährlich oder jährlich nachschüssig, beim variablen Zinssatz viertel- oder halbjährlich gezahlt.
Zinsanpassung	Sie erfolgt bei variablem Zinssatz alle 3 oder 6 Monate.
Kapital	Das zu Grunde liegende Kapital wird nicht transferiert, d. h. die für die Berechnung der Zinsen zu Grunde liegenden Kapitalbeträge werden **nicht ausgetauscht**, da sie sich betragsmäßig entsprechen.

Zinsswaps sind faktisch und rechtlich unabhängig von den zu sichernden Grundgeschäften. Zur Absicherung von Änderungsrisiken werden sie jedoch mit den Grundgeschäften, welche die eigentlichen Anlagen oder Kreditaufnahmen darstellen, kombiniert.

❏ **Zins-/Währungsswaps** stellen eine Kombination dar aus einem Währungsswap, bei dem die Handelspartner Kapitalbeträge in verschiedenen Währungen tauschen, sowie aus einem Zinsswap, bei dem die aus den Währungsbeträgen entstehenden Zinszahlungen getauscht werden. Ziel der Zins-/Währungsswaps ist die gleichzeitige Sicherung von Währungs- und Zinsrisiken.

4.3.2 Derivatives Instrumentarium im Terminmarkt

Im Terminmarkt **fallen** Geschäftsabschluss und Geschäftserfüllung einer Transaktion **zeitlich auseinander** und sind für beide Handelsparteien verbindlich. Daher wird auch von einem unbedingten Termingeschäft gesprochen. Es lassen sich unterscheiden:

❑ **Börsengehandelte Instrumente**, die standardisierte Instrumente darstellen. An der Börse wird im »**Fixing**« ein täglicher Abrechnungspreis festgestellt. Eine **Clearing-Stelle** garantiert die Erfüllung der Geschäfte und befreit damit beide Kontraktparteien vom Bonitätsrisiko des jeweils anderen Geschäftspartners.

Die **Standardisierung** erbringt einen Vorteil an Flexibilität und Schnelligkeit im Handel durch eine Liquidisierung des Marktes. Börsengehandelte Instrumente im Terminmarkt sind **Futures auf Bundesanleihen** und **auf Bundesobligationen** sowie die so genannten **Money Market-Futures**, die unterschiedliche Währungen (EUR, GBP, USD) und Laufzeiten (1 bis 3 Monate) aufweisen.

Beispiel: Der Euro-Bund-Future spiegelt die Kursentwicklung langfristiger Bundesanleihen wider. Er ist ein Kontrakt über die Lieferung oder Abnahme von Bundesanleihen im Nominalbetrag von 100.000 € oder einem Mehrfachen mit einer Restlaufzeit von 8,5 bis 10 Jahren zu einem vereinbarten Preis (= Kurs des Futures) und zu einem vereinbarten Datum (= Fälligkeitsdatum des Futures).

Der Käufer (Verkäufer) eines Bundfutures verpflichtet sich, zu einem festgelegten Datum eine spezifizierte Anleihe zu einem vorher bestimmten Preis zu kaufen (liefern). Der Käufer (Verkäufer) spekuliert auf fallende (steigende) Zinsen.

Der Bund-Future basiert auf einer synthetischen Bundesanleihe mit einer Nominalverzinsung von 6 %, wobei folgende Handelsusancen gelten:

Liefermonate	März, Juni, September, Dezember
Laufzeit	Maximal 9 Monate
Liefertag	Der 10. Kalendertag des Liefermonats
Letzter Handelstag	Zwei Börsentage vor dem Liefertag
Handelsort	EUREX (Zusammenschluss der deutschen und schweizerischen Terminbörsen) und London International Financial Futures Exchange (LIFFE)

Mit Zins-Futures können **Absicherungen** für bestehende und zukünftige Risikopositionen der Aktiv- und Passiv-Seite durchgeführt werden, wobei davon ausgegangen wird, dass ein bestehender oder noch zu erwartender Wertpapierbestand durch eine entgegengesetzte Future-Position neutralisiert wird. Hierdurch wird der Wertpapierbestand gegen Zinsschwankungen immun.

Beim **Eintritt der** zu erwartenden **Zinsschwankung** gleichen sich die Kassa- Position und die Future-Position aus. So steigt der Wert des Futures in dem Maße, in dem die Kassa-Position an Wert verliert. Tritt die Zinserwartung nicht ein, verliert der Future an Wert. Allerdings steigt dann in gleichem Maße die Kassa-Position.

Gewinne der einen Seite kompensieren die Verluste der anderen Seite. Letztlich hat man durch die Absicherung das jeweils geltende Zinsniveau festgeschrieben.

❏ **Maßgeschneiderte Instrumente**, die nicht an der Börse gehandelt werden. Sie werden direkt zwischen den Geschäftspartnern per Vertrag abgeschlossen. Diese **OTC-Produkte** (»over the counter«) werden in der Praxis zumeist nachgefragt, da sie die vielfältig und vor allem höchst unterschiedlich auftretenden Probleme sehr individuell lösen können.

Die nicht börsengehandelten Zinsinstrumente sind z. B. im Terminmarkt der **Forward Swap** sowie das **Forward rate agreement** (FRA), das eine Vereinbarung zwischen zwei Vertragspartnern über die **Festlegung** eines für beide Parteien verbindlichen **Zinssatzes** (FRA-Zinssatz) darstellt.

Der Käufer und der Verkäufer eines FRA's fixieren den Festzinssatz (FRA-Satz) für eine bestimmte Periode unter Zugrundelegung eines Referenzzinssatzes. Der Käufer erhält z. B. bei einer Steigerung des Referenzzinssatzes über den Festzinssatz vom Verkäufer des FRA's eine **Ausgleichszahlung**. Basis für die taggenaue Berechnung der Zinsen (Ausgleichszahlung) ist ein vereinbarter nomineller Kapitalbetrag, der zwischen den beiden Vertragspartnern **nicht ausgetauscht** wird. Er ist ein rein rechnerischer Kapitalbetrag.

So kann z. B. eine Absicherung eines bestehenden Kreditengagements bei zu erwartenden Zinssteigerungen erfolgen. Entsprechend seiner individuellen Zinseinschätzung fängt der Kreditnehmer das Risiko steigender Zinsen eines variabel verzinslichen Kreditengagements durch den Kauf eines FRA's ab.

4.3.3 Derivatives Instrumentarium im Optionsmarkt

Im Optionsmarkt **fallen** Geschäftsabschluss und Geschäftserfüllung einer Transaktion **zeitlich auseinander**. Es besteht für den Käufer einer Option ein **Wahlrecht**, was auch zu der Bezeichnung „bedingter Terminmarkt" führt. Die Verpflichtung zur Ausübung besteht nicht. Für die Option hat der Käufer eine Optionsprämie zu zahlen. Auch hier wird unterschieden zwischen:

❏ **Börsengehandelten** und damit **standardisierten Instrumenten**, wie dem 3-Monats-Euro-Future als Optionsgeschäft, Futures auf Bundesobligationen wie auf Bundesanleihen als Optionsgeschäft.

❑ **Maßgeschneiderten Instrumenten** (OTC-Produkten), die weiter verbreitet sind und nicht an der Börse gehandelt werden, z. B. in Form von folgenden Optionsgeschäften:

Cap	Er ist eine vertragliche Vereinbarung zwischen einem Cap-Käufer und einem Cap-Verkäufer. Dem Cap-Käufer wird bei Zahlung einer Cap-Prämie eine **Zinsobergrenze** für einen bestimmten Zeitraum und einem bestimmten Nominalbetrag **garantiert**.
	Für bereits bestehende oder zukünftige variabel verzinsliche Verbindlichkeiten folgt hieraus, dass der Käufer eines Caps eine »**Zinsversicherung**« abgeschlossen hat.
	Die Belastungen, die sich aus einem variabel verzinslichen Kredit ergeben, weil sich der Referenzzinssatz über den im Cap-Vertrag als Obergrenze festgelegten Maximalzins bewegt, werden vom Cap-Verkäufer erstattet. Er ist der so genannte Stillhalter in diesem Optionsgeschäft.
	Der Cap-Verkäufer ist sozusagen ein Versicherungsgeber, der die Mehrbelastungen des Versicherungsnehmers ausgleicht.
Floor	Im Gegensatz zum Cap, der eine Zinsobergrenze festlegt, wird beim Floor eine **Zinsuntergrenze bestimmt**. Der Floor ist damit das Gegenstück zum Cap. Variable Finanzanlagen werden durch einen Floor gegen ein Absinken des Zinsniveaus versichert.
	Der Käufer des Floors erwirbt das Recht, bei Unterschreiten des Referenzzinssatzes während der Laufzeit vom Verkäufer des Floors eine Ausgleichszahlung, die sich wiederum auf einen zu Grunde liegenden Nominalbetrag bezieht, zu verlangen. Auch hierfür zahlt der Käufer des Floors an den Verkäufer eine Prämie.

 Ein Unternehmen möchte eine Zinsobergrenze für einen variabel zu verzinsenden Millionenkredit eingeräumt bekommen. Deswegen entschließt es sich mit seiner Hausbank als Mittler zu einem Cap-Kauf. Allerdings fallen hierfür sehr hohe Prämien an.

Welche Reaktionsmöglichkeiten bestehen in dieser Situation?

Seite 196

4.4. Kreditsubstitute

In Konkurrenz zu den bankgetragenen kurz- und langfristigen Krediten haben sich in den letzten Jahrzehnten Finanzierungsinstrumente entwickelt, die Bankkredite ersetzen können. Diese Substitutionsmöglichkeiten sind:

- **Factoring**
- **Asset-Backed-Securities**
- **Leasing**.

Auch das bereits angesprochene **Gesellschafterdarlehen** – siehe S. 92 – kann zu den Kreditsubstituten gerechnet werden.

4.4.1 Factoring

Factoring ist der **Ankauf von Forderungen** aus Lieferung und Leistung eines Unternehmens durch ein Factoringinstitut. Er erfolgt zumeist vor der Fälligkeit der Forderung, wodurch dem Unternehmen vom Factorinstitut finanzierte Liquidität zur Verfügung steht.

Das Factoring gehört nach § 1 KWG nicht zu den genehmigungspflichtigen Bankgeschäften. Da allerdings Factoringinstitute sich über Banken refinanzieren bzw. Tochterunternehmen von Kreditinstituten sein können, gelingt die Substitution von Bankkrediten nicht völlig.

Formen des Factoring nach dem Aspekt der **Übernahme des Ausfallrisikos** durch das Factoringinstitut sind:

❑ Das **echte Factoring**, bei dem das Factoringinstitut das Delcredererisiko übernimmt, d. h. der Factor kauft die Forderung ohne Rückgriffsrecht auf den Forderungsverkäufer an und übernimmt damit das Ausfallrisiko der Forderung.

❑ Das **unechte Factoring**, bei dem das Ausfallrisiko beim Forderungsverkäufer verbleibt. Es liegt lediglich eine Kreditierung bzw. eine Verwaltung der Forderung durch das Factoringinstitut vor.

Formen des Factoring **nach der Informationsweitergabe an Dritte** sind:

❑ Das **offene Factoring**, bei dem ein Unternehmen, das seine Forderungen an ein Factoringinstitut verkauft hat, seinen Kunden die Forderungsabtretung bekannt gibt. So können die Kunden mit von der Forderung befreiender Wirkung nur an das Factoringinstitut zahlen. Das offene Factoring wird auch **notifiziertes Factoring** genannt.

❑ Das **halboffene Factoring**, bei dem für den Kunden die Wahl der Zahlung der Forderung an das Unternehmen oder an das Factoringinstitut besteht. Die Zusammenarbeit des Unternehmens mit dem Factoringinstitut ist bekannt, allerdings wird die Abtretung der Kundenforderung nicht erklärt.

❑ Das **stille Factoring**, bei dem die Verbindung zwischen Unternehmen und Factoringinstitut nicht an den Kunden bekannt gegeben wird. Der Kunde zahlt die Forderung an das Unternehmen. Dieses leitet die Zahlung an das Factoringinstitut weiter. Das stille Factoring wird auch als **nicht notifiziertes Factoring** bezeichnet.

Das Factoringinstitut kann verschiedene **Funktionen** übernehmen:

❑ Die **Dienstleistungsfunktion**, die sich z. B. beziehen kann auf:

○ Debitorenbuchhaltung	○ Mahn- und Inkassowesen
○ Bereitstellung umfangreicher Informationen	○ Beratungsleistungen

Zur Realisierung dieser Leistungen nutzt das Factoringinstitut **Rationalisierungsvorteile** wie den kostengünstigen Einsatz spezieller EDV-Anlagen und Software-Programme und **Spezialisierungsvorteile** wie den Einsatz von Spezialisten z. B. für das Mahn- und Inkassowesen.

Die Inanspruchnahme der angebotenen Dienstleistungen wird betriebswirtschaftlich für das Unternehmen insbesondere dann sinnvoll, wenn Abteilungen teilweise oder völlig ersetzt werden können. Die Fremdvergabe kann positive Auswirkungen auf den Fixkostenblock eines Unternehmens haben, z. B. beim Outsourcing der Debitorenbuchhaltung.

Die **Kosten** für die Übernahme verschiedener Dienstleistungen können zwischen 0,3 % und 3 % vom Umsatz betragen und richten sich zunächst am Umfang der in Anspruch genommenen Dienstleistungen aus. Sie sind aber auch z. B. von der Anzahl der Rechnungen und der Kunden sowie deren Fluktuation, der Laufzeit der Forderungen, dem Ausmaß von Mängelrügen, der Zusammenstellung und dem Umfang von Informationen abhängig.

❑ Die **Delcrederefunktion** bewirkt, dass das Factoringinstitut das Haftungsrisiko bei einem Forderungsausfall trägt. Für dessen Übernahme stellt es **Gebühren** in Höhe von 0,2 % bis 1,2 % des Umsatzes in Rechnung, wobei deren Höhe von der Risikostruktur der Forderungen abhängt.

Das Factoringinstitut behält sich vor,

○ Forderungen vor dem Ankauf einer Bonitätsprüfung unterziehen zu können
○ Forderungen, die Mängel in der Bonitätsprüfung aufweisen, zurückzuweisen
○ Forderungen eines Unternehmens gesamt oder in einer bestimmten Forderungsgesamtheit anzukaufen, womit das Risiko gestreut werden soll

❑ Bei der Übernahme der **Finanzierungsfunktion** bevorschusst das Factoringinstitut die Forderungen. Dies kann erfolgen in **Form** von:

Standard Factoring	Das Factoringinstitut kauft die beim Unternehmen entstehenden Forderungen im Moment des Ausgangs der Rechnungsbeträge an und bevorschusst damit das Unternehmen ab dem Zeitpunkt des Ankaufs.
Maturity Factoring	Der Ankauf erfolgt zu einem errechneten, durchschnittlichen Fälligkeitstag, der sich durch die bündelweise anzukaufenden Rechnungsbeträge ergibt.

Dem Unternehmen werden 80 % bis 90 % der Rechnungsbeträge sofort auf seinem Kontokorrentkonto gutgeschrieben. Das restliche Forderungsvolumen wird auf einem **Sperrkonto** für mögliche Rechnungskürzungen, z. B. aufgrund von Mängelrügen und Warenrückgaben, zurückgehalten und erst zu einem späteren Zeitpunkt vom Factoringinstitut an das Unternehmen gezahlt.

Kosten für die Finanzierungsfunktion entstehen ungefähr in der Höhe eines Kontokorrentkredits, das Factoringinstitut belastet also das Unternehmen mit banküblichen Sollzinsen.

Ein Unternehmen möchte seine monatlichen Umsätze von 1,5 Mio. € an ein Factoringinstitut verkaufen. Das durchschnittliche Zahlungsziel beträgt 30 Tage. Das Factoringinstitut bietet folgende Konditionen an:

❑ Dienstleistungsgebühr 1,5 % vom Umsatz
❑ Delcrederegebühr 0,5 % vom Umsatz
❑ Zinsen 7,0 % p. a.

Mit welchen Kosten müsste das Unternehmen im Monat für das Factoring rechnen, und welche Einsparungseffekte sind diesen Kosten gegenüber zu stellen?

Seite
196

Die **Beurteilung** des Factoring ist wie folgt möglich:

❑ Die **Kosten** des Factoring können je nach Ausprägung und nach Risikoaspekten unterschiedliche Höhen annehmen.

Ihnen sind mögliche Kosteneinsparungen im Unternehmen gegenzurechnen, falls z. B. Outsourcing betrieben werden kann, Kosten der Beitreibung von Forderungen wegfallen und durch den Liquiditätszufluss die Skontierungsfähigkeit des Unternehmens erhalten bleibt.

Diesen Aspekten sind mögliche, schwer bezifferbare **Imageverluste** gegenüberzustellen, die ein Unternehmen erleidet, wenn es Kundenforderungen nicht selbst, sondern durch einen Dritten bei seinen Kunden beitreibt.

❑ Die **Sicherheit** wird erhöht, da das Ausfallrisiko gegen eine Gebühr auf das Factoringinstitut übertragbar ist. Allerdings kann eine Ablehnung bonitätsschwacher Forderungen das Risiko beim Unternehmen belassen.

❑ Die **Liquidität** wird gefördert, wenn durch die Finanzierungsfunktion eine Bevorschussung des Unternehmens geschieht. Zufließende Liquidität substituiert Bankkredite, indem z. B. Kontokorrentlinien geschont oder Kredite zurückgeführt werden.

❑ Die **Erhältlichkeit** ist gegeben, wenn die Forderungen gute Bonität sowie bestimmte Eigenschaften aufweisen, z. B. hinsichtlich ihrer Anzahl, Höhe und Laufzeit.

❑ Die **Unabhängigkeit** wird zweifach gestärkt. Zum einen werden die Kreditlinien geschont, zum anderen kann durch Factoring die Bilanzoptik geschönt und damit die Kreditwürdigkeit des Unternehmens erhöht werden.

Allerdings begibt sich das Unternehmen in ein **Abhängigkeitsverhältnis**, insbesondere dann, wenn es verstärkt Dienstleistungsfunktionen nachfragt, da es sich materiell und personell auf Leistungen des Factoringsinstituts einstellt.

Aktiva	Bilanz zum 10.12.2008		Passiva
Anlagevermögen	13.000 €	Eigenkapital	8.000 €
Umlaufvermögen		Fremdkapital	
Vorräte	2.500 €	Langfrist. Bankdarlehen	5.000 €
Forderungen	8.000 €	Kurzfrist. Bankdarlehen	9.500 €
Bankguthaben	500 €	Kurzfrist. Verbindlich-	
Kasse	500 €	keiten Warenlieferungen	2.000 €
Summe	24.500 €		24.500 €

Ein Unternehmen weist oben stehende Bilanz kurz vor dem Bilanzstichtag aus. Zur Verbesserung der Bilanzoptik soll kurzzeitig unechtes Factoring mit 7.000 € Forderungen (ohne Rückhalt auf einem Sperrkonto) über den Bilanzstichtag zum 31.12.2008 zu einer Verbesserung der Eigenkapitalquote durchgeführt werden. Welche Kennzahlgrößen ergeben sich? Seite 197

Eine dem Factoring verwandte Art des Ankaufs von Forderungen, die zumeist aus dem Export von Investitionsgütern entstammen, ist die **Forfaitierung**. Im Unterschied zum Factoring bezieht sie sich hauptsächlich auf mittel- bis langfristige Forderungen aus Auslandsgeschäften, die zudem noch zusätzlich besichert sind.

4.4.2 Asset-Backed-Securities

Durch die Globalisierung haben die Finanzmärkte einen Wandel erfahren, der klassische Bankkredite zurückdrängt und zu einer Finanzierung über Wertpapieremissionen führt. Dieses Vorgehen nennt man **Securitization**. Sie kann als Verbriefung von dann handelbaren Zahlungsansprüchen verstanden werden, z. B. in Form der zertifizierten Termineinlage bei Banken wie dem bereits angeführten Certificate of Deposit.

Auch die **Verbriefung von Forderungsansprüchen** schafft Wertpapiere (**Securities**), die durch Finanzaktiva (**Assets**) abgesichert und gedeckt (**Backed**) sind. Entsprechend können Asset-Backed-Securities als Wertpapierform definiert werden, die durch Forderungen aus Lieferung und Leistung abgesichert werden.

Abweichend vom Factoring gibt der Forderungsverkäufer – der **Originator** – seine Zahlungsansprüche an eine rechtlich selbstständige **Zweckgesellschaft (Special Purpose Vehicle)**, welche aus einem hierdurch entstehenden **Forderungspool** Wertpapiere zur Refinanzierung emittiert, die über ein Platzierungskonsortium (Banken oder Treuhänder) am Markt untergebracht werden (True Sale).

Die Platzierung am Markt bringt eine günstigere Finanzierung für den Forderungsverkäufer, da der Markt generell bereit ist, ein größeres Risiko zu tragen als ein
einzelnes Factoringinstitut, wobei das Risiko der Wertpapiere starr mit der Bonität
der Forderungen verbunden ist, die von höchster Güte sein sollte.

Es bestehen zwei **Konzepte** der Verbriefung der Forderung:

❏ Das Konzept der **Fondszertifikate** ermöglicht den Investoren den Kauf von
   Anteilen (Fondszertifikate) am Vermögen des Forderungspools, wobei Zins- und
   Tilgungszahlungen unverändert an den Investor weitergeleitet werden.

   Hierdurch entsteht z. B. das **Risiko** einer vorzeitigen Tilgung (Prepayment
   Risk), d. h. für den Investor besteht Unsicherheit der Laufzeit seines Fondszer-
   tifikats.

❏ Beim **Anleihekonzept** wird der Investor Inhaber einer vom Forderungspool emittierten Schuldverschreibung, wodurch der Investor nicht mehr Miteigentümer
   wie im Fondskonzept ist, sondern Fremdkapitalgeber für den Forderungspool.

   Zudem werden Finanzinstitutionen zwischengeschaltet, die z. B. für den Investor
   ein Ausschüttungsmanagement mit festen Zins- und Tilgungszahlungen übernehmen. Dies vermindert allerdings die Rendite der Anleihekäufer.

Asset-Backed Securities stellen eine Finanzquelle dar, die **kostengünstiger** als
das Factoring zu einer Verbesserung der Bilanzoptik aufgrund der Liquidation der
Vermögensteile führt.

4.4.3 Leasing

Leasing ist die entgeltliche, pacht- oder mietähnliche Überlassung von Wirtschafts-
gütern zur Nutzung oder Gebrauch auf Zeit. Es kann nach verschiedenen Arten und
Merkmalen unterschieden werden. **Arten** des Leasings können sein:

❏ Nach unterschiedlichen **Leasing-Gebern**

Direktes Leasing	Hier ist der **Hersteller** des Leasing-Gutes gleichzeitig auch der Leasing-Geber.
Indirektes Leasing	Dabei wird eine **Leasing-Gesellschaft** eingeschaltet, die zwischen den Hersteller des Leasing-Gutes und den Leasing-Nehmer als Leasing-Geber tritt.

❏ Nach unterschiedlichen **Leasing-Objekten**

Anzahl der Leasing-Objekte	○ **Equipment-Leasing**, das sich auf das Leasing eines einzelnen, beweglichen Wirtschaftsgutes bezieht. ○ **Plant-Leasing** als Leasing einer Gesamtheit ortsfester und zu-meist sich daran anschließend beweglicher Wirtschaftsgüter.

Art der Leasing-Objekte	○ **Konsumgüter-Leasing** mit relativ langer Lebensdauer, z. B. Fernsehgeräte. ○ **Investitionsgüter-Leasing**, die alle beweglichen und unbeweglichen Güter des Anlagevermögens sein können.

❑ Nach unterschiedlichen, sich aus einem Leasingvertrag ergebenden **Verpflichtungen**

Operate-Leasing	**Merkmale** dieses dem normalen Mietverhältnisrecht nahe kommenden Leasing, das **unechtes Leasing** genannt wird, sind: ○ Kurzfristige Nutzungsüberlassung des Leasing-Gutes ○ Von der Laufzeit des Leasing-Vertrages unabhängige Leasing-Rate ○ Laufzeit kürzer als betriebsgewöhnliche und technische Nutzungsdauer ○ Nutzung des Leasing-Gutes durch mehrere Leasing-Nehmer nacheinander möglich ○ Teilweise kurzfristige Kündigung des Leasing-Vertrages möglich ○ Verbleiben der Eigentumsrisiken beim Leasing-Geber ○ Bilanzierung des Leasing-Gutes beim Leasing-Geber **Vorteilhaft** für das Unternehmen sind der mögliche Ausgleich von kurzfristigen Kapazitätsschwankungen durch Operate-Leasing und die Nutzung von Wirtschaftsgütern, die einer sehr schnellen technischen Veralterung unterliegen, weil ein Investitionsrisiko umgangen wurde. **Nachteilig** zu beurteilen sind die hohen Kosten.
Finance-Leasing	Es wird auch als **echtes Leasing** bezeichnet und weist als **Merkmale** auf: ○ Langfristige Nutzungsüberlassung des Leasing-Objektes ○ Keine Möglichkeit der Kündigung während der Grundmietzeit ○ Nutzung üblicherweise durch nur einen Leasing-Nehmer ○ Von der Länge der Grundmietzeit abhängige Leasing-Rate, z. B.: <table><tr><td>Abschlussgebühr:</td><td>0 % - 10 %</td><td>des Anschaffungswertes</td></tr><tr><td>Monatliche Leasing-Rate bei:</td><td></td><td></td></tr><tr><td>3-jähriger Grundmietzeit:</td><td>3,2 % - 3,7 %</td><td>des Anschaffungswertes</td></tr><tr><td>4-jähriger Grundmietzeit:</td><td>2,6 % - 3,0 %</td><td>des Anschaffungswertes</td></tr><tr><td>5-jähriger Grundmietzeit:</td><td>2,2 % - 2,6 %</td><td>des Anschaffungswertes</td></tr><tr><td>Verlängerungsmiete</td><td>5 % - 10 %</td><td>der Grundmiete</td></tr></table> ○ Übergang der Investitionsrisiken (z. B. bei Untergang bzw. Zerstörung) auf den Leasing-Nehmer und Entstehung der Pflicht zur Objektinstandhaltung und -wartung ○ Bilanzierung je nach Grundmietzeit beim Leasing-Geber bzw. Leasing-Nehmer – siehe unten.

Die **Grundmietzeit** beim Finance-Leasing beträgt 50 % - 75 % der betriebsgewöhnlichen Nutzungsdauer des Leasing-Gutes. Die betriebsgewöhnliche Nutzungsdauer ist aus AfA-Tabellen abzulesen.

Die unterschiedlichen **Verwertungsmöglichkeiten nach der Grundmietzeit** sind von besonderer Bedeutung, da sie die vom Gesetzgeber beeinflusste Vertragsgestaltung prägen (Leasingerlasse von 1971 und 1972). Diese rechtlichen Vorgaben sind Voraussetzungen für die steuerliche Abzugsfähigkeit der Leasing-Raten beim Leasing-Nehmer sowie für die Bilanzierung des Leasing-Gutes beim Leasing-Geber.

Wird der Leasing-Gegenstand dem Leasing-Nehmer steuerlich und bilanziell zugerechnet, verliert das Leasing entscheidende betriebswirtschaftliche Vorteile.

Grundsätzlich gilt, um das **Leasing-Gut** dem **Leasing-Geber zuzurechnen**, dass die Grundmietzeit mehr als 40 %, aber weniger als 90 % der betriebsgewöhnlichen Nutzungsdauer zu betragen hat. **Gründe** hierfür sind z. B.:

❑ **Übersteigt** die Grundmietzeit **90 %**, ist der Leasing-Nehmer als wirtschaftlicher Eigentümer aufgrund der langen Mietdauer („versteckter Kauf") zu vermuten und damit bilanzierungspflichtig.

❑ Wird die untere Zeitmarke von **40 % unterschritten** und sind alle Kosten des Leasing-Gutes durch die Leasing-Raten bereits gedeckt, wird vermutet, dass günstige Anschlussmieten oder Optionspreise für einen Kauf die weitere Nutzung des Leasing-Gutes durch den Leasing-Nehmer höchst wahrscheinlich machen und er damit ständiger Eigentümer des Leasing-Gutes wird.

Leasing-Verträge unterscheiden sich nach **Vollamortisation** (Gesamtkosten sind in der Grundmietzeit abgedeckt) sowie nach **Teilamortisation** (Restbetrag bleibt nach Laufzeitende bestehen). Dies ist auch für die Vertragsgestaltung nach der Grundmietzeit wichtig. Hier sind üblich:

❑ Der **Leasing-Vertrag ohne Optionsrecht** bei dem keine Abreden für die Zeit nach dem Leasing-Vertrag getroffen werden. Da dieser Vertrag einem Mietverhältnis sehr nahekommt, ist er steuerlich und bilanziell **unproblematisch**. Werden die 40 %- und 90 %-Regel eingehalten, ist das Leasing-Gut beim Leasing-Geber zu bilanzieren.

❑ Der **Leasing-Vertrag mit einer Kaufoption**, bei dem vertraglich die Möglichkeit des Erwerbs nach der Grundmietzeit durch den Leasing-Nehmer gegeben ist. **Voraussetzungen** für die Bilanzierung des Leasing-Gutes beim Leasing-Geber sind:

> o Die Einhaltung der 40 %- und 90 %-Grenze
> o Der Kaufpreis bei Optionsausübung muss zumindest dem Buchwert entsprechen, der durch lineare Abschreibungen ermittelbar ist.

❑ Der **Leasing-Vertrag mit einer Mietverlängerungsoption**, bei dem vertraglich die Möglichkeit der Mietverlängerung nach der Grundmietzeit gegeben ist, die dem Leasing-Nehmer eine erheblich niedrigere Miete (5 - 10 % der bisherigen Miete) bringt. **Voraussetzungen** für die Bilanzierung des Leasing-Gutes beim Leasing-Geber sind:

> ○ Die Einhaltung der 40 %- und 90 %-Grenze
> ○ Die Verlängerungsmiete muss mindestens den Wertverzehr des Leasing-Gutes decken, der sich auf Basis des über lineare Abschreibungen ermittelten Buchwertes oder des niedrigeren gemeinen Wertes ergibt.

Die **Beurteilung** des Leasing lässt erkennen:

❑ Leasing ermöglicht vor allem kleineren und mittleren Unternehmen die **Finanzierung** von Anlagegütern, die durch Eigenkapital- oder Fremdkapitaleinsatz in diesem Umfang nicht möglich wären, weil Sicherheiten fehlen oder Verschuldungsgrenzen erreicht werden.

Insbesondere der **Kreditspielraum** wird etwas ausgedehnt, weil Leasing-Gesellschaften Leasing-Güter oftmals zu 100 % als Sicherheit akzeptieren, während Kreditinstitute dies oft nur bis zu der 60-prozentigen Beleihungsgrenze tun.

Eine eindeutige Erhöhung des Finanzierungsspielraumes kann allerdings nicht festgestellt werden, da im Rahmen von Kreditwürdigkeitsprüfungen durch Kreditinstitute Verpflichtungen aus Leasingverträgen offen zu legen sind und bei einer Kreditgewährung entsprechend als laufende Belastungen des Unternehmens berücksichtigt werden.

❑ Leasing beeinflusst im Vergleich zu einem Barkauf die **Liquidität** positiv, da die Auszahlungen über den Zeitraum von mehreren Jahren anfallen. Im Vergleich zu einer kreditfinanzierten Investition schneidet Leasing aus Liquiditätssicht allerdings schlechter ab, da Leasing-Raten innerhalb der Grundmietzeit sehr hoch sind.

❑ Leasing kann die flexible Anpassung an den **technischen Fortschritt** sichern, was bei sich schnell wandelnden Technologien nur über kurze Grundmietzeiten ermöglicht wird. Dies ergibt allerdings entsprechend hohe Leasing-Raten.

❑ Die Übernahme von **Servicefunktionen** durch den Leasing-Geber, z. B. die Instandhaltung oder gesamthafte Übernahme der Organisation eines Fuhrparks als Outsourcing-Maßnahmen oder die gesamthafte Organisation eines Bauprojektes im Immobilienleasing, kann zu Einsparungen beim Leasing-Nehmer führen.

❑ Leasing verursacht im Gegensatz zu Kreditfinanzierungen zumeist höhere **Kosten**, da der Leasing-Geber neben den Finanzierungszinsen noch seine Verwaltungskosten sowie seine kalkulatorischen Wagnisse und Gewinne abzudecken hat. Konditionen von Leasing-Gesellschaften hängen insbesondere von der Länge der Grundmietzeit ab.

❑ Leasing kann aufgrund vertraglicher Bestimmungen beim Leasing-Nehmer **Nebenkosten** verursachen, die z. B. sein können:

> ○ Installationskosten, wie z. B. Fracht, Überführung, Montage
> ○ Versicherungskosten, da der Leasing-Nehmer die Gefahren des Untergangs, Verlustes, Diebstahls usw. zu tragen hat
> ○ Wartungs- und Instandhaltungskosten
> ○ Demontage- und Rückführungskosten des Leasing-Gutes

36

Ein Unternehmen möchte eine Investition in eine Maschine entweder über ein Leasing-Modell oder eine Kreditfinanzierung realisieren. Vergleichen Sie die jährlichen und die gesamthaften Liquiditätsauswirkungen!

Folgende Daten sind gegeben:

Kosten der Maschine: 600.000 €
Nutzungszeit: 6 Jahre

Kredit	**Leasing**
Kreditsumme: 600.000 €	Grundmietzeit: 4 Jahre
Kreditlaufzeit: 6 Jahre	Abschlussgebühr: 10 %
Kreditzinsen: 8 %	Leasing-Raten pro Monat: 3 %
Kredittilgung: 6 gleiche Raten	Anschlussmiete pro Jahr: 15.000 €

Seite 197

37

Erläutern Sie, was unter folgenden Begriffen zu verstehen ist, die Sie in diesem Kapitel kennen gelernt haben:

- ❑ Kreditantrag
- ❑ Kreditwürdigkeitsprüfung
- ❑ Kreditzusage
- ❑ Kreditfähigkeit
- ❑ Kreditwürdigkeit
- ❑ Schufa
- ❑ Bankauskunft
- ❑ Auskunftei
- ❑ Blankokredit
- ❑ Baseler Akkord
- ❑ Rating
- ❑ Personalsicherheit
- ❑ Realsicherheit
- ❑ Kreditauftrag
- ❑ Eigentumsvorbehalt
- ❑ Forderungsabtretung
- ❑ Damnum
- ❑ Annuitätendarlehen
- ❑ Abzahlungsdarlehen
- ❑ Festdarlehen
- ❑ Mantel/Bogen
- ❑ Negativklausel
- ❑ Selbst-/Fremdemission
- ❑ Auslosung
- ❑ Rückkauf
- ❑ Deckungsstockfähigkeit
- ❑ Mündelsicherheit
- ❑ Zerobond
- ❑ Floating rate note
- ❑ Fristenkongruentes Schuldscheindarlehen

- ❑ Revolvierendes Schuldscheindarlehen
- ❑ Kontokorrentkredit
- ❑ Handelskredit
- ❑ Kreditgarantiegemeinschaft
- ❑ Effektenlombard
- ❑ Edelmetalllombard
- ❑ Warenlombard
- ❑ Kreditleihe
- ❑ Eurogeldmarkt
- ❑ Eurokreditmarkt
- ❑ Swap
- ❑ Cap
- ❑ Future
- ❑ Factoring
- ❑ Delcrederefunktion
- ❑ Standard Factoring
- ❑ Maturity Factoring
- ❑ Forfaitierung
- ❑ Securitization
- ❑ Asset-Backed-Securities
- ❑ Equipment-Leasing
- ❑ Plant-Leasing
- ❑ Operate-Leasing
- ❑ Finance-Leasing
- ❑ Grundmietzeit
- ❑ Leasing mit Kaufoption
- ❑ Leasing mit Mietverlängerungsoption

Seite 205

D. Beteiligungsfinanzierung

Die Beteiligungsfinanzierung umfasst alle Beschaffungsmaßnahmen von Eigenkapital, das von außerhalb des Unternehmens zufließt und von bisherigen oder neuen Gesellschaftern stammen kann.

Das Eigenkapital ist in unterschiedlichen **Formen** zuführbar, die sein können:

❑ Eine **Geldeinlage** als die häufigste Form der Zuführung. Sie ist problemlos, da Geld als nominelle Größe keine Bewertung notwendig macht.

❑ Eine **Sacheinlage**, die z. B. in Form von Maschinen, Rohstoffen oder Waren erfolgen kann und die Probleme der Bewertung und das Risiko des möglichen Untergangs der Sacheinlage mit sich bringt.

❑ **Rechte**, die z. B. als Patente, Lizenzen oder Wertpapiere eingebracht werden können, wobei auch hier oftmals das Bewertungsproblem besteht.

Im Rahmen der Beteiligungsfinanzierung werden behandelt:

Beteiligungs-**finanzierung**	Objekte
	Anlässe
	Mischformen

1. Objekte

Objekte der Beteiligungsfinanzierung sind die Unternehmen, die in **unterschiedlichen Rechtsformen** in Erscheinung treten können als:

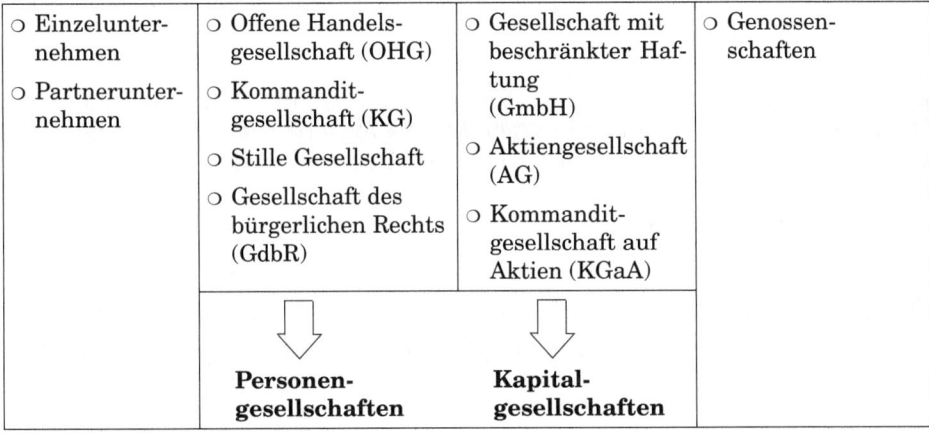

○ Einzelunternehmen ○ Partnerunternehmen	○ Offene Handelsgesellschaft (OHG) ○ Kommanditgesellschaft (KG) ○ Stille Gesellschaft ○ Gesellschaft des bürgerlichen Rechts (GdbR)	○ Gesellschaft mit beschränkter Haftung (GmbH) ○ Aktiengesellschaft (AG) ○ Kommanditgesellschaft auf Aktien (KGaA)	○ Genossenschaften
	Personengesellschaften	**Kapitalgesellschaften**	

Personengesellschaften besitzen keine eigene Rechtsfähigkeit. Das in seiner Höhe variable Eigenkapital wird auf den Eigenkapitalkonten der Gesellschafter zugeführt oder entnommen.

Gesellschafter sind zumeist natürliche Personen, wobei zwischen ihnen oft persönliche Beziehungen die Führung der Gesellschaft begründen und deswegen die Geschäftsanteile der Gesellschafter äußerst schwer mobilisierbar sind.

Kapitalgesellschaften weisen eine eigene Rechtsfähigkeit auf und verfügen über ein festes Nominalkapital. Aufgrund dessen besitzen sie eigenes, vollständig haftendes Vermögen, wohingegen die beteiligten Gesellschafter nur mit ihrem Anteil am Kapital haften.

Die Kapitalanteile der Gesellschafter sind unkündbar, wodurch die Verminderung des Haftungsumfanges beim Ausscheiden eines Gesellschafters verhindert werden soll.

Im Folgenden werden unterschieden:

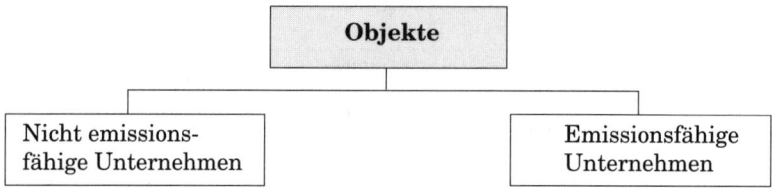

1.1 Nicht emissionsfähige Unternehmen

Nicht emissionsfähige Unternehmen haben keine Möglichkeiten, Eigenkapital über die Nutzung eines organisierten Kapitalmarktes zu beschaffen. Der Zugang zur Börse bleibt in Deutschland den Aktiengesellschaften und den Kommanditgesellschaften auf Aktien vorbehalten.

Neben dem fehlenden Zugang zum organisierten Kapitalmarkt bestehen beim Zufluss neuen Kapitals im Rahmen einer Beteiligungsfinanzierung folgende **Probleme** für Gesellschafter nicht emissionsfähiger Unternehmen:

❑ **Bisherige Gesellschafter** werden von der Neuaufteilung der stillen Reserven und der Beeinträchtigung der Mitspracherechte betroffen.

❑ **Neue Gesellschafter** erwerben nicht fungible Geschäftsanteile, die sich schwer wiederveräußern lassen. Zudem bestehen Schwierigkeiten, die Risikosituation zu beurteilen bzw. die Bewertung der Geschäftsanteile vorzunehmen.

Als Rechtsformen nicht emissionsfähiger Unternehmen werden im Einzelnen dargestellt:

- **Einzelunternehmen**
- **Stille Gesellschaft**
- **Offene Handelsgesellschaft**
- **Kommanditgesellschaft**
- **Gesellschaft des bürgerlichen Rechts**
- **Gesellschaft mit beschränkter Haftung.**

1.1.1 Einzelunternehmen

Die Eigenkapitalbeschaffung bereitet einem Einzelunternehmer im Vergleich zu allen anderen Rechtsformen die größten Schwierigkeiten. Im Rahmen der Außenfinanzierung muss er vor allem auf sein privates Vermögen zurückgreifen, soll die Rechtsform eines Einzelunternehmens erhalten bleiben und will er keinen stillen Gesellschafter aufnehmen, was möglich wäre.

Der Einzelunternehmer kann sein:

❑ Ein **Kaufmann**, wenn er die Vorschriften des HGB zu beachten hat und sein Unternehmen nach Art und Umfang einen in kaufmännischer Art und Weise eingerichteten Geschäftsbetrieb verlangt.

❑ Ein **Nichtkaufmann** nach §§ 13, 18 EStG, der einem land- oder forstwirtschaftlichen Beruf oder freien Beruf angehört bzw. andere selbstständige Arbeiten verrichtet, die keinen Gewerbebetrieb erfordern, z. B. als Kleingewerbetreibender, dessen Unternehmen nach Art und Umfang nicht einem kaufmännischen Gewerbebetrieb entspricht. Es fehlt der Eintrag in das Handelsregister.

Vorteilhaft für einen Einzelunternehmer ist, dass er sich nicht mit anderen Personen in der Geschäftsführung auseinander zu setzen hat. Ihm stehen uneingeschränkt alle Rechte, aber auch alle Pflichten zu, die sind:

Rechte	Pflichten
○ Recht auf Geschäftsführung ○ Recht auf Vertretung ○ Recht auf Gewinn ○ Recht auf Entnahme ○ Recht auf Liquidationserlös	○ Pflicht der Eigenkapitalaufbringung ○ Pflicht der Verlustübernahme ○ Pflicht der Haftung für die Geschäftstätigkeit, wobei auch das Privatvermögen herangezogen werden kann.

Die **Kosten** der Beteiligungsfinanzierung sind gering. Sie können Kosten der Handelsregistereintragung sein sowie die Gewinnausschüttung umfassen.

1.1.2 Stille Gesellschaft

Gesetzliche Regelungen (§§ 230-237 HGB, ergänzend §§ 705-740 BGB) sehen für die stille Gesellschaft einen Vertrag im **Innenverhältnis** zwischen einem Unternehmer und einem Kapitalgeber vor. Dessen Kapitaleinlage geht in das Vermögen des Unternehmers über, sodass die Bilanz des Unternehmers auch weiterhin nur ein Eigenkapitalkonto ausweist. Da die Rechtsform des Unternehmens unverändert bleibt, wird die stille Gesellschaft für Außenstehende nicht ersichtlich.

Zwei **Formen** der stillen Gesellschaft sind in der Praxis zu finden:

❏ Die **typische stille Gesellschaft**, bei welcher der typische stille Gesellschafter bei seinem Ausscheiden mit seiner Einlage abgefunden wird, die er geleistet hat.

❏ Die **atypische stille Gesellschaft**, bei welcher der atypische stille Gesellschafter am Vermögenszuwachs des Unternehmens mit beteiligt ist, z. B. bei seinem Ausscheiden an den gebildeten stillen Reserven. Steuerrechtlich ist der stille Gesellschafter hier als Mitunternehmer anzusehen.

An **Kapitalkosten** fallen bei der stillen Gesellschaft an:

❏ Gewinnausschüttungen nach dem HGB oder dem Gesellschaftsvertrag.
❏ Einkommensteuer, die bei natürlichen Personen als Gesellschafter erhoben wird.
❏ Körperschaftsteuer, soweit körperschaftsteuerpflichtige Gesellschafter beteiligt sind.
❏ Kapitalertragsteuer auf den Gewinnanteil des stillen Gesellschafters.

Als Rechte und Pflichten ergeben sich:

Rechte	Pflichten
○ Das Recht auf **Geschäftsführung** liegt beim Geschäftsinhaber. Der stille Gesellschafter hat ein Kontrollrecht. ○ Der stille Gesellschafter hat kein Recht auf **Vertretung**, außer es werden ihm Prokura oder Handlungsvollmacht übertragen. ○ Der Anspruch auf **Gewinn** ist entweder vertraglich geregelt oder in seiner Höhe ein nach dem Gesetz den Umständen nach angemessener Betrag, der zu Geschäftsjahresabschluss auszuzahlen ist. ○ Das Recht auf **Auszahlung** des Beteiligungsbetrages besteht jeweils am Geschäftsjahresschluss mit einer sechsmonatigen Kündigungsfrist. ○ Die Möglichkeit der **Übertragung** (Wechsel der stillen Gesellschafter) besteht, bedarf allerdings der Zustimmung des Geschäftsinhabers.	○ Für den stillen Gesellschafter besteht keine Pflicht zur **Geschäftsführung**. ○ Die Einlage ist nominell festzulegen, wobei keine Vorschriften zu einer **Mindesthöhe** bestehen. ○ Die Pflicht einer seinem Anteil angemessenen **Verlustübernahme** gilt insoweit als vorausgesetzt, soweit dies vertraglich nicht ausgeschlossen wird. ○ Eine Pflicht zur **Haftung** für die Geschäftstätigkeit des Unternehmers besteht für den stillen Gesellschafter nicht.

1.1.3 Offene Handelsgesellschaft

Gesetzliche Regelungen (§§ 105-160 HGB, ergänzend §§ 705-740 BGB) sehen für die OHG eine vertragliche Vereinigung von zwei oder mehreren Personen vor, die ein Handelsgewerbe gemeinschaftlich betreiben und unbeschränkt haften.

Der **Firmenname** muss die Bezeichnung »Offene Handelsgesellschaft« oder eine allgemein verständliche Abkürzung, wie z. B. »OHG« beinhalten, sowie »Unterscheidungskraft« besitzen.

Die OHG besitzt zwar **keine** eigene **Rechtsfähigkeit**, sie ist aber grundbuch-, prozess- und deliktfähig.

Die **Erhöhung** des Eigenkapitals kann durch Einlagen alter Gesellschafter oder durch die Aufnahme neuer Gesellschafter geschehen. Es empfiehlt sich nicht, Gesellschafter in unbegrenztem Umfang aufzunehmen, da die Leitungsbefugnis bei einer großen Anzahl an Gesellschaftern nicht mehr zu handhaben wäre.

Das zugeführte Eigenkapital sollte in ausreichendem Maße auf eine längere Zeit zur Verfügung stehen. Erhöhungen der Geschäftsanteile müssen, wenn die Eigentumsverhältnisse nicht verändert werden sollen, im Verhältnis der bisherigen Anteile erfolgen.

> Das Eigenkapital einer OHG in Höhe von 250.000 € verteilt sich auf zwei Gesellschafter wie folgt:
>
> ❑ Gesellschafter A: 150.000 €
> ❑ Gesellschafter B: 100.000 €
>
> Die OHG hat aufgrund ihrer Geschäftstätigkeit stille Reserven in Höhe von 50.000 € gebildet.
>
> Welche Wirkung hätte der Beschluss, dass beide Gesellschafter je 50.000 € Erhöhungskapital in die OHG einzubringen haben?

Seite 198

Kapitalkosten der Beteiligungsfinanzierung entstehen bei der Offenen Handelsgesellschaft als:

❑ Kosten des Registergerichts für Eintragungen, Löschungen, Veröffentlichungen
❑ Kosten der Gewinnausschüttung nach HGB oder Gesellschaftsvertrag
❑ Kosten der Einkommensteuer, wenn die Gesellschafter natürliche Personen sind
❑ Kosten der Gewerbesteuer
❑ Kosten der Publizitätspflicht, falls das Unternehmen eine bestimmte Größe überschreitet.

Als Rechte und Pflichten für die Gesellschafter einer Offenen Handelsgesellschaft ergeben sich:

Rechte	Pflichten
○ Die Gesellschafter haben ein Recht auf **Geschäftsführung**, soweit der Gesellschaftsvertrag nichts anderes vorsieht.	○ Die Gesellschafter sind zur **Geschäftsführung** verpflichtet.
○ Jeder Gesellschafter kann die OHG **vertreten**, wobei geregelt sein kann, dass die Vertretung durch einen Gesellschafter oder durch alle Gesellschafter gemeinsam erfolgt.	○ Die **Kapitaleinlage** ist entsprechend dem Gesellschaftsvertrag zu leisten, wobei keine Vorschriften zu Mindesthöhen bestehen.
○ Die **Gewinnverteilung** ist vertraglich geregelt oder erfolgt nach HGB durch eine 4 %-Verzinsung des eingebrachten Kapitalanteils sowie die Aufteilung des dann noch vorhandenen Gewinns nach Köpfen.	○ Es besteht die Pflicht zu einer **Verlustübernahme** pro Kopf, wenn vertraglich dies nicht anders geregelt wird.
○ Die **Übertragung** einer Beteiligung bedarf der Zustimmung aller Gesellschafter, soweit der Vertrag nichts anderes besagt.	○ Eine gesamtschuldnerische **Haftung** für die Gesellschafter bedeutet, dass sie unmittelbar, unbeschränkt und solidarisch für die Schulden der OHG zur Verantwortung herangezogen werden können.
○ Die **Kündigung** eines Gesellschafters kann zum Geschäftsjahresschluss mit einer sechsmonatigen Kündigungsfrist erfolgen.	○ Die Gesellschafter unterliegen einem **Wettbewerbsverbot**, d. h. sie dürfen ohne Zustimmung der anderen Gesellschafter keine Geschäfte auf eigene Rechnung betreiben oder sich vollhaftend bei gleichartigen Gesellschaften beteiligen.
○ Bei einer **Liquidation** der OHG werden die Gesellschafter am Erlös gemäß ihrer Kapitalanteile beteiligt.	

1.1.4 Kommanditgesellschaft

Gesetzliche Regelungen (§§ 161 - 177a HGB, ergänzend §§ 105-160 HGB und §§ 705 -740 BGB) sehen für die KG eine vertragliche Vereinigung von zwei oder mehr Personen vor, die ein Handelsgewerbe gemeinschaftlich betreiben, wobei mindestens ein Gesellschafter unbeschränkt und ein anderer Gesellschafter nur beschränkt haftet:

❑ Vollhafter werden als **Komplementäre** bezeichnet.
❑ Teilhafter stellen **Kommanditisten** dar.

Der **Firmenname** muss die Bezeichnung »Kommanditgesellschaft« oder eine Abkürzung wie »KG« als Zusatz enthalten und ausreichende Unterscheidungskraft aufweisen.

Ebenso wie die OHG besitzt die KG **keine** eigene **Rechtsfähigkeit**, ist aber grundbuch-, prozess- und deliktfähig. Im Gegensatz zur OHG bietet die KG eine verbesserte Möglichkeit zur Beteiligungsfinanzierung. Es wird Eigenkapital in Form der Kommanditeinlage aufgenommen, wobei für die Kommanditisten die Mitarbeit in der Gesellschaft nicht notwendig und die Vollhaftung nicht gegeben ist.

Für die **Kapitalkosten** gelten im Wesentlichen die Ausführungen zur OHG. Als Rechte und Pflichten für die Gesellschafter einer KG ergeben sich:

Rechte	Pflichten
○ Komplementäre haben das Recht auf die **Geschäftsführung**, während Kommanditisten von der Geschäftsführung ausgeschlossen bleiben. ○ Kommanditisten verfügen über ein **Kontrollrecht** und ein **Widerspruchsrecht**, das bei Handlungen greift, die über den gewöhnlichen Geschäftsbetrieb hinausgehen. ○ Der oder die Komplementäre **vertreten** die KG, wobei Regelungen wie bei der OHG bestehen können. ○ Die **Gewinnverteilung** ist vertraglich geregelt oder erfolgt durch eine 4 %-Verzinsung des Kapitalanteils. Komplementäre haben ein Recht auf **Entnahmen**, Kommanditisten nur das Recht auf Auszahlung ihres Anteils. ○ Die **Übertragung** einer Beteiligung bedarf der Zustimmung aller Gesellschafter, soweit der Vertrag nichts anderes besagt. ○ Die **Kündigung** eines Komplementärs oder eines Kommanditisten kann nur zum Geschäftsjahresschluss mit einer sechsmonatigen Kündigungsfrist erfolgen. ○ Die **Liquidation** erfolgt wie bei der OHG.	○ Komplementäre sind zur **Geschäftsführung** verpflichtet, Kommanditisten nicht. ○ Die **Einlage** ist nominell zu benennen, wobei die Konten der Kommanditisten im Gegensatz zu denen der Komplementäre feste Konten sind. ○ Es besteht die Pflicht zu einer **Verlustübernahme** nach angemessenem Verhältnis, sofern vertraglich nichts anderes feststeht. ○ Es liegt eine gesamtschuldnerische **Haftung** für die Komplementäre vor, wohingegen Kommanditisten nur bis zur Höhe ihrer Kapitaleinlage haften. ○ Komplementäre unterliegen im Gegensatz zu den Kommanditisten einem **Wettbewerbsverbot**.

Eine **Sonderform** der KG ist die **GmbH & Co KG**. Hier ist eine GmbH, also eine Gesellschaft mit beschränkter Haftung, der vollhaftende Komplementär, wobei die KG-Vorschriften generell und für die GmbH das GmbHG gelten.

1.1.5 Gesellschaft des bürgerlichen Rechts

Gesetzliche Regelungen (§§ 705-740 BGB) sehen für die GdbR eine vertragliche Vereinigung von Personen vor, die ein gemeinsames Ziel anstreben. Mindestens zwei Gesellschafter führen die GdbR, die **keine** eigene **Firma** und damit auch nicht rechtsfähig ist. Auch entfällt die Grundbuch-, Prozess- und Deliktfähigkeit.

Insbesondere dann, wenn handelsrechtliche Formalitäten vermieden werden sollen und die Rechtsform nicht auf Dauer eingerichtet werden soll, eignet sich die GdbR für vielfache Zwecke, z. B. Gelegenheitsgesellschaften, Vermögensverwaltungen und Arbeitsgemeinschaften.

Als **Formen** der GdbR lassen sich steuerlich unterscheiden:

❏ Die **typische GdbR**, bei der Gesellschafter als Mitunternehmer anzusehen sind.

❏ Die **atypische GdbR**, bei welcher – ähnlich einer stillen Gesellschaft – die Kapitalbeteiligung im Vordergrund einer Publikums-GdbR steht.

An **Kapitalkosten** fallen bei der Gesellschaft des bürgerlichen Rechts an:

❏ Gewinnausschüttungen gemäß BGB oder Gesellschaftsvertrag

❏ Einkommensteuer, die sich nach der steuerrechtlichen Form unterscheidet:

  ○ Gewinnanteile als Einkünfte aus Gewerbebetrieb bei der typischen GdbR
  ○ Einkünfte aus Kapitalvermögen bei der atypischen GdbR

❏ Gewerbesteuer bei der Ausübung einer gewerblichen Tätigkeit.

Es entstehen keine Kosten für die Prüfung und Publizierung des Jahresabschlusses und für den Eintrag in das Handelsregister. Ebenso können Notargebühren vermieden werden.

Als Rechte und Pflichten für die Gesellschafter einer GdbR ergeben sich:

Rechte	Pflichten
○ Es besteht eine gemeinschaftliche **Geschäftsführung** aller Gesellschafter mit entsprechender Zustimmung für jedes Geschäft, soweit der Gesellschaftsvertrag dies nicht anders regelt. Für Gesellschafter, die nicht zur Geschäftsführung zugelassen sind, gibt es ein **Kontrollrecht**.	○ Die **Kapitaleinlage** ist entsprechend dem Vertrag zu leisten, wobei keine Mindesthöhen bestehen.
○ Entsprechend **vertreten** alle Gesellschafter die GdbR, außer es sind Einzelvertretungen oder der Ausschluss von Gesellschaftern von der Vertretung – allerdings mit einem **Widerspruchsrecht** für Einzelgeschäfte – vorgesehen.	○ Es besteht die Pflicht zu einer **Verlustübernahme** zu gleichen Teilen, sofern vertraglich nichts anderes feststeht.
○ Die **Gewinnverteilung** ist entweder vertraglich geregelt oder es erfolgt eine Verteilung zu gleichen Teilen.	○ Es liegt eine gesamtschuldnerische **Haftung** für die Gesellschafter vor, sodass sie unmittelbar, unbeschränkt und solidarisch für die Schulden, wie bei der OHG, zur Verantwortung herangezogen werden können.
○ Die **Übertragung** einer Beteiligung bedarf der Zustimmung aller Gesellschafter, soweit der Vertrag nichts anderes besagt.	
○ Die **Kündigung** der Gesellschafter kann zu jedem Zeitpunkt erfolgen. Ist die GdbR für eine abgegrenzte Zeitdauer gegründet, kann die Kündigung nur aus wichtigem Grund erfolgen.	

1.1.6 Gesellschaft mit beschränkter Haftung

Im Gegensatz zu den bisher behandelten nicht emissionsfähigen Personengesellschaften ist die GmbH eine **Kapitalgesellschaft**, deren rechtliche Grundlage das GmbHG ist. Als Handelsgesellschaft besitzt die GmbH eine eigene Rechtspersönlichkeit und ein festes Nominalkapital, das als Stammkapital durch die Stammeinlagen der Gesellschafter gebildet wird.

Der Gesetzgeber führt Ende 2008 mit der **haftungsbeschränkten Unternehmergesellschaft (UG)** eine GmbH-Variante ein, die Unternehmensgründungen erleichtern soll. Bei ihr reicht zunächst die Einlage von einem Euro aus – siehe ausführlich MiniLex S. 205 ff.

Gesellschafter der GmbH können natürliche oder auch juristische Personen sein, wobei bei der Errichtung der GmbH ein oder mehrere Gesellschafter mitwirken müssen. Die **Rechtsfähigkeit** der GmbH bringt mit sich, dass die GmbH:

❏ Vermögen haben und erben kann.
❏ In eigenem Namen klagen oder verklagt werden kann.
❏ Als juristische Person für ihre Handlungsfähigkeit Organe benötigt, die sind:

Gesellschafterversammlung	Sie setzt sich aus den Gesellschaftern der GmbH zusammen und gibt diesen die Möglichkeit, ihre Rechte geltend zu machen.
Aufsichtsrat	Er überwacht die Geschäftsführer und muss bei Unternehmen mit mehr als 500 Arbeitnehmern vorhanden sein.
Geschäftsführer	Er oder sie vertreten die GmbH nach außen hin und leiten im Innenverhältnis das Unternehmen. Ihre Benennung erfolgt durch die Gesellschafterversammlung oder gesellschaftsvertragliche Vorgaben, wobei sie nicht Gesellschafter der GmbH sein müssen.

Kapitalkosten der GmbH sind:

❏ Notariatsgebühren für die Beurkundungen
❏ Kosten der Eintragungen und Löschungen beim Registergericht
❏ Kosten der Veröffentlichungen
❏ Kosten für das Abhalten der Gesellschafterversammlungen
❏ Kosten der Gewinnausschüttung, die sich aus dem Reingewinn ableiten:

Rein-gewinn {
Vorläufiger Jahresüberschuss
– Geschäftsführertantieme
– Aufsichtsratstantieme
} **Jahresüberschuss**
+ Gewinnvortrag aus dem Vorjahr
– Verlustvortrag aus dem Vorjahr
– Einstellung in die Rücklagen

❏ Kosten der Körperschaftsteuer, Einkommensteuer, Kapitalertrag- und Gewerbesteuer.

❑ Kosten der Publizität und Prüfung des Jahresabschlusses, sofern bestimmte Mindestgrößen (Bilanzsumme, Umsatz oder Mitarbeiteranzahl) übertroffen werden.

Als Rechte und Pflichten für die Gesellschafter einer GmbH ergeben sich:

Rechte	Pflichten
○ Die Gesellschafter besitzen Mitbestimmung bei: - Feststellung von Jahresbilanz und Reingewinn - Einforderung von Stammeinlagenzahlungen - Rückzahlung von Nachschüssen - Teilung oder Einziehung von Geschäftsanteilen - Bestellung, Abberufung und Entlastung von Geschäftsführern - Prüfung und Überwachung der Geschäftsführer - Bestellung von Prokuristen und Handelsbevollmächtigten - Vertretung der GmbH in Prozessen. ○ Alle Gesellschafter der GmbH haben ein **Auskunftsrecht**, das jeder Zeit besteht und auch die Einsichtnahme in Bücher und Schriftverkehr der Gesellschaft beinhaltet. ○ Die **Verteilung** des Reingewinns erfolgt nach Geschäftsanteilen oder ist vertraglich geregelt. ○ Die **Übertragung** von Anteilen ist notariell oder gerichtlich möglich, soweit der Vertrag nichts zusätzliches, wie z. B. die Zustimmung der Gesellschafter, verlangt. ○ Die Gesellschafter haben das Recht auf einen Anteil am **Liquidationserlös**.	○ Die **Stammeinlage** der Gesellschafter ist fristgerecht zu leisten, wobei eine Mindesthöhe von 100 € besteht und der Wert der Stammeinlage durch 50 € teilbar sein muss. Die Stammeinlage kann zunächst nur zum Teil eingezahlt sein und ist entsprechend später nachzuzahlen, was wiederum der Gesellschaftsvertrag oder die Gesellschafterversammlung regelt. Es gilt: - Gründen **mehrere Gesellschafter** die GmbH, ist vor Eintragung in das Handelsregister die Hälfte des Mindeststammkapitals einzuzahlen. - Bei einer »**Ein-Mann-GmbH**«, die als solche gegründet wurde oder sich in Verlauf der Zeit dazu entwickelt hat, muss der Gesellschafter für mögliche Differenzen zur vollen Einlage mit Sicherheiten haften. ○ Die **Erhöhung der Stammeinlage** wird mit einer 3/4-Mehrheit durch die Gesellschafter beschlossen. ○ Die **Haftung** der Gesellschafter ist auf die Stammeinlage beschränkt, wenn ein Handelsregistereintrag vorliegt. ○ Gesellschafter unterliegen einem **Wettbewerbsverbot**, soweit der Vertrag dies nicht anders regelt.

Zeigen Sie die wichtigsten Unterschiede zwischen den Personengesellschaften OHG und KG sowie der GmbH als einer Kapitalgesellschaft auf! Verwenden Sie hierzu als Vergleichskriterien:

❑ Geschäftsführung/Vertretung
❑ Kapitalzuführung
❑ Gewinnverteilung
❑ Haftung
❑ Organe

Seite 198

1.2 Emissionsfähige Unternehmen

Die Emissionsfähigkeit bringt nach *Perridon / Steiner* im Gegensatz zu den nicht emissionsfähigen Unternehmen folgende **Vorteile**:

❏ Dem Unternehmen fließt in höherem und leichterem Maße Eigenkapital zu.

❏ Das Eigenkapital kann in viele Teilbeträge aufgeteilt werden, wodurch sich Kapitalgeber bereits mit kleineren Beträgen an den Unternehmen beteiligen können. Zudem entsteht der Effekt der Risikostreuung bzw. Risikoteilung.

❏ Für Aktien bestehen organisierte Märkte, die höchste Fungibilität garantieren.

❏ Die Kapitalgeber haben zumeist kein Interesse an der Geschäftsführung, sondern vornehmlich an einer entsprechenden Rentabilität des eingesetzten Kapitals.

❏ Das Aktiengesetz gibt sichere Rahmenbedingungen für die Ausgestaltung der Gesellschaftsverträge vor.

In Deutschland können folgende Rechtsformen den Zugang zum organisierten Kapitalmarkt zur Beschaffung von Eigenkapital nutzen:

* **Aktiengesellschaft**
* **Kommanditgesellschaft auf Aktien**.

1.2.1 Aktiengesellschaft

Die AG ist eine Handelsgesellschaft und besitzt eine eigene Rechtspersönlichkeit. Am festen Nominalkapital, das **Grundkapital** oder **gezeichnetes Kapital** heißt, sind Gesellschafter als Aktionäre mit in Aktien zerlegten Kapitaleinlagen beteiligt.

Rechtliche Grundlage ist das AktG, das ein Grundkapital von mindestens 50.000 € und einen Mindestnennbetrag von 1 € je Aktie vorschreibt. Höhere Nennwerte der Aktien sind zulässig. Anderenfalls können **Stückaktien** bestehen, die einen Anteil am Grundkapital verkörpern, indem es durch die Anzahl der ausgegebenen Aktien dividiert wird.

An der Gründung bzw. an der Feststellung der Satzung müssen eine oder mehrere Personen mit gleichzeitiger Aktienübernahme teilnehmen. Der **Firmenname** muss den Zusatz »Aktiengesellschaft« oder »AG« enthalten.

Organe der Aktiengesellschaft sind:

❏ Nach §§ 118 - 147 AktG ist oberstes Organ der AG die **Hauptversammlung**, in der die Aktionäre ihre Rechte geltend machen können.

❑ Nach §§ 95 - 116 AktG hat der **Aufsichtsrat** die Aufgabe, den Vorstand der AG zu bestellen, zu überwachen und abzuberufen, wobei ein Einsichtsrecht in die Bücher und die Unterlagen der AG besteht. Die Anzahl der Aufsichtsratsmandate beträgt mindestens drei, kann aber auch durch die Satzung entsprechend bestimmt werden, z. B.:

○ 9 Aufsichtsratsmitglieder bei einem Grundkapital bis 1,5 Mill. €
○ 15 Aufsichtsratsmitglieder bei einem Grundkapital von 1,5 bis 10 Mill. €
○ 21 Aufsichtsratsmitglieder bei einem Grundkapital über 10 Mill. €

Bei einer AG mit über 500 bis 2.000 Arbeitnehmern wählt die Belegschaft ein Drittel der Aufsichtsratsmitglieder, bei über 2.000 Arbeitnehmern die Hälfte, wobei bei Stimmengleichheit die Stimme des Aufsichtsratsvorsitzenden entscheidet.

❑ Nach §§ 76 - 94 AktG leitet der **Vorstand** der AG in eigener Verantwortung das Unternehmen. Er kann aus einer oder mehreren natürlichen Personen bestehen. Ab einem Grundkapital von über 3 Mill. € müssen mindestens zwei Vorstände bestellt werden.

Kapitalkosten der Aktiengesellschaft sind:

❑ Notariatsgebühren für die Beurkundungen
❑ Kosten der Eintragungen und Löschungen beim Registergericht
❑ Kosten der Veröffentlichungen
❑ Kosten für das Abhalten der Hauptversammlung
❑ Kosten der Aktienemission, wie Druckkosten und Provisionen
❑ Kosten der Gewinnausschüttung und des Vorgangs der Dividendenzahlung
❑ Kosten der Kurssicherung, i.V.m. der Marktpflege der Aktie z. B. durch Banken
❑ Kosten der Publizität und Prüfung des Jahresabschlusses
❑ Kosten der Körperschaftsteuer, Gewerbesteuer.

Als Rechte und Pflichten ergeben sich für die Aktionäre einer Aktiengesellschaft:

Rechte	Pflichten
○ Sie besitzen **Mitbestimmung** bei: - Verwendung des Bilanzgewinns - Bestellung der Aufsichtsratsmitglieder - Entlastung des Vorstands und des Aufsichtsrats - Bestellung der Abschlussprüfer - Satzungsänderung - Kapitalerhöhung bzw. Kapitalherabsetzung - Bestellung von Prüfern bei Vorgängen der Gründung oder Geschäftsführung - Auflösung der Gesellschaft.	○ Bei **Gründung** müssen Aktionäre ihre Einlage leisten, wobei im Falle einer Bargründung 25 % des geringsten Ausgabebetrages der Aktien sowie ein Agio voll einzuzahlen sind. Dabei gilt: - Das Agio wird in die Kapitalrücklage gestellt. - Gründungskosten sind im Verlustvortrag zu verbuchen. - Sacheinlagen müssen voll eingebracht werden.

○ Alle Aktionäre haben ein **Auskunftsrecht**, das in der Hauptversammlung vom Vorstand mit gewissen Ausnahmen (§ 131 AktG) eingefordert werden kann.

○ Die Aktionäre haben einen Anspruch auf den **Bilanzgewinn**, soweit dieser nicht von der Verteilung an die Aktionäre, z. B. aufgrund einer Gewinnrückstellung, ausgeschlossen ist.

○ Die Aktionäre haben einen Anspruch auf den **Bezug** neuer Aktien bei Kapitalerhöhungen.

○ Die **Übertragung** von Aktien ist durch Kauf oder Verkauf an der Börse möglich.

○ Die Aktionäre haben das Recht auf einen Anteil am **Liquidationserlös.**

○ Die **Haftung** der Aktionäre ist auf den effektiven oder bei der Stückaktie fiktiven Nennbetrag der Aktie beschränkt, wenn ein Handelsregistereintrag vorliegt. Liegt noch kein solcher Eintrag vor, haften die Aktionäre unbeschränkt und solidarisch.

Im Folgenden soll unterschieden werden:

1.2.1.1 Aktien

Die Gesellschafter der Aktiengesellschaft sind als Aktionäre mit in **Aktien** zerlegten Kapitaleinlagen beteiligt. Dabei handelt es sich um Wertpapiere, die Rechte an einer Mitgliedschaft in einem Unternehmen verbriefen. Solche Rechte sind das Stimmrecht, Dividendenrecht, Bezugsrecht und Anteilsrecht am Liquidationserlös.

Aktien bestehen, wie z. B. auch festverzinsliche Wertpapiere, aus zwei Teilen:

❑ Dem **Mantel** als eigentlicher Wertpapierurkunde, die Anteilsrechte verbrieft.

❑ Dem **Bogen**, der enthält:

Kupons	Dies sind durchnummerierte Dividendenscheine, die vom Bogen im Falle einer Dividendenauszahlung oder einer Ausgabe neuer Aktien abgetrennt und eingelöst werden.
Erneuerungs-schein	Er wird auch Talon genannt und stellt den letzten Abschnitt des Bogens dar. Er wird zur Beschaffung eines neuen Bogens verwandt.

Aktien sind **fungible**, d. h. handelbare, marktgängige **Wertpapiere**. Ihr Handel ist organisiert und kann an der Effektenbörse als Präsenzhandel oder Computerhandel zu den Handelszeiten oder außerbörslich auch vor und nach den Handelszeiten via Telefon und Computer abgewickelt werden.

An der Börse bestehen für den Handel dieser Wertpapier verschiedene **Segmente**, die unterschiedlich hohe Anforderungen für die Zulassung einer Aktie zum Handel stellen, wie sie auf S. 150 näher ausgeführt sind:

❑ Amtlicher Markt, Geregelter Markt, Freiverkehr.

Solche Anforderungen beziehen sich vor allem auf die Hergabe von Informationen, verschiedene Mindestemissionsvolumina und Streuungsvorschriften sowie die Stellung eines Emissionsbegleiters, zumeist einem Kreditinstitut.

1.2.1.2 Aktienarten

Es gibt verschiedene Arten von Aktien. Sie lassen sich systematisieren:

❑ **Nach unterschiedlichen Wertbezeichnungen**

Nennwert-aktien	Hier lauten Aktien auf einen Nennwert, der mindestens 1 € oder ein Vielfaches davon betragen muss.
Quotenaktien	Dies sind Aktien, die im angelsächsischen Raum verbreitet sind und einen bestimmten prozentualen Bruchteil des Grundkapitals verkörpern. In Deutschland sind sie nicht erlaubt.
Nennwertlose Stückaktien	Mit der Umstellung auf den Euro können nennwertlose Stückaktien ausgegeben werden. Ihr »fiktiver Nennwert« errechnet sich aus dem Verhältnis des Grundkapitals und der Anzahl der ausgegebenen Aktien und muss mindestens 1 € betragen.

❑ **Nach unterschiedlichen Übertragungsmöglichkeiten**

Inhaberaktien	Der Inhaber der Aktie ist auch Berechtigter, da sie keinen Namen eines Berechtigten tragen. Die Übertragung erfolgt durch ○ Einigung und Übergabe. **Voraussetzung** für die Ausgabe von Inhaberaktien ist, dass der Aktien-Nennbetrag voll einbezahlt wurde.
Namensaktien	Sie tragen den Namen eines berechtigten Aktionärs. Dieser ist im Aktienregister der Gesellschaft eingetragen. Da Namensaktien **Orderpapiere** sind, erfolgt die Übertragung durch: ○ Einigung, Indossament und Übergabe. Die **Übertragung** ist der AG zur Umschreibung im Aktienregister anzuzeigen, da nur eingetragene Berechtigte als Aktionäre gelten.

	Einige Unternehmen wandelten vorhandene Inhaberaktien in Namensaktien um. Gründe sind die weltweite Handelbarkeit, die besser Aktionärsprache sowie die Kenntnis der Aktionärszusammensetzung.
Vinkulierte Namensaktien	Sie haben gegenüber den Namensaktien noch eine weitere Übertragungsbeschränkung. Dies ist eine **Zustimmungspflicht** der Gesellschaft beim Aktienübergang. Verschiebungen der Beteiligungsverhältnisse können so verhindert werden.

❏ **Nach unterschiedlichen Eigentümerrechten**

Stammaktien	Sie haben die größte Verbreitung in Deutschland und verkörpern die **Gleichberechtigung** für alle Aktionäre hinsichtlich: ○ Stimmrecht ○ Liquidationserlös ○ Recht an einer ○ Bezugsrecht bei gleich hohen Dividende Kapitalerhöhungen
Vorzugsaktien	Den Aktionären wird ein **Sonderrecht** eingeräumt bei: ○ Der Dividende (stimmrechtslose Vorzugsaktie) ○ Dem Stimmrecht (in Ausnahmefällen erlaubt, z. B. Mehrstimmrechtsaktien) ○ Dem Liquidationserlös (vorrangige Befriedigung). Die verbreitetste Form ist die **stimmrechtslose Vorzugsaktie**, die dem Berechtigten eine höhere Dividende als den Stammaktionären einräumt, gleichzeitig aber die Stimmrechte beschränkt.

❏ **Nach unterschiedlichen Ausgabezeitpunkten** gibt es alte Aktien, die schon vor einer Kapitalerhöhung im Umlauf befindlich sind, und junge Aktien oder neue Aktien, die zum Zeitpunkt einer Kapitalerhöhung ausgegeben werden. Die jungen Aktien werden zu alten Aktien, wenn sie diesen in allen Rechten, z. B. volle Dividendenberechtigung, gleichgestellt sind.

Füllen Sie die unten stehende Tabelle mit den jeweiligen Aktienarten aus:

Kriterium	Art der Aktien	
Unterschiedliche Wertbezeichnung		
Unterschiedliche Übertragungsmöglichkeiten		
Unterschiedliche Eigentümerrechte		
Unterschiedlicher Ausgabezeitpunkt		

Zeigen Sie weiterhin Unterschiede auf zwischen:

❏ Inhaberaktien, Namensaktien und vinkulierten Namensaktien
❏ Stammaktien und Vorzugsaktien
❏ Nennwertaktien, Quotenaktien und Stückaktien

Seite 199

1.2.1.3 Aktienhandel

Der Handel einer Aktie erfolgt an oder außerhalb der Börse, wobei hierdurch ihr Wert ermittelt wird. Es bestehen verschiedene Segmente, in denen der Handel mit Aktien stattfindet:

❑ Der **börsliche Handel** hat zwei mögliche Marktformen:

Kassamarkt	Charakteristisch für den Kassamarkt ist, dass die Börsengeschäfte **sofort erfüllt** werden. Das heißt, dass die Preisfeststellung für eine Wertpapiertransaktion und die Erfüllung derselben zeitlich zusammenfallen (Ausführung innerhalb von zwei Börsentagen).
Terminmarkt	Im Terminmarkt abgeschlossene Geschäfte verschieben den Tag der **Erfüllung** im Gegensatz zum Kassageschäft **in die Zukunft** (mindestens drei Werktage). Es wird ein Vertrag geschlossen, der die Konditionen für den Wertpapierkauf bzw. Wertpapierverkauf in der Zukunft bereits heute festlegt. Für **bedingte Termingeschäfte** erhalten nur ausgewählte Aktien die Zulassung, um in Form von **standardisierten Optionsgeschäften** an der deutschen Terminbörse abgewickelt zu werden.

❑ Der **Kassamarkt** unterscheidet folgende Börsensegmente:

Regulierter Markt	Seit 2007 sind der **Amtliche Markt** und der **Geregelte Markt** als Einteilung der Zulassung aufgehoben und durch die Regelungen des General bzw. Prime Standard (siehe S. 151) ersetzt worden. Die wichtisten Anforderungen an ein Unternehmen sind: ○ Das emittierende Unternehmen muss mindestens drei Jahre bestehen. ○ Der voraussichtliche Kurswert der Aktien muss 1,25 Mio. € überschreiten. ○ Die Emission von Stückaktien muss mindestens eine Anzahl von 10.000 erreichen. ○ Der Streubesitz sollte 25 % der Aktien umfassen. ○ Die Dokumente der Zulassung müssen einem Börsenprospekt entsprechen.
Freiverkehr	In diesem Segment für sehr kleine, junge, unbekannte Unternehmen bestehen die geringsten Zulassungs- und Publizitätsvorschriften. Hier stellen freie Makler die Kurse fest.

Zu Beginn des Jahres 2003 ordnete die *Deutsche Börse AG* die Börsensegmente an der Frankfurter Wertpapierbörse neu und löste die Segmente **Neuer Markt** und **Smax** ab. Der Neue Markt bestand seit 1997 für Unternehmen, die vor allem aus innovationsstarken Wachstumsbranchen stammten. Er strebte hohe, an internationalen Standards ausgerichtete Zulassungs- und Transparenznormen an. Zudem führte er das System eines »Betreuers« ein, dessen Hauptaufgabe die Liquiditätsunterstützung im Handel war. Der Neue Markt und das Qualitätssegment Smax wurden bis Ende 2003 aufgelöst und gingen in den **Prime Standard** über.

Die Neustrukturierung der Deutschen Börse soll den höchsten Europäischen Transparenzstandard erbringen und das Nebeneinander von Märkten und Segmenten sowie öffentlich-rechtlicher und privatrechtlicher Regelungen abschaffen.

Neue Segmente strukturieren den Markt, der als regulatorische Zulassungsvoraussetzungen die gesetzlichen Bestimmungen zum Amtlichen Handel und Geregelten Markt beibehält. Das sind:

❏ Der **General Standard**, bei dem Mindestanforderungen gelten, die sich an nationalen gesetzlichen Regeln orientieren und damit allgemein verpflichtend für alle Emittenten an der Frankfurter Wertpapierbörse sind. Der General Standard soll sich aufgrund seiner günstigen Kosten als Marktsegment für kleine und mittlere Unternehmen eignen sowie vor allem nationale Investoren anziehen. Gesetzliche **Mindestanforderungen** sind Jahres- und Halbjahresbericht sowie Ad-hoc-Mitteilungen in deutscher Sprache.

❏ Der **Prime Standard**, bei dem weitaus höhere Transparenzanforderungen gestellt werden, z. B. standardisierte Quartalsberichte, Abschlüsse nach internationalen Rechnungslegungsstandards, Unternehmenskalender, jährliche Analystenkonferenz, englischsprachige Ad-hoc-Mitteilungen sowie Berichterstattung. Dieses Segment will z. B. durch die Umstellung auf internationale Rechnungslegung der **Internationalisierung** der aktiennotierten Unternehmen und der Investoren entsprechen. Durch den Prime Standard kommt es zu einem **Indexkonzept**, das einen pyramidenähnlichen Aufbau aufweist, wobei das Spitzensegment der DAX ist. Die Einteilungskriterien der Indizes sind die Unternehmensgröße und der Branchenbezug:

DAX	Als Deutscher Aktienindex bildet er die 30 größten deutschen Unternehmen ab.
MDAX	Als Midcap-DAX umfasst er nach dem DAX die 50 nächst größten Unternehmenswerte, die aus klassischen Branchenbereichen stammen.
SDAX	Er schließt sich als Smallcap-DAX direkt dem MDAX an und fasst die dem MDAX folgenden 50 nächst größten Unternehmen zusammen. Auch hier stammen die Unternehmen aus klassischen Branchen.
TecDAX	Als Technology-DAX bildet er die 30 größten Unternehmen aus der Technologiebranche ab und steht damit parallel zum MDAX als Nachfolger des ehemaligen Index des Neuen Marktes NEMAX 50.

Hinzu kommen **All-Share-Indizes** (z. B. der Prime-All-Share-Index oder auch der CDAX, der als Composite-DAX alle deutschen Werte gesamthaft erfasst), **Benchmark-Indizes** (z. B. Classic-All-Share-Index und Technology-All-Share-Index, die alle Unternehmen unterhalb des DAX abbilden) und 18 **Branchenindizes**.

❏ Der **Entry Standard**, der sich als Open Market an den Regeln des Freiverkehrs orientiert und einen schnellen und kostengünstigen Marktzugang ermöglichen soll, wobei niedrigste formelle Vorschriften gelten.

❏ Der Handel wird in verschiedenen Formen durchgeführt:

Parkett-handel	Hier stellen Makler und zum Börsenhandel zugelassene Personen vor Ort während der Handelszeiten (9:00 - 20:00 Uhr) Kurse für die jeweils notierten Wertpapiere.
	Diese traditionelle Handelsform konzentriert sich inzwischen vor allem auf Nebenwerte.
Computer-handel	Diese Handelsform (9:00 - 17:30 Uhr) dominiert den Börsenhandel. **Xetra** (= Exchange Electronic Trading) ist das elektronische Wertpapierhandelssystem der Deutschen Börse. Aus einem zentralen Orderbuch können on-line Kurse abgerufen, Aufträge erteilt und noch nicht ausgeführte Aufträge eingesehen werden.

1.2.1.4 Aktienkurs

Der Aktienkurs ergibt sich aus dem Handel in den verschiedenen Marktsegmenten als **Börsenkurs**. Er spiegelt den Ankaufswert und Verkaufswert einer Aktie an einem Börsentag wider und ist in seiner Höhe generell abhängig vom Angebot- und Nachfrageverhalten der Marktteilnehmer.

Einflussfaktoren für dieses Verhalten können sein:

❏ Anbieter und Nachfrager errechnen den **inneren Wert** einer Aktie über die Instrumente der Fundamentalanalyse, um die Kaufwürdigkeit einer Aktie zu bewerten. Die Chartanalyse versucht dies auf grafischem Wege.

❏ Neben wirtschaftlichen Überlegungen beeinflussen aber auch stark **psychologische Faktoren** die Marktteilnehmer. Gerüchte, Stimmungen und Ängste bestimmen dann spekulative Verhaltensweisen.

❏ Die **gesamtwirtschaftliche Lage** im nationalen wie im internationalen Bereich und ihre voraussichtliche Entwicklung beeinflusst das Verhalten der Börsenteilnehmer.

❏ Die **geld-, kredit-** und vor allem **die zinspolitischen Maßnahmen** der Zentralbank haben starken Einfluss auf den Börsenmarkt. Insbesondere bei Zinserhöhungen sind nachlassende Aktienkurse und ein Umschwenken der Anlegerschaft in Anleihen denkbar.

❏ Einflüsse der **Politik**, insbesondere durch wirtschaftspolitische Entscheidungen und die Finanzpolitik, nehmen im nationalen und internationalen Ausmaß Einfluss auf das Verhalten der Börsenteilnehmer.

Folgende Börsenkurse sind von Bedeutung:

❑ Der **Eröffnungs-** bzw. **Schlusskurs** ist der erste bzw. letzte verfügbare Kurs eines Handelstages. Beide Kurse werden im Parkett wie auch in Xetra festgestellt. In ihrer Bedeutung haben sie gegenüber dem Kassakurs zugenommen, was auf die Erweiterung der Handelszeiten und den Computerhandel zurückzuführen ist.

❑ Der **variable Kurs** kommt zum Beispiel durch fortlaufende Notierungen im Xetra-Handel zu Stande. Welche Mindestvolumina bei Kauf- und Verkaufsaufträgen vorliegen müssen, um im variablen Handel berücksichtigt zu werden, ist an den Börsenplätzen und Börsenmärkten unterschiedlich geregelt.

❑ Der **Kassakurs** gibt den Marktwert einer Aktie zu einem bestimmten Zeitpunkt im börsentäglichen Handel an. Er wurde in der Vergangenheit als **Einheitskurs** von amtlichen Maklern nach dem Meistausführungsprinzip festgestellt.

Dieses Prinzip der Kursfeststellung findet heute noch im Präsenzhandel und in den Auktionen in Xetra statt, die den fortlaufenden Handel unterbrechen. In der Regel ist nach dem **Meistausführungsprinzip** der Kurs festzusetzen, bei dem die größten Umsätze zu Stande kommen.

Beispiel:

Kaufaufträge	Limit	Verkaufsaufträge	Limit
40 Stück	billigst	30 Stück	bestens
20 Stück	124 €	50 Stück	124 €
60 Stück	125 €	40 Stück	125 €
50 Stück	126 €	20 Stück	127 €

»Limit« ist der Kurs, zu dem gekauft oder verkauft werden soll. »Billigst« gilt als die Kauforder eines Marktteilnehmers, der eine Aktie zu jedem Preis kaufen möchte. »Bestens« ist der entsprechende Verkaufsauftrag.

Der Makler bzw. das Xetra-System stellen die Kauf- und Verkaufsaufträge gegenüber und ermitteln den Aktienkurs, bei dem der größte Umsatz möglich wird:

Kurs	Käufe Stück	Verkäufe Stück	Umsatz Stück
124 €	170	80	80
125 €	*150*	*120*	*120*
126 €	90	120	90
127 €	40	140	40

– Zum Kurs von 124 € könnten alle Kaufaufträge, also 170 Stück, ausgeführt werden. Bei einem Kurs von 125 € fallen dann aber die auf 124 € limitierten Kaufaufträge heraus.

– Bei den Verkäufen würden zu einem Kurs von 124 € die unlimitierten (»bestens«) Verkaufsorder und die auf 124 € limitierten Verkaufsaufträge ausgeführt werden können. Dieser Umsatz würde 80 Stück betragen.

– Der **Kassakurs** wird **beim größten Umsatz** mit 120 Stück und einem Kurs von 125 € festgesetzt. Bei diesem Kurs bleiben nur 20 Stück der Verkaufsaufträge und 30 Stück der Kaufaufträge mit einem Limit unerfüllt.

Aus der stärkeren Nachfrage zum festgestellten Kurs wird ein **Kurszusatz** »bG« an den Kurs zur Information hinzugefügt. Das Kürzel »bG« heißt »bezahlt Geld« und drückt aus, dass zum festgestellten Kurs die limitierten Kaufaufträge nicht vollständig ausgeführt werden konnten.

Bedingungen für die Ermittlung sind:

– Zu diesem Kurs muss der größte Absatz möglich sein.

– Alle Bestens- und Billigst-Aufträge müssen ausgeführt werden können.

– Alle über den Kurs limitierten Kaufaufträge und alle unter den Kurs limitierten Verkaufsaufträge müssen ausgeführt werden können.

– Die zum festgestellten Kurs limitierten Kauf- und Verkaufsaufträge müssen wenigstens teilweise ausgeführt werden.

Folgende Kaufaufträge und Verkaufsaufträge liegen vor. Ermitteln Sie den Einheitskurs:			
Kaufaufträge	Kurs	Verkaufsaufträge	Kurs
100 Stück	billigst	120 Stück	bestens
220 Stück	224 €	80 Stück	220 €
260 Stück	223 €	200 Stück	222 €
200 Stück	222 €	340 Stück	223 €
350 Stück	221 €	550 Stück	224 €
400 Stück	220 €		

Seite 199

Die angegebenen Kurse werden im amtlichen **Kursblatt** veröffentlicht. Hier sind dann auch, wie oben im Beispiel, unterschiedliche

– Kurszusätze
– Hinweise

als Kurzzeichen hinzugefügt, welche die Marktentwicklung und Marktsituation verdeutlichen.

Kurszusätze sind z. B.:

b oder Kurs ohne Zusatz	bezahlt	Alle Aufträge sind ausgeführt.
bG	bezahlt Geld	Die zum festgestellten Kurs limitierten Kaufaufträge müssen nicht vollständig ausgeführt sein. Es bestand weitere Nachfrage.
bB	bezahlt Brief	Die zum festgestellten Kurs limitierten Verkaufsaufträge müssen nicht vollständig ausgeführt sein. Es bestand weiteres Angebot.
ebG	etwas bezahlt Geld	Die zum festgestellten Kurs limitierten Kaufaufträge konnten nur zu einem geringen Teil ausgeführt werden.
ebB	etwas bezahlt Brief	Die zum festgestellten Kurs limitierten Verkaufsaufträge konnten nur zu einem geringen Teil ausgeführt werden.
ratG	rationiert Geld	Die zum Kurs und darüber limitierten sowie unlimitierten Kaufaufträge konnten nur beschränkt ausgeführt werden.
ratB	rationiert Brief	Die zum Kurs und niedriger limitierten sowie unlimitierten Verkaufsaufträge konnten nur beschränkt ausgeführt werden.
*	Sternchen	Kleine Beträge konnten nicht gehandelt werden.

Hinweise sind z. B.:

G	Geld	Zu diesem Preis bestand nur Nachfrage.
B	Brief	Zu diesem Preis bestand nur Angebot.
-	gestrichen	Ein Kurs konnte nicht festgestellt werden.
- G	gestrichen Geld	Ein Kurs konnte nicht festgestellt werden, da überwiegend Nachfrage bestand.
- B	gestrichen Brief	Ein Kurs konnte nicht festgestellt werden, da überwiegend Angebot bestand.
- T	gestrichen Taxe	Ein Kurs konnte nicht festgestellt werden. Der Preis ist geschätzt.
exD	ohne Dividende	Notierung am Tag des Abschlags der Dividende.
exBR	ohne Bezugsrecht	Notierung am Tag des Abschlags eines Bezugsrechts.
exBA	ohne Berechtigungsaktien	Erste Notiz nach Umstellung des Kurses auf das aus Gesellschaftsmitteln berechtigte Aktienkapital.
- Z	gestrichen Ziehung	Die Notierung ist an den beiden dem Auslosungstag vorangehenden Börsentagen ausgesetzt.
exZ	ausgenommen Ziehung	Der notierte Kurs versteht sich für die nicht ausgelosten Stücke (Der Hinweis ist nur am Auslosungstag zu verwenden).

1.2.2 Kommanditgesellschaft auf Aktien

Die KGaA ist in den §§ 278 - 290 AktG geregelt und stellt eine Sonderform der Aktiengesellschaft dar. Sie hat in Anlehnung an die Kommanditgesellschaft mindestens einen Gesellschafter, der als Komplementär unbeschränkt haftet.

Der eingezahlte Kapitalanteil eines Komplementärs ist gesondert vom Grundkapital der Kommanditaktionäre auszuweisen, das im Gegensatz zum variablen Eigenkapitalanteil des Komplementärs ein konstantes Eigenkapital darstellt. Allerdings hat der Komplementär keine ausdrückliche Verpflichtung, sich mit einer Einlage an den Aktien der KGaA zu beteiligen.

Die Aktien der KGaA weisen gegenüber den Kommanditanteilen einer KG eine höhere Fungibilität auf, soweit sie an der Börse zugelassen ist. Allerdings sind die Rechte der Kommanditaktionäre stark eingeschränkt gegenüber den Rechten der Aktionäre einer AG.

Beispielhaft lässt sich anführen, dass die Beschlüsse, welche die Feststellung des Jahresabschlusses oder Angelegenheiten des Komplementärs betreffen, in der Hauptversammlung der Zustimmung des persönlich haftenden Gesellschafters bedürfen.

Kommanditaktionäre sind lediglich selbstständig befugt, einen Prüfer für den Jahresabschluss zu bestimmen.

Diese Gesellschaftsform wird vor allem von großen Familienunternehmen bevorzugt, die noch patriarchisch geführt werden oder eine persönliche Haftung der Komplementäre als Besonderheit haben möchten.

2. Anlässe

Als Einblick in die Beteiligungsfinanzierung sollen folgende Anlässe herangezogen werden:

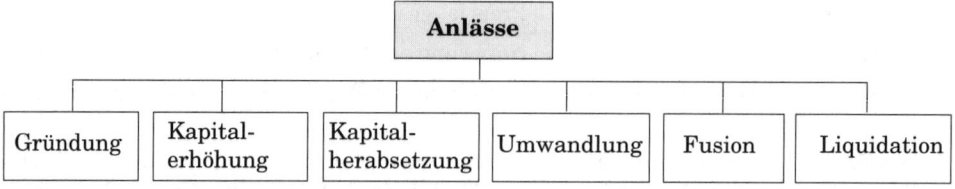

2.1 Gründung

Für die Gründung eines Unternehmens müssen unternommen werden:

❑ **Rechtliche Schritte**, die sich vom Entschluss zur Gründung bis hin zur gegebenenfalls notwendigen Eintragung in das Handelsregister erstrecken können.

❑ **Betriebswirtschaftliche Schritte**, die eine Errichtung der Geschäftstätigkeit in Form eines technisch-organisatorischen Geschäftsablaufes darstellen.

Die Gründung eines Unternehmens kann vollzogen werden als:

❑ **Bargründung**, wofür Eigenkapital ausschließlich in Geldform eingebracht wird.

❑ **Sachgründung**, durch Eigenkapital nur in Form von Vermögenswerten.

❑ **Mischgründung**, bei der sowohl Geldwerte als auch Sachwerte eingebracht werden.

Bei den verschiedenen Rechtsformen der Unternehmen gibt es unterschiedliche Gründungsvorgänge. Es sollen betrachtet werden:

❑ **Personengesellschaften**

OHG	○ Im **Innenverhältnis** ist zwischen mindestens zwei Gesellschaftern ein Gesellschaftsvertrag abzuschließen, für den keine Formvorschriften bestehen.
	○ Im **Außenverhältnis** entsteht die OHG durch die Aufnahme der Geschäftstätigkeit oder durch den Eintrag in das Handelsregister. Einträge sind Daten zu den Gesellschaftern, des Unternehmens und des Gründungszeitpunktes.
KG	○ Im **Innenverhältnis** ist ebenso ein Gesellschaftsvertrag die Grundlage, worin die beschränkte Haftung der Kommanditisten besonders darzulegen ist.
	○ Im **Außenverhältnis** hat sich die KG in das Handelsregister eintragen zu lassen, damit die Teilhaftung der Kommanditisten wirkt. Einträge sind Daten zu den Gesellschaftern, des Unternehmens, des Gründungszeitpunktes und den Kommanditeinlagen.
Stille Gesellschaft	Hier ist ein Gesellschaftsvertrag abzuschließen, wobei keine besonderen Formvorschriften bestehen.
GdbR	Für die GdbR gilt dies ebenso, allerdings kann sich die Gesellschaft schon aufgrund eines gemeinsamen konkludenten Handelns ergeben.

❑ Die **Gesellschaft mit beschränkter Haftung**, deren Gründung durch einen oder mehrere Gesellschafter in Form eines Gesellschaftsvertrages notariell zu beurkunden ist, wobei sich die Gesellschafter verpflichten, jeweils eine **Stammeinlage** bereitzustellen, deren Höhe unterschiedlich sein kann.

Für einen **Handelsregistereintrag** müssen mindestens 25 % jeder Stammeinlage und in Summe mindestens die Hälfte des Mindeststammkapitals von den
Gesellschaftern eingezahlt worden sein.

Zu beachten ist hier die neue GmbH-Variante der haftungsbeschränkten Unternehmergesellschaft (UG) vgl. S. 143 und MiniLex S. 227.

❑ Die **Aktiengesellschaft**, für die das AktG detaillierte Angaben zum Ablauf einer
Gründung enthält. §§ 23 - 53 AktG sehen folgende **Phasen** vor:

○ **Feststellung der Satzung** mit den Unternehmensangaben, der Grundkapitalhö-
he, den Aktienarten, der Aktienanzahl sowie unter Umständen dem Nennbetrag
der Aktien. Dies ist notariell zu beurkunden.

○ **Übernahme der Aktien** mit einer Einzahlungsverpflichtung der Gründer.

○ **Bestellung der Organe**, wobei die Gründer Aufsichtsrat und Abschlussprüfer
für das erste Geschäftsjahr bestellen.

○ **Leistung der Einzahlungen**, die mindestens 25 % des Nennbetrages vom Grundkapital erfordert. Wird nicht voll eingezahlt, müssen Namensaktien ausgegeben
werden.

○ **Abgabe eines Gründungsberichtes** durch die Gründer.

○ **Durchführung der Gründungsprüfung** durch den Vorstand und Aufsichtsrat.

○ **Anmeldung zum Handelsregister**, wofür Urkunden der Satzung, der Bestellung von Vorstand und Aufsichtsrat sowie ein Gründungs- und Prüfungsbericht
beizubringen sind. Ebenso nötig werden Genehmigungsurkunden, soweit dies von
Seiten des Staates gefordert wird.

○ **Eintragung ins Handelsregister**, wodurch eine juristische Person entsteht.

2.2 Kapitalerhöhung

Eine Kapitalerhöhung besteht in der Zuführung von Eigenkapital von außerhalb
des Unternehmens, wodurch sich insbesondere bei Kapitalgesellschaften eine struk-
turelle Änderung zu Gunsten des gezeichneten Kapitals ergibt.

Gründe für eine Kapitalerhöhung sind vor allem:

❑ Verbesserung der Liquiditätslage
❑ Kapazitätserweiterung
❑ Erhöhung der Kreditwürdigkeit
❑ Umschuldung
❑ Umwandlung von Rücklagen.

Kapitalerhöhungen erfolgen bei den einzelnen Rechtsformen der Unternehmen auf unterschiedliche Weise:

❏ **Personengesellschaften**

Alte Gesellschafter	Sie können bei Personengesellschaften ihre Einlagen erhöhen. Dabei ist zu berücksichtigen, dass das Kapital möglichst im Verhältnis der bisherigen Anteile zugeführt wird, um die **Verschiebung der Anteile** an den bisher gebildeten Vermögen zu vermeiden, wie dies in der Übung 38 dargestellt wurde.
Neue Gesellschafter	Sofern kein Einzelunternehmen vorliegt, das erhalten bleiben soll, können auch neue Gesellschafter in die Gesellschaft eintreten. Hier ergibt sich ebenso das **Problem der Verschiebung** gegebener Anteile, das jedoch durch die Gestaltung des Gesellschaftervertrages vermieden werden kann, z. B. durch die Regelung, dass neue Kapitalien nur im Verhältnis zu den bisherigen Geschäftsanteilen zugeführt werden dürfen.

Ein Unternehmen hat zwei Gesellschafter mit einem Anteil von 150.000 € und 100.000 €. Sie beschließen aufgrund der Unternehmensexpansion einen neuen Gesellschafter aufzunehmen und gleichzeitig eine Erhöhung des Eigenkapitals mit einer Einlage von 100.000 € durch den neuen Gesellschafter zu erreichen.

Welche Auswirkungen hat dieses Vorgehen auf die bisher gebildeten Reserven? Seite 199

Die Durchführung der Kapitalerhöhung erfordert keine besonderen Formalitäten, soweit vollhaftende Gesellschafter aufgenommen werden. Werden Kommanditisten in einer KG aufgenommen, ist dies im Handelsregister einzutragen.

❏ **Gesellschaft mit beschränkter Haftung**

Alte Gesellschafter	Sind alte Gesellschafter für die Kapitalerhöhung verantwortlich, kann die Gesellschafterversammlung mit einer Drei-Viertel-Mehrheit bei einer bestehenden **Nachschusspflicht** die Einforderungen zusätzlichen Kapitals beschließen. Einem nachträglichen Beschluss zu einer Nachschusspflicht muss die Gesamtheit der Gesellschafter zustimmen.
Neue Gesellschafter	Die Aufnahme neuer Gesellschafter erfordert eine Drei-Viertel-Mehrheit in der Gesellschafterversammlung, wobei obige **Verteilungsprobleme** z. B. durch zusätzliche Agiozahlungen zu den Stammeinlagen der neuen Gesellschaftern zu lösen sind. Dieses Aufgeld ist in die Kapitalrücklage einzustellen.

Änderungen des Stammkapitals sind notariell zu beurkunden.

❏ **Aktiengesellschaft**

Ordentliche Kapitalerhöhung	Sie ist die **Normalform** der Kapitalerhöhung bei einer AG, wobei neue Aktien ausgegeben werden. Gesetzliche Regelungen bestehen in §§ 182 - 191 AktG. **Voraussetzungen** sind: ○ Zustimmung der Drei-Viertel-Mehrheit des vertretenen Grundkapitals. ○ Das bisherige Grundkapital ist voll eingezahlt. ○ Der Vorgang ist beim Handelsregister angemeldet und die Durchführung eingetragen. ○ Bei Stückaktien ist die Anzahl der Aktien im selben Verhältnis wie das Grundkapital zu erhöhen. Besonderheiten der ordentlichen Kapitalerhöhung sind das **Bezugsrecht** der Altaktionäre und die **Emission**, auf die unten noch eingegangen wird.
Bedingte Kapitalerhöhung	Hierfür bestehen gesetzliche Regelungen in §§ 192 - 201 AktG, wobei als Besonderheit der **Ausschluss der Bezugsrechte der bisherigen Aktionäre** hervorzuheben ist. Diese Kapitalerhöhung ist **zweckgebunden** auf die Gewährung von: ○ Umtausch- oder Bezugsrechten auf Aktien bei der Ausgabe von **Wandelschuldverschreibungen**. ○ Umtausch- oder Bezugsrechten bei einer **Fusion**. ○ Bezugsrechten an die Arbeitnehmerschaft für den Erwerb von **Belegschaftsaktien**. Auch hier sind eine Drei-Viertel-Mehrheit und die Eintragungen in das Handelsregister notwendig. Zu beachten ist eine **Obergrenze**, die sich auf die Hälfte des Grundkapitals zum Zeitpunkt der Beschlussfassung bezieht.
Genehmigte Kapitalerhöhung	Als gesetzliche Regelungen bestehen §§ 202 - 206 AktG. Der **Zeitpunkt** der Kapitalerhöhung ist entsprechend der Kapitalmarktlage später **wählbar** (5 Jahre), ohne dass ein Beschluss der Hauptversammlung zu einer Kapitalerhöhung notwendig wird. Es sind eine Drei-Viertel-Mehrheit in der Hauptversammlung und die Eintragungen in das Handelsregister notwendig. Die **Obergrenze** des genehmigten Kapitals beträgt die Hälfte des Grundkapitals zum Zeitpunkt der Beschlussfassung.
Kapitalerhöhung aus Gesellschaftsmitteln	Sie ist im Gegensatz zu dem bisher genannten **keine Zuführung neuer Mittel**. Gesetzliche Regelungen (§§ 207 - 220 AktG) sehen eine Umschichtung von Rücklagen in gezeichnetes Kapital vor. Diese Rücklagen können aus der **Kapitalrücklage** oder der **Gewinnrücklage** stammen. Es werden an die bisherigen Aktionäre – im Verhältnis ihrer Anteile – **Zusatzaktien** oder **Gratisaktien** ausgegeben, wodurch sich keine Änderungen der Vermögensverhältnisse der Aktionäre ergeben. **Voraussetzungen** sind die Drei-Viertel-Mehrheit und die Vorgänge innerhalb des Handelsregisters.

> Wurden **€-Nennwertaktien** angestrebt, konnten die dann nach der Euro-Umstellung gebrochenen Nennwerte durch eine solche Kapitalerhöhung geglättet werden.

Das **Bezugsrecht** besteht bei der ordentlichen Kapitalerhöhung zum Bezug neuer Aktien für Altaktionäre, da sich durch die Ausgabe neuer Aktien die bisherigen Stimmrechtsverhältnisse und insbesondere die bisherigen Vermögensverhältnisse in der Aktiengesellschaft verschieben. Die offenen und stillen Rücklagen verteilen sich nach einer Kapitalerhöhung auf mehrere Anteilseigner.

Faktoren der Bestimmung des Bezugsrechtwertes sind:

Bezugs-verhältnis	Es ergibt sich aus der Relation des bisherigen Grundkapitals zum Erhöhungskapital.
Bezugskurs	Für den Bezugskurs einer neuen Aktie ist die gesetzliche Untergrenze der Nominalwert der Aktie. Er wird durch die AG bestimmt, wobei wirtschaftlich der Nennwert zuzüglich der Emissionskosten mindestens zu erreichen ist, üblicherweise aber noch ein vom Markt abhängiges Agio aufgeschlagen wird, das in die Kapitalrücklage fließt.
	Als **Obergrenze** des Bezugskurses steht der Börsenkurs der alten Aktie, weil sonst der Kauf junger Aktien nicht lohnend erscheint.

Der **rechnerische Wert** des Bezugsrechtes ergibt sich aus der Formel:

$$\text{Bezugsrecht} = \frac{\text{Börsenkurs der alten Aktie} - \text{Bezugskurs der jungen Aktie}}{\text{Bezugsverhältnis} + 1}$$

> ❑ Ein Unternehmen möchte sein gezeichnetes Kapital um 20 % erhöhen. Welches Bezugsverhältnis ergibt sich?
>
> ❑ Errechnen Sie zudem den Wert des Bezugsrechtes, wenn außerdem folgende Daten gegeben sind:
>
> Börsenkurs der alten Aktie: 230,- €; Bezugskurs der neuen Aktie: 200,- €

Seite 199

Bedingt durch den Ausgabetermin kann ein **Dividendennachteil** für die jungen Aktien entstehen, d. h. sie erhalten nicht die volle, auf das ganze Geschäftsjahr bezogene Dividende. Entsprechend würde sich obige Formel ändern:

$$\text{Bezugsrecht} = \frac{\text{Börsenkurs der alten Aktie} - (\text{Bezugskurs der jungen Aktie} + \text{Dividendennachteil})}{\text{Bezugsverhältnis} + 1}$$

Die Daten zur Ausgabe der jungen Aktien aus Übung 43 behalten ihre Gültigkeit.

Als weitere Information steht zur Verfügung, dass die Aktien einen Nennwert von 50 € haben und eine Dividende von 24 % auf die alten Aktien ausgeschüttet wird. Die jungen Aktien haben allerdings nur eine Dividendenberechtigung für zehn Monate des Geschäftsjahres.

Wie hoch ist der rechnerische Wert des Bezugsrechts unter Berücksichtigung des Dividendennachteils?

 Seite 200

Der rechnerische Wert des Bezugsrechtes ist nicht der **tatsächliche Wert** eines Bezugsrechtes. Dieser ergibt sich durch den Handel der Bezugsrechte an der Börse. Hier können Altaktionäre ihre Bezugsrechte verkaufen, wenn sie nicht an der geplanten Kapitalerhöhung teilnehmen wollen. Durch den Verkauf erhalten sie einen Ausgleich des oben angesprochenen Vermögens- und Stimmrechtsverlustes.

Der **Handel** mit Bezugsrechten beginnt zum ersten Tag der Bezugsfrist, dauert zwei bis drei Wochen an und endet zwei Börsentage vor dem Ende der Bezugsfrist.

Die **Emission** ist eine weitere Besonderheit bei der ordentlichen Kapitalerhöhung. Sie stellt die Erstausgabe von Aktien dar und ist in Form der Selbstemission oder der Fremdemission möglich, wie bereits bei der Emission von Anleihen beschrieben wurde – siehe Seite 97.

Schließlich ist die **Börsenzulassung** der Aktien erforderlich, wenn diese an der Börse gehandelt werden sollen. Dazu ist ein Zulassungsantrag für ein bestimmtes Börsensegment zu stellen, was zumeist über den Emissionsbegleiter erfolgt. Ein Emissionsbegleiter ist ein Unternehmen, das sich mit der Platzierung von Neuemissionen als Komissionär oder Eigenhändler befasst, wobei hier insbesondere Kreditinstitute oder Wertpapierdienstleister tätig sind.

Das Zulassungsverfahren dient dem Schutz der Anleger. In einem **Börsenprospekt** werden alle relevanten Daten veröffentlicht, für deren Richtigkeit Haftung der Aktiengesellschafter und des Emissionsbegleiters bestehen. Die Kosten einer Emission können zwischen 7 und 9 % der emittierten Kapitalsumme betragen.

2.3 Kapitalherabsetzung

Die Kapitalherabsetzung bringt für ein Unternehmen die Verminderung des Eigenkapitals. **Gründe** hierfür können Entnahmen der Gesellschafter oder deren Ausscheiden, eine Verminderung des Kapitalbedarfes, eine Sanierung des Unternehmens oder die ehemalige Glättung einer gebrochenen €-Nennwertaktie sein. Die Kapitalherabsetzung erfolgt bei den einzelnen Rechtsformen der Unternehmen auf unterschiedliche Weise:

❑ **Personengesellschaften**

Entnahmen durch Gesellschafter	Bei der **OHG** besteht eine jährliche Entnahmeberechtigung von 4 % der Kapitalanteile, sofern der Gesellschaftsvertrag keine anderen Regelungen vorsieht. Weitere Gewinnentnahmen dürfen nicht zum Schaden der Gesellschaft führen.
	Bei der **KG** sind die **Komplementäre** in ihren Ansprüchen OHG-Gesellschaftern gleichgestellt. **Kommanditisten** haben nur ein Anrecht auf die Auszahlung ihres Gewinnanteils, wenn ihr Kapitalanteil nicht durch Verluste gemindert wurde.
Ausscheiden eines Gesellschafters	Hier ist eine **Auseinandersetzung** notwendig, um den Auszahlungsanteil des ausscheidenden Gesellschafters festzulegen, der oftmals wegen der Vermögensbildung während der Geschäftstätigkeit wesentlich höher sein kann als der nominelle Kapitalbetrag des ausscheidenden Gesellschafters.

❑ **Gesellschaft mit beschränkter Haftung**

Für sie ist das GmbHG bedeutsam, das die Verminderung des Stammkapitals regelt, da hierdurch auch eine **Verringerung der Haftungsmasse** eintritt. So müssen z. B. Gläubiger, die der Kapitalherabsetzung nicht zustimmen, befriedigt oder mit Sicherheiten versehen werden sowie die Tatsache der Kapitalherabsetzung dreimalig bekannt gegeben werden.

❑ **Aktiengesellschaft**

Ordentliche Kapitalherabsetzung	Nach dem Gesetz (§§ 222 - 228 AktG) kann der Nennwert der Aktie vermindert werden durch das **Herunterstempeln** des Nennwertes, z. B. von 50 € auf 5 €, oder es werden mehrere **Aktien zusammengelegt**. Hier ergeben z. B. zwei alte Aktien eine neue Aktie des gleichen Nennwertes.
	Für die ordentliche Kapitalherabsetzung bedarf es einer Drei-Viertel-Mehrheit in der Hauptversammlung und eines Eintrages in das Handelsregister.
Vereinfachte Kapitalherabsetzung	Als Sanierungsmaßnahme wird die in den §§ 229 - 236 AktG geregelte vereinfachte Kapitalherabsetzung als **buchmäßige** oder **reine Sanierung** zum Zwecke des Ausgleichs von Wertminderungen oder Verlusten sowie der Einstellung von Kapital in die Kapitalrücklage durchgeführt.
	So wird in der Bilanz das gezeichnete Kapital um einen Betrag vermindert, der die in der Bilanz ausgewiesenen Verluste abdeckt bzw. die Kapitalrücklage anwachsen lässt.
	Die vereinfachte Kapitalherabsetzung ist dann **zulässig**, wenn bestehende Gewinn- und Kapitalrücklagen zur Deckung von Verlusten bereits aufgelöst wurden. Bei dieser buchmäßigen Sanierung wird die Bilanz bereinigt.

	Damit erfüllt allerdings oftmals das nun geminderte Grundkapital nicht mehr ausreichend seine Haftungsfunktion für die weitere Geschäftstätigkeit, sodass zumeist als nächster Schritt zum Erhalt des Unternehmens eine Kapitalerhöhung oder eine Zuzahlung der Aktionäre erfolgen muss.
Einziehen von Aktien	Hier bestehen nach dem Gesetz (§§ 237 - 239 AktG) zwei **Formen**, wobei die Vorschriften einer ordentlichen Kapitalherabsetzung ebenso zu beachten sind: ○ Eigene Aktien werden von der Gesellschaft erworben und eingezogen. ○ Aktien werden zwangsweise eingezogen, sofern dies in der Satzung gestattet ist.

Zeigen Sie die Unterschiede zwischen Kapitalerhöhung und Kapitalherabsetzung auf!

Nennen Sie jeweils drei Gründe für diese Vorgänge!

Seite 200

2.4 Umwandlung

Die Umwandlung ist die Überführung eines Unternehmens von einer Rechtsform in eine andere. Rechtliche Regelungen für die Umwandlung finden sich im 1995 novellierten Umwandlungsgesetz bzw. Umwandlungssteuergesetz. **Gründe** für Umwandlungen sind das Wachstum oder die Schrumpfung eines Unternehmens, steuerliche Überlegungen, Haftungsbeschränkungen, die Vergrößerung der Kapitalbasis oder der Tod eines Gesellschafters.

Es gibt verschiedene **Arten** der Umwandlung:

❏ Die **Umwandlung mit Liquidation**, die notwendig wird, wenn das Gesetz eine Rechtsnachfolge vorsieht. Dabei erfolgt zunächst in der **Einzelrechtsnachfolge** formell eine Liquidation, also die vollständige Auflösung des Unternehmens, um mit einer Neugründung die angestrebte Rechtsform annehmen zu können.

Dies geschieht bei der Umwandlung eines Einzelunternehmens in eine Personengesellschaft und umgekehrt (Umwandlung einer OHG oder KG in ein Einzelunternehmen).

❏ Die **Umwandlung ohne Liquidation**, bei der die Vermögenswerte des umzuwandelnden Unternehmens nicht einzeln übertragen werden, sondern folgende Vorgänge zu unterscheiden sind:

| Übertragende Umwandlung | Sie erfolgt im Rahmen einer **Gesamtrechtsnachfolge**, wobei das Vermögen als eine Einheit in das übernehmende Unternehmen übergeht. **Formen** der übertragenden Umwandlung sind:

○ Eine **verschmelzende Umwandlung**, bei der das Vermögen des zu wandelnden Unternehmens bereits auf ein bestehendes Unternehmen übergegangen ist, was einer Fusion sehr ähnelt.

○ Eine **errichtende Umwandlung**, wobei das Vermögen auf ein neu zu errichtendes Unternehmen übertragen wird. |
| Form- wechselnde Umwandlung | Es wird ein Rechtsformwechsel vorgenommen, bei dem **kein Vermögensübergang** notwendig wird, da die Rechtspersönlichkeit des Unternehmens weiterhin bestehen bleibt. |

2.5 Fusion

Bei der Fusion verschmelzen zwei oder mehrere Unternehmen, die bis dahin rechtlich selbstständig waren, zu einer neuen Einheit. Begründet ist dies zumeist mit Rationalisierungseffekten in den Beschaffungs-, Produktions- und Absatzbereichen sowie mit der Hoffnung auf Synergieeffekte und dem Ausnutzen stärkerer Marktpositionen.

Als Fusionen können unterschieden werden:

❑ Nach der **leistungswirtschaftlichen Beziehung** der fusionierenden Unternehmen:

Horizontale Fusion	Hier gehören die beteiligten Unternehmen der gleichen Leistungsstufe oder dem gleichen Wirtschaftszweig an.
Vertikale Fusion	Im Leistungsprogramm vor- oder nachgelagerte Unternehmen schließen sich hier zusammen.
Laterale Fusion	Unternehmen aus völlig verschiedenen Leistungsstufen oder Wirtschaftszweigen fusionieren.

❑ Nach der grundsätzlichen **Art** der Fusion:

| Fusion mit Liquidation | Im Rahmen der **Einzelrechtsnachfolge** wird das Vermögen des sich auflösenden Unternehmens einzeln auf das übernehmende Unternehmen übertragen. Solche Übertragungsformen sind bei Fusionen von Einzelunternehmen oder Personengesellschaften notwendig. |
| Fusion ohne Liquidation | Im Rahmen der **Gesamtrechtsnachfolge** ist die Fusion von Kapitalgesellschaften insbesondere im Aktienrecht und im Kapitalerhöhungsgesetz geregelt. Zwei **Formen** sind zu unterscheiden: |

> o Die **Verschmelzung durch Aufnahme** beendet auf Basis ei-
>   nes durch eine Drei-Viertel-Mehrheit beschlossenen Verschmel-
>   zungsvertrages die wirtschaftliche und rechtliche Existenz der
>   zu übertragenden Gesellschaft, die übernehmende Gesellschaft
>   bleibt weiterhin bestehen.
>
> o Die **Verschmelzung durch Neubildung**, wobei ein neues
>   Unternehmen nach der Fusion gegründet wird.

2.6 Liquidation

Die Liquidation kennzeichnet das freiwillige oder gerichtlich durch das Insolvenz-
verfahren erzwungene Ende einer unternehmerischen Tätigkeit. Mit Beginn der
Liquidation wird das Unternehmen abgewickelt, d. h. es wird aufgelöst.

Nach dem **Zweck** der Liquidation lassen sich unterscheiden:

❑ Die **materielle Liquidation**, die eine Wandlung einer Erwerbsgesellschaft in
  eine Abwicklungsgesellschaft erwirkt, welche die Vermögensgegenstände in Geld
  umwandeln soll.

❑ Die **formelle Liquidation**, die das Dasein des Unternehmens durch den Untergang dessen Rechtsform beendet, aber die Erwerbstätigkeit in einer neuen
  Rechtsform weiterführt. Vermögenswerte sind einzeln auf das neue Unternehmen
  zu übertragen.

Dem **Umfang** der Liquidation entsprechend gibt es:

❑ Die **Totalliquidation**, die alle Vermögensgegenstände in die Liquidation mit
  einbezieht.

❑ Die **Teilliquidation**, welche nur Teile der Vermögenswerte betrifft.

Liquidationen erfolgen bei den einzelnen Rechtsformen auf unterschiedliche Weise:

❑ **Personengesellschaften**

Offene Handels-gesellschaft	Bei einer OHG sind die Gesellschafter die Liquidatoren, die eine Liquidation durchführen, wenn der Gesellschaftsvertrag dies nach einer vereinbarten Zeit so vorsieht oder dies von den Gesellschaftern oder einem Gericht so beschlossen wurde.
Kommandit-gesellschaft	Ebenso gilt dies für die KG, allerdings stellt der Tod eines Kommanditisten keinen Liquidationsgrund dar.
Gesellschaft des bürgerlichen Rechts	Die GdBR löst sich nach dem zeitlichen Ablauf oder insbesondere durch die Erreichung oder das Unmöglichwerden des Gesellschaftszweckes auf, ebenso durch ein Insolvenzverfahren oder den Tod eines Gesellschafters.
Stille Gesellschaft	Für die stille Gesellschaft gilt dies ebenso, ausgeschlossen ist allerdings der Liquidationsgrund »Tod eines Gesellschafters«.

❏ **Kapitalgesellschaften**

Gesellschaft mit beschränkter Haftung	Die Geschäftsführer einer GmbH sind Liquidatoren, während die Gesellschafter aus folgenden **Gründen** die Geschäftstätigkeit eines Unternehmens beenden:
	○ Ablauf der im Gesellschaftsvertrag vereinbarten Zeit
	○ Drei-Viertel-Mehrheitsbeschluss der Gesellschafter
	○ Gerichtsbeschluss
	○ Insolvenzverfahren.
Aktiengesellschaft	Bei der AG handelt der Vorstand als Liquidator, wobei folgende **Gründe** gegeben sein können:
	○ Ablauf der in der Satzung vereinbarten Zeit
	○ Drei-Viertel-Mehrheitsbeschluss der Hauptversammlung
	○ Insolvenzverfahren.

Zum Ende der Liquidation wird eine Liquidations-Schlussbilanz erstellt, die Löschung des Unternehmens, soweit notwendig, im Handelsregister beantragt und der Liquidationserlös, soweit vorhanden, auf die Anteilseigner verteilt.

Zeigen Sie die Unterschiede auf zwischen:

(1) Umwandlung mit Liquidation und ohne Liquidation
(2) Übertragender und formwechselnder Liquidation
(3) Horizontalen, vertikalen und lateralen Fusionen
(4) Materieller Liquidation und formeller Liquidation.

Seite 200

3. Mischformen der Kredit- und Beteiligungsfinanzierung

Besonderheit dieser Finanzierungsformen, die auch **Mezzanine** genannt werden, ist die Unklarheit über die Zugehörigkeit zu einer Kreditfinanzierung bzw. zu einer Beteiligungsfinanzierung. Als Zwitterformen der Außenfinanzierung sind zu unterscheiden:

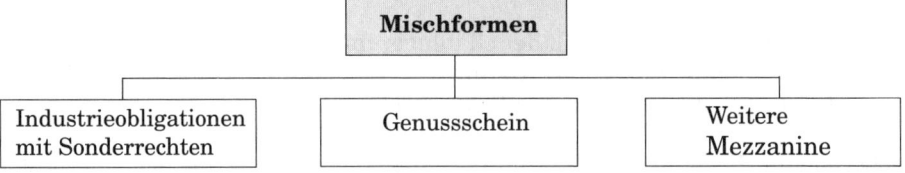

3.1 Industrieobligationen mit Sonderrechten

Industrieobligationen *ohne* Sonderrechte wurden auf Seite 100 als Anleihen abgehandelt. Industrieobligationen *mit* Sonderrechten sind:

❑ Die **Wandelschuldverschreibung**, die ein Umtauschrecht von einer Obligation in eine Aktie verbrieft, das nach einer bestimmten Sperrfrist wahrgenommen werden kann. Sie wird auch **Wandelanleihe** genannt.

Mit der Wandelung wird also aus einem **Forderungspapier**, das für das Unternehmen Fremdkapital aus einem Gläubigerverhältnis darstellt, ein **Anteilspapier**, das Eigenkapital in einem Beteiligungsverhältnis repräsentiert.

D. h. mit dem Umtausch erlischt das Forderungsrecht, z. B. auf den Rückzahlungsanspruch oder den Anspruch auf feste Zinszahlungen.

Voraussetzung für den Umtausch ist eine **bedingte Kapitalerhöhung**, wie sie auf Seite 160 beschrieben wurde, die nach dem Gesetz in ihrer Höhe maximal 50 % des Grundkapitals erreichen darf.

Die Anleihe wird den Aktionären zum Erwerb mittels eines Bezugsrechtes angeboten und auch an der Börse gehandelt.

Beispiel: Das gezeichnete Kapital eines Unternehmens beträgt 100 Mio. €, der Nennwert der Wandelschuldverschreibung lautet über 20 Mio. €. Hieraus ergibt sich ein Bezugsverhältnis von 5 : 1, d. h. jeder Aktionär der über Aktien im Nennwert von 500 € verfügt, kann eine Wandelschuldverschreibung zum Nennwert von 100 € erwerben.

Bei der **Emittierung** von Wandelschuldverschreibungen sind festzulegen:

Wandelverhältnis	Es ergibt sich aus dem Nennwert der Wandelobligation zum Nennwert der eintauschbaren Aktien.
Umtauschkurs	○ Dieser kann mit der Emission bereits festgelegt werden. ○ Er kann fixiert veränderlich und damit zeit- oder periodenabhängig festgelegt werden. ○ Er kann veränderlich sein, wobei Abhängigkeiten von z. B. dem Börsenkurs oder der Dividende bestehen.
Wandlungsfrist	Dies ist eine Angabe über Beginn und Ende der Wandlungsmöglichkeiten.
Zuzahlungsangaben	Da mögliche Wertsteigerungen der Aktie bestehen, werden oftmals Zuzahlungen bei der Wandlung verlangt, die über die Wandlungsfrist konstant, steigend oder auch fallend sein können.

❑ Bei der **Optionsanleihe** behält der Gläubiger im Gegensatz zur Wandelschuldverschreibung seine Position als Kreditgeber im Zeitablauf bei, d. h. die **Obligation bleibt** über ihre gesamte Laufzeit **erhalten**.

Neben diesen Rechten, wie Zinszahlung und Rückzahlung aus der Teilschuldverschreibung, erwächst dem Käufer einer Optionsanleihe zusätzlich ein **Optionsrecht** auf Aktienbezug.

Für das Unternehmen steht damit bis zum Ende der Laufzeit der Obligation Fremdkapital zur Verfügung, während bei Ausübung des Optionsrechts durch die Ausgabe neuer Aktien Eigenkapital zusätzlich zufließt.

Für den während einer bestimmten Optionsfrist möglichen Bezug von Aktien ist ein Bezugsverhältnis anzugeben, das die erforderliche Anzahl von Optionsscheinen für den Bezug einer Aktie nennt. Der Geldbetrag, der für den Kauf einer solchen Aktie zu entrichten ist, heißt Options- oder Bezugspreis.

An der **Börse** wird die Optionsanleihe in unterschiedlichen Notierungsformen gehandelt. Sie sind:

○ Optionsanleihe mit (»cum«) Optionsschein
○ Optionsanleihe ohne (»ex«) Optionsschein
○ Nur der Optionsschein

Optionsscheine werden nach der Anleiheemission in der Regel separat an der Börse gehandelt und haben den für eine Option typischen Hebeleffekt innerhalb ihrer Kursentwicklung. Hierdurch bieten sie starke Kurschancen, können aber auch den Totalverlust des eingesetzten Kapitals mit sich bringen.

Beispiel: Die Hebelwirkung des Optionsscheines soll anhand des folgenden Kursszenarios erklärt werden. Es besteht:

- Ein Bezugsverhältnis: 2:1, d. h. 2 Optionsscheine berechtigen zum Bezug einer Aktie im Nennwert von 50 €.

- Ein Bezugskurs: 240 €, d. h. bei Einreichung von 2 Optionsscheinen werden 240 € fällig für den Erwerb einer Aktie zum Nennwert von 50 €.

Bezugs-preis	Börsen-kurs	Steigerungs-rate des Börsenkurses	Differenz Börsenkurs Bezugskurs	Rechnerischer Wert des Optionsscheins	Steigerungs-rate des Optionsscheins
240	200	0 %	- 40	0	0 %
240	240	20,00 %	0	0	0 %
240	280	16,66 %	40	20	200,00 %
240	320	14,29 %	80	40	100,00 %
240	360	12,50 %	120	60	50,00 %
240	400	11,10 %	160	80	33,33 %

Bei einer Entwicklung des Börsenkurses von 280 auf 320 kommt es zu einer Steigerungsrate von 14,29 %. Der rechnerische Wert des Optionspreises entwickelt sich von 20 € auf 40 €. Dies entspricht einer Steigerung von 100 %.

❑ Bei der **Gewinnschuldverschreibung** liegt die Besonderheit darin, dass sie ein Sonderrecht auf Gewinnbeteiligung des Fremdkapitalgebers begründet. Die Ausgestaltung der **Gewinnbeteiligung** kann sein:

Festzinssatz und Zusatz-verzinsung	Hier erfolgt eine fixe Mindestverzinsung und eine variable Zusatz-verzinsung, die z. B. abhängig sein kann von der Aktiendividende, z. B. pro Prozent Aktiendividende ein halbes Prozent Zusatzzins.
Gewinnab-hängige Verzinsung	Hier entfällt eine Festverzinsung, dafür wird eine nach oben hin begrenzte gewinnabhängige Verzinsung gewährt.

Rechtlich ist die Gewinnschuldverschreibung eine Kreditfinanzierung. Wirtschaftlich ist sie den Mischformen zu zurechnen, da sie eine Verbindung von Gewinnansprüchen einer Beteiligungsfinanzierung und Industrieobligation darstellt.

Sie sollen einen Freund hinsichtlich einer Anlageentscheidung beraten, wobei hier als Alternativen die Vorzugsaktie, eine Gewinn- oder eine Wandelschuldverschreibung bestehen.

Vergleichen Sie diese Formen anhand folgender Kriterien:

❏ Laufzeit
❏ Verzinsung
❏ Inhaberrechte
❏ Verlust- bzw. Konkursfall

Seite 201

3.2 Genussschein

Der Genussschein verbrieft ein Genussrecht, das gesetzlich nicht geregelt ist. Es kann von Unternehmen jeder Rechtsform gewährt werden und ist individuell ausgestaltbar. Allerdings erhalten Genussscheininhaber prinzipiell **kein Stimmrecht** in der Hauptversammlung und **kein Mitwirkungsrecht** an der Geschäftsführung.

Genussrechte können grundsätzlich sein:

❏ Beteiligung am Gewinn, Anspruch auf Zinszahlung
❏ Beteiligung am Liquidationserlös
❏ Beteiligung an Nutzungsrechten, z. B. Lizenzgebühren
❏ Bezugsrecht für Sach- und Dienstleistungen
❏ Wahrnehmung von Bezugsrechten (Optionsgenussschein)
❏ Wahrnehmung von Umtauschrechten (Wandelgenussschein).

Seinem **Charakter** entsprechend lassen sich unterscheiden:

❏ Genussscheine, die eher **Eigenkapitalcharakter** haben, wenn das Genussscheinkapital langfristig oder sogar unbefristet zur Verfügung steht und der Genussscheininhaber an Gewinnen und Verlusten des Unternehmens beteiligt wird.

Im Insolvenzfall haftet das Genussscheinkapital i. d. R. für die Verbindlichkeiten des Unternehmens.

❏ Genussscheine, die eher **Fremdkapitalcharakter** aufweisen, z. B. wenn sie als Genussrecht eine variable oder feste Verzinsung haben.

Genussscheine, die an der **Börse** notiert werden, können dementsprechend den Charakter eines Anteilspapiers oder einer Anleihe aufweisen:

❏ Genussschein mit völliger dividendenabhängiger Ausschüttung (**eher Eigenkapitalcharakter**)

❏ Genussschein mit Mindestausschüttung und einem zusätzlichen dividendenabhängigen Bonus

❏ Festverzinslicher Genussschein mit einer Verlustbeteiligung (**eher Fremdkapitalcharakter**).

Ausschüttungen, z. B. in Form von Zinszahlungen, sind für den Emittenten der Genussscheine steuerlich absetzbar, da sie steuerlich als Ausschüttungen auf Fremdkapital und damit als gewinnmindernde Aufwendungen gelten.

3.3 Weitere Mezzanine

Der Begriff Mezzanine kommt aus dem italienischen und bedeutet »Zwischengeschoss« eines Hauses, was die Zwitterstellung zwischen Eigen- und Fremdkapital deutlich machen mag.

Unter diesen Finanzierungsvorgang fallen bereits beschriebene Instrumente wie die atypische stille Beteiligung (S. 138), das wandelbare Gesellschafterdarlehen (S. 92) oder auch Genussscheinfinanzierungen, deren hyprider Finanzierungscharakter je nach Ausprägungsform Eigen- oder Fremdkapitalcharakter annehmen kann.

Im engen Zusammenhang hiermit steht der so genannte **Debt-Equity-Swap**, der einen Tausch (Swap) von Unternehmensverbindlichkeiten (Debt) in Eigenkapitalwerte (Equity) vorsieht. Damit geschieht eine Umwidmung von ehemaligen Verbindlichkeiten oder Gesellschafterdarlehen in zum Beispiel atypische stille Beteiligungen oder Genussrechtskapital. Hierdurch wandeln sich Fremdkapitalgeber zu Eigenkapitalbeschaffern.

Weiterhin zu nennen sind unbesicherte **Darlehen von Banken**, die vor allem aufgrund von **Nachrangvereinbarungen** und eingeschränkten Kündigungsmöglichkeiten eine Stellung zwischen Eigen- und Fremdkapital einnehmen. Im Insolvenzfalle würden diese erst nach anderen, klassisch ausgestalteten Kreditverträgen vom Schuldner bedient. Diese Darlehen stehen oft langfristig für spezielle Investitions- bzw. Akquisitionsvorhaben zur Verfügung und helfen Liquiditätssituationen sowie Bilanzstrukturen hinsichtlich der »wirtschaftlichen« Eigenkapitalausstattung zu verbessern.

Erläutern Sie, was unter folgenden Begriffen zu verstehen ist, die Sie in diesem Kapitel kennen gelernt haben:

❏ Geldeinlage	❏ Aufsichtsrat
❏ Bareinlage	❏ Mantel/Bogen
❏ Personengesellschaft	❏ Variabler Kurs
❏ Kapitalgesellschaft	❏ Mischgründung
❏ Typische stille Gesellschaft	❏ Ordentliche Kapitalerhöhung
❏ Atypische stille Gesellschaft	❏ Bedingte Kapitalerhöhung
❏ Offene Handelsgesellschaft	❏ Genehmigte Kapitalerhöhung
❏ Komplementär	❏ Bezugsrecht
❏ Kommanditist	❏ Kapitalherabsetzung
❏ Gesellschaft des bürgerlichen Rechts	❏ Umwandlung
	❏ Fusion
❏ Gesellschaft mit beschränkter Haftung	❏ Liquidation
	❏ Wandelschuldverschreibung
❏ Reingewinn	❏ Optionsanleihe
❏ Stammeinlage	❏ Gewinnschuldverschreibung
❏ Emissionsfähigkeit	❏ Genussschein
❏ Aktiengesellschaft	❏ Mezzanine
❏ Hauptversammlung	❏ Debt-Equity-Swap

Seite 205

E. Innenfinanzierung

Die Innenfinanzierung bringt Kapital auf, das sich das Unternehmen aus eigener Kraft, also von innen heraus, zum Zwecke der Finanzierung erwirtschaftet hat. Sie beruht auf:

❏ **Investitionen** in das Unternehmen, mit denen zunächst Kapital gebunden wurde, z. B. in Form von Betriebsmitteln oder Rohstoffen, die verarbeitet werden.

❏ **Desinvestitionen** durch den Verkauf von Gütern, mit denen Kapital wieder freigesetzt wird als:

> ○ **Umsatzerlöse**, indem Waren und Erzeugnisse verkauft werden.
> ○ **Sonstige Erlöse**, z. B. durch den Verkauf einzelner Investitionsgüter.

Im Folgenden sollen als Formen der Innenfinanzierung behandelt werden:

	Finanzierung aus zurückbehaltenen Gewinnen
	Finanzierung aus Abschreibungsgegenwerten
Innenfinanzierung	Finanzierung aus Rückstellungsgegenwerten
	Finanzierung aus sonstigen Kapitalfreisetzungen

Die Finanzierung aus zurückbehaltenen Gewinnen, Abschreibungsgegenwerten und Rückstellungsgegenwerten wird als **Finanzierung aus Umsatzerlösen** bezeichnet.

Die Finanzierung aus Umsatzerlösen wird auch genannt:

❏ Cash Flow-Finanzierung
❏ Überschussfinanzierung.

Um eine Finanzierung aus Umsatzerlösen erfolgreich vornehmen zu können, müssen folgende **Voraussetzungen** erfüllt sein:

❏ Die nötigen Gewinne, Abschreibungen, Rückstellungen sind kalkuliert.
❏ Die kalkulierten Verkaufspreise sind am Markt durchsetzbar.
❏ Durch den Verkauf der Güter werden auch Einzahlungen entsprechend realisiert.

Der Schwerpunkt der Innenfinanzierung liegt bei der Finanzierung aus Umsatzerlösen.

1. Finanzierung aus zurückbehaltenen Gewinnen

Diese Finanzierungsform wird auch als **Selbstfinanzierung** bezeichnet und entsteht durch das Zurückhalten von realisierten Gewinnen. Durch diesen Vorgang, der auch als **Gewinnthesaurierung** bezeichnet wird, erfolgt die Bildung von Rücklagen, deren Verwendung z. B. das Eigenkapital erhöht.

Die Finanzierung aus zurückbehaltenen Gewinnen kann erfolgen als:

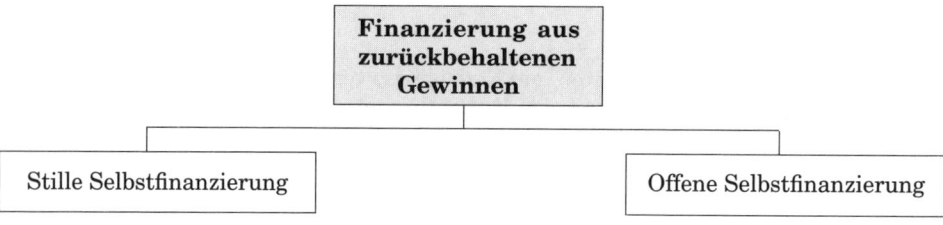

1.1 Stille Selbstfinanzierung

Die stille Selbstfinanzierung ist nicht aus der Bilanz ersichtlich, da stille Reserven Kapitalreserven sind, die durch eine positive Wertdifferenz zwischen dem Tagesbeschaffungswert und dem Buchwert entstehen.

Auslöser für die stillen Reserven sind **Bilanzierungsmaßnahmen** oder **Bewertungsmaßnahmen**, die liquide Mittel im Unternehmen binden, ohne zuvor als Gewinn zu erscheinen. Dies kann geschehen durch:

❏ **Unterbewertung der Aktiva** in Form von:

> ○ Überhöhten Abschreibungen
> ○ Nichtaktivierung von aktivierungsfähigen Aufwendungen
> ○ Wertabschlägen im Umlaufvermögen

❏ **Überbewertung der Passiva**, indem gebildet werden:

> ○ Zu hohe Rückstellungen
> ○ Zu hohe Rechnungsabgrenzungsposten

Insbesondere nicht emissionsfähige Unternehmen sind in erheblichem Maße auf diese Form der Finanzierung angewiesen, wobei steuerliche Gesichtspunkte die Selbstfinanzierung für alle Rechtsformen unter der Voraussetzung interessant machen, dass Gewinne erzielt wurden.

1.2 Offene Selbstfinanzierung

Bei der offenen Selbstfinanzierung wird der notwendigerweise erzielte Gewinn in der Bilanz ausgewiesen, versteuert und nicht an die Gesellschafter des Unternehmens ausgeschüttet.

Der Gegenwert des nicht ausgeschütteten Gewinnes findet sich auf der Aktiv-Seite der Bilanz als:

❏ Guthaben, soweit der Gewinn als liquide Mittel ausgewiesen ist und noch keine Investition stattgefunden hat.

❏ Investition in das Umlauf- oder Anlagevermögen.

Die offene Selbstfinanzierung erfolgt bei den einzelnen Rechtsformen verschieden:

• **Personengesellschaften**

• **Gesellschaft mit beschränkter Haftung**

• **Aktiengesellschaft**.

1.2.1 Personengesellschaften

Grundlage der Gewinnverteilung von Personengesellschaften sind die Vorschriften des BGB bzw. HGB sowie die Regelungen des jeweiligen Gesellschaftsvertrages:

❏ Bei der **OHG** verzinst sich zuerst der Kapitalanteil aller Gesellschafter mit 4 %, sofern nichts anderes im Gesellschaftsvertrag geregelt ist. Der Restbetrag wird – ebenso vorbehaltlich anderer Regelungen – dann nach Köpfen verteilt.

Da die Gewinne den Kapitalkonten der Gesellschafter gutgeschrieben werden, bestimmen die Gesellschafter selbst über die Höhe der Selbstfinanzierung.

❏ Dieses Vorgehen gilt ebenso für die Komplementäre der **KG**, während die Kommanditisten eine 4 % Verzinsung ihres Kapitalanteils als Gewinnausschüttung erhalten. Der restliche Gewinn wird angemessen verteilt. So bestehen nur für die Komplementäre Möglichkeiten zur Gewinnthesaurierung.

Im Unternehmen verbleibende Gewinnanteile der Kommandisten sind als Verbindlichkeiten in der Bilanz auszuweisen.

❏ Für **stille Gesellschafter** bietet sich üblicherweise keine Möglichkeit zur Gewinnthesaurierung, da ihre Gewinnanteile auszuzahlen sind.

❏ In der **GdbR** ist eine Gewinnverteilung nach der Auflösung der Gesellschaft vorgesehen oder die Entnahme des Gewinns, soweit die GdbR auf längere Zeit hin angelegt ist.

1.2.2 Gesellschaft mit beschränkter Haftung

Die Gesellschafter der GmbH haben Anspruch auf den **Reingewinn** im Verhältnis zu ihren GmbH-Anteilen. Dieser Reingewinn ergibt sich nach dem Abzug von möglichen Verlustvorträgen und der zugelassenen Rücklagenbildungen.

Es wird daher nicht der gesamte Gewinn an die Gesellschafter verteilt, sondern nur der Teil des Gewinnes, der in der Bilanz ausgewiesen ist. Die Feststellung des Bilanzgewinns kann bzw. muss durch die Organe der GmbH erfolgen:

❑ Die Gesellschafterversammlung nach dem Mehrheitsprinzip
❑ Den Geschäftsführer, falls dies die Satzung vorsieht
❑ Den Aufsichtsrat, falls dieser vorhanden ist.

Für Kapitalgesellschaften trat bis 2000 das Problem auf, dass bei der offenen Selbstfinanzierung ein 40 %iger Körperschaftsteuersatz erhoben wurde, während für ausgeschüttete Gewinne ein ermäßigter Körperschaftsteuersatz von 30 % galt. Nun werden unabhängig von Einbehaltung oder Ausschüttung ab Veranlagungszeitraum 2001 25 % Körperschaftsteuer erhoben.

Für das Jahr 2003 wurde der Körperschaftsteuersatz zur Begleichung der Flutschäden vom Sommer 2002 einmalig auf 26,5 % angehoben. Seit 2004 gilt wieder der Satz von 25 %.

1.2.3 Aktiengesellschaft

Die offene Selbstfinanzierung bei der AG kann durch die Bildung von Rücklagen erfolgen, die einzuteilen sind in:

❑ **Kapitalrücklagen**, die dem Unternehmen von außen zugeführt werden. Dabei sind folgende einzustellende Kapitalbeträge zu unterscheiden:

Agio	Es wird auch **Aufgeld** genannt und entsteht bei der Ausgabe von Aktien über deren Nennwert.
Beträge aus Umtausch- oder Ausübungsvorgängen	Beträge, die bei der Ausübung von **Wandelschuldverschreibungen** oder **Optionsanleihen** zum Erwerb von Aktien anfallen.
Zuzahlungen	Diese leisten die Gesellschafter gegen die Gewährung eines Vorzuges für ihre Anteile, wie dies z. B. bei der Ausgabe von Vorzugsaktien geschehen kann.
Andere Zuzahlungen	Sie haben die Gesellschafter in das Eigenkapital zu leisten.

❑ **Gewinnrücklagen**, die nicht – wie die Kapitalrücklagen – von außen zugeführt werden, sondern durch den Jahresüberschuss entstehen. Es gibt folgende Gewinnrücklagen:

Gesetzliche Rücklage	Sie besteht bei der AG und KGaA und macht 5 % des um den Verlustvortrag geminderten Jahresüberschusses aus, bis die Gewinnrücklage und Kapitalrücklage 10 % des Grundkapitals erreicht hat. In der Satzung können andere Prozentzahlen festgelegt werden.
	Die gesetzliche Rücklage darf verwandt werden für:
	○ Den Ausgleich eines **Jahresfehlbetrages**, so weit dieser nicht durch einen Gewinnvortrag oder durch die Auflösung einer anderen Gewinnrücklage gedeckt wird.
	○ Den Ausgleich eines **Verlustvortrages** aus dem Vorjahr, so weit dieser nicht durch den Jahresüberschuss gedeckt werden kann.
	Falls die Satzung einen höheren Prozentbetrag als 10 % vorsieht, dürfen die übersteigenden Teile verwandt werden für:
	○ Den Ausgleich des Jahresfehlbetrages bzw. eines Verlustvortrages aus dem Vorjahr (siehe oben).
	○ Eine Kapitalerhöhung aus Gesellschaftsmitteln.
Rücklage für eigene Anteile	Sie ist mit einer Ausschüttungssperre zu versehen, damit nicht der Erwerb von eigenen Anteilen zu einer Rückzahlung von Grund- oder Stammkapital führt. Die Rücklage darf nur aufgelöst werden, wenn eigene Anteile ausgegeben, veräußert oder eingezogen werden.
Satzungsmäßige Rücklage	Diese wird aufgrund eines Gesellschaftsvertrages gebildet. Sie kann zweckgebunden sein, wie z. B. zur Erhaltung oder Erneuerung von Anlagen, zur Rationalisierung oder auch zu besonderen Werbeanlässen.

Mit der Senkung des Körperschaftsteuersatzes auf 25 % ab 2001 und der Vereinheitlichung der Körperschaftsteuer für einbehaltene und ausgeschüttete Gewinne waren auch Übergangsregelungen für nach altem Recht gebildete Rücklagen definiert worden. So können nach altem Recht mit 40 % (bzw. bis 1999 mit 45 %) belastete Gewinnrücklagen für eine Übergangsfrist von 15 Jahren aufgelöst werden. Dies führt zu einer Körperschaftsteuererstattung, da die Ausschüttungen nur mit 30 % belastet werden. Seit 2008 beträgt der Körperschaftsteuersatz 15 %.

Die Unternehmen haben unerwartet zügig von dieser Möglichkeit Gebrauch gemacht, sodass der Fiskus im Jahr 2001 einen Negativsaldo bei der Körperschaftsteuer hatte und rund 430 Millionen Euro an die Unternehmen erstatten musste, während in 2000 die Körperschaftsteuereinnahmen noch 23,5 Milliarden Euro betrugen. Bemessungsgrundlage der **Körperschaftsteuer** für die seit 2001 geltende einheitliche Besteuerung ist der um die Gewerbeertragsteuer verminderte Gewinn.

Die **Gewerbeertragsteuer** ist zu ermitteln:

$$G_E = \frac{m \cdot h}{1 + m \cdot h} \cdot E$$

G_E = Gewerbeertragsteuer
E = Gewerbeertrag vor Abzug der Gewerbesteuer
m = Steuermesszahl
h = Hebesatz

Beispiel: Bei einer Steuermesszahl von 5 % und einem Hebesatz von 300 % ergibt sich als Gewerbeertragsteuer:

$$G_E = \frac{m \cdot h}{1 + m \cdot h} \cdot E = \frac{0,05 \cdot 3,0}{1 + 0,05 \cdot 3,0} \cdot E = 0,1304 \cdot E$$

Der für die Rücklagenbildung zur Verfügung stehende Nettobetrag errechnet sich dann wie folgt:

Gewinn vor Steuern	100,00 €
– Gewerbeertragsteuer (13,04 %)	13,04 €
= Körperschaftsteuerpflichtiger Gewinn	86,96 €
– Körperschaftsteuer (25 %)	21,74 €
= Nettobetrag der Selbstfinanzierung	**65,22 €**

Bei einem Gewinn vor Steuern in Höhe von 100 € stehen für die Selbstfinanzierung 65,22 € zur Verfügung.

 Zeigen Sie die Unterschiede zwischen stiller und offener Selbstfinanzierung auf!

Seite 202

2. Finanzierung aus Abschreibungsgegenwerten

Abschreibungen sind der Aufwand einer Abrechnungsperiode, der die Wertminderungen für materielle und immaterielle Gegenstände darstellt. Wertminderungen können hervorgerufen werden durch:

❏ Technischen oder natürlichen Verschleiß
❏ Katastrophenverschleiß oder ruhenden Verschleiß
❏ Entwertung aufgrund technischen Fortschritts, von Bedarfsverschiebungen, von Preisveränderungen.

Das Unternehmen kalkuliert Wertminderungen in seine Angebotspreise ein. Durch den Verkauf der Güter fließen Einzahlungen in das Unternehmen zurück, die auch die kalkulierten Abschreibungen des Unternehmens enthalten. Sie sind zu Finanzierungszwecken verwendbar. Dabei können sich zwei **Effekte** ergeben:

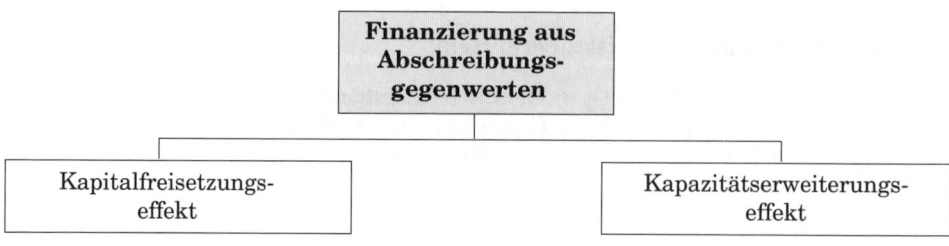

2.1 Kapitalfreisetzungseffekt

Bilanzielle Abschreibungen vermindern als Aufwand den auszuweisenden Perioden-gewinn, der um diesen Betrag nicht versteuert und auch nicht ausgewiesen wird.

Unter der Annahme, dass dem Unternehmen aufwandsgleiche bilanzielle Abschrei-bungen durch realisierte Verkaufserlöse wieder zufließen, kann davon ausgegangen werden, dass liquide Mittel in Höhe der Abschreibungen dem Unternehmen zuflie-ßen, wobei die Selbstkosten durch die Erlöse voll gedeckt sein müssen.

Die **Höhe der Abschreibungsgegenwerte** wird bestimmt durch:

❏ Die Wahl des Abschreibungsverfahrens, das den Aufwand für die Abschreibungen auf einzelne Perioden verteilt.

❏ Die Werte der Abschreibungsgegenstände, die vorhanden und abschreibungsfähig sein müssen.

2.2 Kapazitätserweiterungseffekt

Der Kapazitätserweiterungseffekt ergibt sich, wenn die freigesetzten Abschreibungs-gegenwerte sofort wieder reinvestiert werden. Er wird auch **Lohmann-Ruchti-Effekt** bzw. **Marx-Engels-Effekt** genannt.

Beispiel: Ein Unternehmen investiert in 10 Maschinen, die pro Maschine 1.000 Geldein-heiten kosten. Der Nutzungszeitraum der Maschinen beträgt 5 Jahre. Danach können sie kostenlos abgegeben werden.

Prämisse für den Kapazitätseffekt ist, dass die Abschreibungsgegenwerte, so weit sie die Kosten einer Neuanschaffung für eine Maschine erreichen, sofort in der nächsten Periode reinvestiert werden. Darüber hinaus reichende Abschreibungsgegenwerte werden auf die nächste Periode übertragen.

Ein rechnerisches **Beispiel** zeigt deutlich diese Entwicklung (*Hahn*):

	Betriebsmittel			Abschreibung des laufenden Jahres	Freigesetzte Mittel		
Jahre	Zugang	Abgang	Bestand		insgesamt	Invest.	frei
1	10		10	2.000	2.000	2.000	0
2	2		12	2.400	2.400	2.000	400
3	2		14	2.800	3.200	3.000	200
4	3		17	3.400	3.600	3.000	600
5	3		20	4.000	4.600	4.000	600
6	4	10	14	2.800	3.400	3.000	400
7	3	2	15	3.000	3.400	3.000	400
8	3	2	16	3.200	3.600	3.000	600
9	3	3	16	3.200	3.800	3.000	800
10	3	3	16	3.200	4.000	4.000	0
11	4	4	16	3.200	3.200	3.000	200

Nach *Kosiol* lässt sich ein **Kapazitätsmultiplikator** bestimmen, der abhängig ist vom Nutzungszeitraum der Maschinen (= t):

$$\text{Kapazitätsmultiplikator} = \frac{2}{1 + \dfrac{1}{t}}$$

Unter der Verwendung der Daten aus dem vorangegangenen **Beispiel** (10 Maschinen je 1.000 Geldeinheiten, Nutzungszeit je 5 Jahre) ergibt sich als Kapazitätsmultiplikator:

$$\text{Kapazitätsmultiplikator} = \frac{2}{1 + \dfrac{1}{5}} = \mathbf{1{,}66667}$$

Auch bei dieser Berechnung ist von einer Erweiterung von 10 auf 16 Maschinen auszugehen.

Die Darstellung des Kapazitätsmultiplikators ist idealtypisch. In der Praxis ist er in dieser reinen Form kaum zu finden. Gründe hierfür sind beispielsweise:

❑ Die Frage des Eigen- bzw. Fremdkapitaleinsatzes bei der Erstausstattung bleibt unberücksichtigt.

❑ Die Erweiterung des Umlaufvermögens durch die Kapazitätserweiterung und damit eine erhöhte Kapitalbindung muss möglich sein.

❑ Die Annahme, die Abschreibung wäre gleich der Abnutzung, ist unrealistisch.

❑ Die Teilbarkeit der Anlagegüter ist oft bei vernetzten Fertigungsprozessen nicht gegeben.

❑ Die Beschaffungspreise werden über viele Jahre konstant gesetzt.

❑ Es fehlt die Berücksichtung des technischen Fortschritts.

❑ Unhaltbar ist auch die Annahme, dass der Absatzmarkt konstant bleibt und alles aufnimmt, was das Unternehmen produziert.

3. Finanzierung aus Rückstellungsgegenwerten

Rückstellungen sind Fremdkapital, das nach dem Grund, der Höhe und der Fälligkeit eher ungewiss ist, deren wirtschaftliche Verursachung aber in der abgelaufenen Rechnungsperiode vorliegt. **Gründe** für die Bildung von Rückstellungen sind:

❑ Ungewisse Verbindlichkeiten aus schwebenden Geschäften*

❑ Unterlassene Aufwendungen für Instandhaltung (die innerhalb von 3 Monaten im nächsten Geschäftsjahr nachgeholt werden)

❑ Unterlassene Abraumbeseitigung, die im nächsten Geschäftsjahr nachgeholt werden soll

❑ Erbrachte Gewährleistungen, für die keine rechtliche Pflicht bestand

❑ Pensionen und Anwartschaft auf Pensionen.

Rückstellungen werden entsprechend der kaufmännischen Vorsicht gebildet und auch entsprechend der kaufmännischen Vernunft dem Betrag nach in ausreichender Höhe eingestellt. Löst sich der Grund für die Rückstellungsbildung auf, werden auch die Rückstellungen aufgelöst, und es erhöht sich der Ertrag.

Die Finanzierungswirkung von Rückstellungen erfolgt dadurch, dass einem sofortigen bilanziellen Aufwand eine Auszahlung in späteren Perioden gegenübersteht. Hierdurch entsteht ein Zeitraum, in dem das Unternehmen dieses Kapital zu anderweitigen Finanzierungszwecken einsetzen kann. Es entsteht zudem ein **Steuerstundungseffekt**.

Voraussetzung bleibt ebenso wie bei den Innenfinanzierungen aus Umsatzerlösen, dass dem Unternehmen mit dem Verkaufserlös die kalkulierten Rückstellungen wieder zufließen.

Für die Wirksamkeit der Finanzierungswirkung der Rückstellungen kommen vor allem langfristige Rückstellungen wie z. B. Pensionsrückstellungen infrage. Kurz- und mittelfristige Rückstellungen haben hier kaum eine Bedeutung und Auswirkung.

4. Finanzierung aus sonstigen Kapitalfreisetzungen

Die Finanzierung aus sonstigen Kapitalfreisetzungen kann auf zwei **Arten** erfolgen. Das sind:

❑ Die **Finanzierung aus Rationalisierungen**, die insbesondere durch die Verringerung des Kapitaleinsatzes bei gleichbleibendem Umsatz- und Produktionsvolumen bewirkt wird.

---

* Rückstellungen aufgrund drohender Verluste aus schwebenden Geschäften sind steuerrechtlich seit 1997 nicht mehr möglich.

Beispiele für Rationalisierungsauswirkungen:

> ○ Geringere Lagerbestände aufgrund einer verbesserten Materialdisposition
> ○ Liquidierung von nicht mehr benötigten Materialien bzw. Maschinen
> ○ Beschleunigte Forderungseintreibung und verbesserte Überwachung offener Forderungen

❑ Die **Finanzierung aus Vermögensumschichtungen**, bei der sich der Liquiditätszustand von Vermögensteilen ändert, indem materielle oder immaterielle Vermögensteile in eine liquide Form überführt werden. Sie wird auch **Substitutionsfinanzierung** genannt.

Beispiele für Vermögensumschichtungen:

> ○ Der Verkauf von Wertpapieren
> ○ Das Abstoßen von Beteiligungen

Nur als Notmaßnahme denkbar sind Veräußerungen anderer Vermögensgegenstände, welche den Geschäftsbetrieb aufrechterhalten.

Erläutern Sie, was unter folgenden Begriffen zu verstehen ist, die Sie in diesem Kapitel kennen gelernt haben:

❑ Desinvestition   ❑ Gewinnrücklage
❑ Substitutionsfinanzierung   ❑ Abschreibungen
❑ Gewinnthesaurierung   ❑ Kapitalfreisetzungseffekt
❑ Unterbewertung von Aktiva   ❑ Kapazitätserweiterungseffekt
❑ Überbewertung von Passiva   ❑ Rückstellungen
❑ Kapitalrücklage

Seite 205

Lösungen zu den Übungen

Bilanzposition	Aktiva/Passiva	Anlage-/Umlaufvermögen Eigen-/Fremdkapital
Gewinnrücklage	Passiva	Eigenkapital
Forderungen	Aktiva	Umlaufvermögen
Bankverbindlichkeiten	Passiva	Fremdkapital
Finanzanlagen	Aktiva	Anlagevermögen
Rohstoffe	Aktiva	Umlaufvermögen
Rückstellungen	Passiva	Fremdkapital
Technische Anlagen	Aktiva	Anlagevermögen

- **Prolongation**: Verlängerung der Laufzeit eines Wechsels oder die verlängerte Gewährung eines Gesellschafterdarlehens

- **Substitution**: Ersatz eines alten durch einen neuen Gesellschafter

- **Transformation**: Aufnahme eines Bankkredits nach dem Ausscheiden eines Gesellschafters oder die Umwandlung eines Bankdarlehens in eine Kapitalbeteiligung

	Außenfinanzierung	Innenfinanzierung
Eigenfinanzierung	Beteiligungsfinanzierung	Gewinnthesaurierung
Fremdfinanzierung	Kreditfinanzierung	Pensionsrückstellungen

(1) Aus Sicht der **Zahlungspflichtigen** und **Zahlungsempfänger** stellen bargeldlose Zahlungen ein bequeme, schnelle und sichere Form der Zahlung dar, die den Zahlungsverkehr erheblich vereinfachen. Die Verringerung der Bargeldhaltung reduziert zudem das Verlust-, Diebstahl- und Unterschlagungsrisiko.

(2) Aus Sicht der beteiligten **Kreditinstitute** entstehen Sichteinlagen, welche die Möglichkeit der Kreditgewährung durch Giralgeldschöpfung bieten sowie Wertstellungserträge erbringen. Allerdings stellt der Zahlungsverkehr einen bedeutenden Kostenverursacher innerhalb der Kreditwirtschaft dar.

(3) Aus Sicht der **Gesamtwirtschaft** garantiert der bargeldlose Zahlungsverkehr die rationelle, für eine funktionierende Wirtschaft notwendige Abwicklungsmöglichkeit von massenhaften Zahlungsvorgängen. Zudem erbringen die Sichteinlagen bei Kreditinstituten die Voraussetzung für die Kreditschöpfung.

Überweisung per Dauerauftrag	Lastschrift nach Einzugsermächtigung
Stets gleicher Empfänger	Stets gleicher Empfänger
Stets gleiches Konto	Stets gleiches Konto
Stets gleicher Betrag	Sich ändernder oder gleicher Betrag
Regelmäßig wiederkehrende Termine	Sich ändernde oder auch regelmäßige Termine
Vom Zahlungspflichtigen ausgehend	Der Zahlungsempfänger ist Auslöser der Zahlung
Beispiele: Miete, Vereinsbeitrag	**Beispiele**: Telefonrechnung, Stromrechnung

(1) Der Scheck hat als **gesetzliche Bestandteile**: Die Bezeichnung »*Scheck*« im Text der Urkunde, eine unbedingte Anweisung zur Zahlung einer Geldsumme, die Angabe des bezogenen Kreditinstituts, des Zahlungsorts, des Tages und Ortes der Ausstellung sowie die Unterschrift des Ausstellers.

(2) Der **Barscheck** ermöglicht eine Bargeldauszahlung der Schecksumme. Der **Verrechnungsscheck** schließt mit dem Vermerk »*Nur zur Verrechnung*« eine Barauszahlung aus und kann nur über ein Konto eingelöst werden. Der Barscheck hat Vorteile wegen der Zahlungsmöglichkeit auch an Nichtkontoinhaber. Der Verrechnungsscheck bietet höhere Sicherheit und die Möglichkeit der Zurückverfolgung des Einzugweges.

Orderschecks werden in der Praxis durch die Klausel »*oder Order*« gekennzeichnet und erfordern bei der Übertragung ein Indossament (Angabe der Person, die den Orderscheck erhalten soll: »*Zahlen Sie an die Order von ...*«). Vorteilhaft ist die erhöhte Sicherheit des Übertrags, die Nachprüfbarkeit der Legitimation des Scheckvorlegers.

Inhaberschecks können formlos ohne Indossament übergeben werden und sind an den Vorleger zahlbar. Durch die Überbringerklausel »*oder Überbringer*« wird aus dem Scheck, der ein geborenes Orderpapier ist, ein Inhaberpapier.

Der Lieferant A hat folgende Möglichkeiten diesen Wechsel zu verwenden:

(1) Er kann den Wechsel im eigenen Portefeuille aufbewahren oder dies auch von einem Kreditinstitut besorgen lassen. Nach Ablauf der Wechsellaufzeit erfolgt ein Inkasso. Hier übernimmt der Wechsel insbesondere eine **Funktion der Sicherung** der Zielzahlung eines Kunden durch die Wechselstrenge.

(2) Der Lieferant A könnte den Wechsel auch zur Zahlung eigener Verbindlichkeiten aus Lieferung und Leistung nutzen. Mit der Weitergabe des Wechsels entsteht eine **Zahlungsmittelfunktion**.

(3) Es besteht aber auch die Möglichkeit, den Wechsel vor seiner Fälligkeit bei einem Kreditinstitut zum Diskont einzureichen. Damit erhält der Lieferant A vorzeitig Liquidität in Form eines Wechseldiskontkredits, wodurch der Wechsel eine **Kreditfunktion** ausübt.

(4) Denkbar in wenigen Fällen wäre auch, dass der Wechsel als **Sicherheit** verwandt wird. Nähme z. B. der Lieferant einen Lombardkredit bei einem Kreditinstitut auf, könnte unter Umständen der Wechsel als Sicherheit hinterlegt werden.

(1) **Electronic Cash** = Zahlungsauslösung am Point of Sale; technische Voraussetzungen werden durch den Handel und die Kreditinstitute gestellt.

Electronic Banking = ortsungebundene Möglichkeit, am Zahlungsverkehr teilzunehmen; technische Voraussetzung sind durch den Teilnehmer am Zahlungsverkehr und durch die Kreditinstitute gestellt.

(2) **Scheckkarte** = Garantiefunktion bei der Verwendung an in- und ausländischen Geldausgabeautomaten; Zahlungsfunktion im Electronic Cash Bereich (Magnetstreifen, Chip); direkte, sofortige Bebuchung des Kontos des Karteninhabers.

Kreditkarte = Dreiecksverhältnis zwischen Kreditkarteninhaber, Kreditkartenherausgeber und Vertragsunternehmen; zumeist monatliche Abbuchung der Beträge (Kreditierungsfunktion).

(3) **Lorokonto** = Inländische Bank führt für eine ausländische Bank ein Konto in inländischer Währung.

Nostrokonto = Inländische Bank unterhält ein Konto in fremder Währung bei einer ausländischer Bank.

(4) **Konnossement** = Orderpapier im Seefrachtverkehr; dokumentiert den Empfang, die Verpflichtung des Verfrachters zur Beförderung und zur Aushändigung der Ware an den berechtigten Empfänger.

Frachtbrief = Verkörpert ein Dispositionsrecht im Eisenbahngüter-, Straßengüter- und Luftfrachtverkehr.

(5) **Dokumenteninkasso** = Es sichert dem Exporteur die »Zahlung gegen Dokumente« zu.

Dokumentenakkreditiv = Hier werden zusätzlich Bankgarantien gegen das Risiko der Nichtzahlung eingebunden.

Siehe MiniLex (S. 205 ff.)

Das Unternehmen erleidet einen Gewinneinbruch. Die Gesamtkapitalrentabilität sinkt auf 5 %. Weiterhin ist an die Fremdkapitalgeber ein Zins von 8 % zu zahlen. Die unterschiedlichen Situationen führen zu folgenden Ergebnissen:

	Situation A	Situation B
Eigenkapital	60	20
Fremdkapital	60	100
Gesamtkapital	120	120
Gewinn vor Zinsen (5 %)	6	6
Fremdkapitalzinsen (8 %)	4,8	8
Gewinn/Verlust nach Zinsen	1,2	- 2
Eigenkapitalrentabilität	2 %	- 10 %

Die Eigenkapitalrentabilität sinkt von 2 % (Situation A: EK = 60, FK = 60) durch einen vermehrten Einsatz von Fremdkapital auf - 10 % (Situation B: EK = 20, FK = 100). Durch das Leverage-Risiko wird das Eigenkapital angegriffen.

❏ Eine Untersuchung der Kennzahlen der Unternehmen ergibt folgendes Bild:

	Unternehmen		
	A	B	C
Jahresüberschuss	40	50	36
Bilanzsumme	200	500	360
Rentabilität des Kapitaleinsatzes	20 %	10 %	10 %
Umsatz	400	500	720
RoI-Bestandteile nach Einbeziehung der Umsatzgrößen:			
Umsatzrentabilität	10 %	10 %	5 %
Kapitalumschlagshäufigkeit	2	1	2

Bei der absoluten Betrachtungsweise erhält man die Reihenfolge B vor A und C. Diese wird durch die Rentabilität des eingesetzten Kapitals relativiert und es ergibt sich die Reihenfolge: A vor B und C.

Als Erklärung kann nun durch die Einführung des Umsatzes eine Abweichungsanalyse durch die Bestandteile des RoI's Umsatzrentabilität und Kapitalumschlag erfolgen.

Das schlechtere Abschneiden des Unternehmens B beruht auf dem geringeren Kapitalumschlag. Ansatzpunkte zur Rentabilitätssteigerung bei B wären z. B. eine Untersuchung der Aktiva (Beschränkung auf betriebsnotwendiges Vermögen).

Während Unternehmen C im Kapitalumschlag gleich auf mit Unternehmen A liegt, scheint bei C die Umsatzrendite Grund der unzureichenden Gesamtkapitalrendite zu sein. Hier wären Ansatzpunkte zur Rentabilitätssteigerung bei C z. B. die Überprüfung der Kostenstruktur bzw. der Preisfestsetzung.

❏ **Erhöhung der Umsatzrentabilität:**

Bei gleichbleibendem Umsatz:

- Höhere Rohgewinnspanne
- Niedrigere Personalkosten

❏ **Erhöhung der Kapitalumschlagshäufigkeit:**

Verminderung der Lagerbestände, Verkauf nicht genutzter Anlagen, Nutzung des Leasing, Beschleunigung des Debitorenumschlages, effizientere Investitionspolitik, Verkürzung der Abschreibungsfristen.

(1) **Absolute Liquidität:** Möglichkeit der Verwendung oder Umwandlung von Vermögensteilen in Zahlungsmittel.

Relative Liquidität: Möglichkeit eines Unternehmens, seinen finanziellen Verpflichtungen nachzukommen.

(2) **Natürliche Liquidität:** Zustand, der sich entsprechend der Ausreifung eines Gutes zum Geld hin ergibt.

Künstliche Liquidität: Zustand, der den natürlichen Reifeprozess eines Gutes vorzeitig unterbricht und Liquidität schafft.

(3) **Dynamische Liquidität:** Sie zeigt zeitraumbezogen alle Zahlungsströme auf.

Statische Liquidität: Sie stellt ein zeitpunktbezogenes Verhältnis zwischen verschiedenen Bilanzpositionen dar.

(4) **Unterliquidität:** Hier herrscht eine nur noch eingeschränkte Zahlungsfähigkeit, was ein Sicherheitsrisiko darstellt.

Überliquidität: Hier sind mehr liquide Mittel als nötig vorhanden, was die Rentabilität negativ beeinflussen kann.

(1) **Rentabilität**

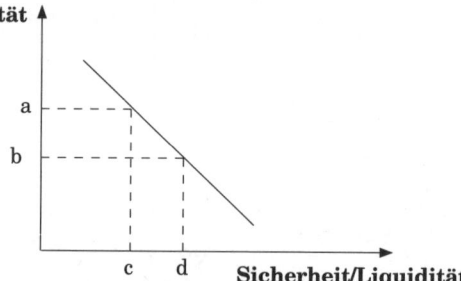

(2) **Rentabilität versus Sicherheit:** Je weniger Sicherheit für einen Kapitalgeber gegeben ist (c), desto höher muss die Rentabilität (a) ausfallen. Dies ist beispielsweise bei der Kreditvergabe der Fall. Kreditinstitute verlangen höhere Zinssätze für Kredite, die weniger gut besichert sind oder ein größeres Ausfallrisiko in sich tragen.

Rentabilität versus Liquidität: Je variabler ein Kreditnehmer Liquidität von einer Bank in Form z. B. eines Kontokorrentkredits zur Verfügung gestellt bekommt (d), desto höher werden die Kosten und entsprechend niedriger die Rentabilität (b) sein.

Aktiva	Bilanz zum 31.12.2008		Passiva
Anlagevermögen		Eigenkapital	
Sachanlagen	15.000 €	Gezeichnetes Kapital	8.000 €
Finanzanlagen	2.500 €	Gewinn	1.000 €
Umlaufvermögen		Fremdkapital	
Vorräte	5.500 €	Langfristige Bankdarlehen	7.000 €
Forderungen	3.000 €	Kurzfristige Bankdarlehen	9.500 €
Bankguthaben	1.500 €	Kurzfristige Verbindlich-	
Kasse	500 €	keiten Warenlieferungen	2.500 €
Summe	28.000 €		28.000 €

Weitere Informationen:

Umsatzerlöse	30.000 €	Bestände am 31.12.2007	
Abschreibungen auf		des Umlaufvermögens	9.000 €
Sachanlagen	750 €	der Sachanlagen	13.500 €
		der Finanzanlagen	2.500 €
		der Forderungen	2.800 €

Vermögenskonstitution	166,7 %	Eigenkapitalquote	32,1 %
Anlageintensität	62,5 %	Anspannungskoeffizient	67,9 %
Umlaufintensität	37,5 %	Verschuldungsgrad	211,1 %
Anlagenutzung	200,0 %	Liquidität ersten Grades	16,7 %
Durchschn. Anlagevermögen	16.750,00 €	Liquidität zweiten Grades	41,7 %
dessen Umschlagshäufigkeit	0,045 %	Liquidität dritten Grades	87,5 %
Investitionsquote	11,1 %	Deckungsgrad A	51,4 %
Investitionsdeckung	50,0 %	Deckungsgrad B	91,4 %
Abschreibungsquote	5,0 %	Deckungsgrad C	82,05 %
Vorratshaltung	18,3 %	Working capital	– 1.500 €
Laufzeit der Forderungen	34,8 Tage		

(1)	Bilanzgewinn	4,0 Mio. €
–	Auflösung von Rücklagen	1,5 Mio. €
+	Verlustvortrag	0,4 Mio. €
=	Jahresüberschuss	2,9 Mio. €
+	Abschreibungen	0,8 Mio. €
+	Rückstellungen	0,6 Mio. €
=	Cash Flow	4,3 Mio. €

Diese Größe steht dem Unternehmen zur Verfügung, um z. B. aufgenommene Kredite zu tilgen, Dividenden an die Eigenkapitalgeber zahlen zu können oder Investitionen im Rahmen der Innenfinanzierung durchzuführen.

(2) Die Aussagekraft der statischen Liquiditätsgrade wird eingeschränkt durch:

❏ Die Messung der Liquidität zu einem einzigen Zeitpunkt

❏ Die nicht bekannten Fälligkeiten der gegenübergestellten Forderungen und Verbindlichkeiten

❏ Die möglicherweise sicherungsübereigneten, verpfändeten oder abgetretenen Vermögensgegenstände

❏ Die Vernachlässigung zusätzlich erlangbarer Liquidität durch weitere Kreditaufnahmen oder Kreditprolongationen.

Bei der Herstellung eines Kopiergerätes, die in vier Fertigungsschritten erfolgt, welche jeweils einen Tag dauern, ergeben sich folgender Kapitalbedarf pro Fertigungsschritt:

- Bei einer gleichzeitigen Prozessanordnung würde man aufgrund der Kapazität im ersten Fertigungsschritt am ersten Fertigungstag zeitlich nebeneinander den Herstellungsprozess für vier Kopierer gleichzeitig beginnen können.

- Bei einer zeitlich gestaffelten Fertigung beginnt man jeweils an einem Tag mit der Produktion eines Kopierers. Die Produktion des nächsten Fotokopierers erfolgt dann am darauf folgendem Tag.

Ein Zahlenbeispiel zeigt die unterschiedliche Entwicklung der Kapitalbedarfe. Die Auszahlungshöhen der einzelnen Fertigungsschritte betragen:

Fertigungsschritt	Auszahlungen	Fertigungsschritt	Auszahlungen
1	500 €	3	300 €
2	400 €	4	200 €

Für den fünften Tag innerhalb des betrieblichen Prozesses wird angenommen, dass das Unternehmen die Kopierer sofort absetzen kann und eine Einzahlung von 1.500 € realisiert.

Gleichzeitige Prozessanordnung:

Prozesstag	1	2	3	4	5	6	7	8	9
Auszahlungen	2.000	1.600	1.200	800					
					2.000	1.600	1.200	800	
									2.000
Einzahlungen					6.000				6.000
Kumuliert Ausz.	2.000	3.600	4.800	5.600	7.600	9.200	10.400	11.200	13.200
Kumuliert Einz.					6.000				12.000
Kapitalbedarf	**2.000**	**3.600**	**4.800**	**5.600**	**1.600**	**3.200**	**4.400**	**5.200**	**1.200**

Zeitlich gestaffelte Prozessanordnung:

Prozesstag	1	2	3	4	5	6	7	8	9
Auszahlungen	500	400	300	200					
		500	400	300	200				
			500	400	300	200			
				500	400	300	200		
					500	400	300	200	
						500	400	300	200
							500	400	300
								500	400
Einzahlungen					1.500	1.500	1.500	1.500	1.500
Kumuliert Ausz.	500	1.400	2.600	4.000	5.400	6.800	8.200	9.600	10.500
Kumuliert Einz.					1.500	3.000	4.500	6.000	7.500
Kapitalbedarf	**500**	**1.400**	**2.600**	**4.000**	**3.900**	**3.800**	**3.700**	**3.600**	**3.000**

- Wie zu sehen ist, bringt die zeitlich gestaffelte Prozessanordnung eine wesentlich gleichmäßigere Entwicklung des Kapitalbedarfs.

- Umlaufkapitalbedarf nach der kumulativen Methode:

Werkstoffeinsatz	7.000 €	Rohstofflagerung	+ 10 Tage
Lohneinsatz	11.000 €	Produktion	+ 15 Tage
Gemeinkosteneinsatz	2.200 €	Lagerung der Fertigerzeugnisse	+ 15 Tage
		Kundenziel	+ 15 Tage
Summe	20.200 €	Lieferantenziel	− 5 Tage
		Summe	50 Tage

Umlaufkapitalbedarf = 20.200 € · 50 Tage = **1.010.000 €**

❏ Umlaufkapitalbedarf nach der elektiven Methode:

Werteinsatz	Bindungsdauer in Tagen		
Werkstoffeinsatz	7.000 € · (10 + 15 + 15 + 15 – 5)	=	350.000 €
Lohneinsatz	11.000 € · (15 + 15 + 15)	=	495.000 €
Gemeinkosteneinsatz	2.200 € · (10 + 15 + 15 + 15)	=	121.000 €
Umlaufkapitalbedarf			**966.000 €**

(1) Es lässt sich die ungefähre Liquiditätsbelastung von der Höhe und vom zeitlichen Anfall ablesen. Das Beispiel zeigt ein saisonal ausgerichtetes Unternehmen, das insbesondere im vierten Quartal Liquiditätsüberschüsse aufweist. Dies kann typischerweise ein Handelsunternehmen sein, das zum Weihnachtsgeschäft entsprechende Umsätze erzielt.

(2) Für die finanzwirtschaftliche Führung des Unternehmens zeigt der Finanzplan die Notwendigkeit, mit den Banken entsprechende Kreditlinien im ersten bis dritten Quartal zu verhandeln. Die Liquiditätsüberschüsse im vierten Quartal sind entsprechend zu planen (Rückführung von kurzfristigen Krediten, Anlageentscheidungen, Bezahlung von Mitarbeiterprämien, Durchführung von Investitionen).

Siehe MiniLex (S. 205 ff.)

(1)

Kriterien	Eigenkapital	Fremdkapital
Rechtsverhältnisse	Das Eigenkapital begründet ein Beteiligungsverhältnis.	Das Fremdkapital begründet ein Schuldverhältnis.
Haftung	Der Eigenkapitalgeber haftet je nach Rechtsform mindestens mit seiner Einlage, eventuell auch mit seinem Privatvermögen.	Für den Fremdkapitalgeber besteht keine Haftung für das Unternehmen.
Vermögen	Der Eigenkapitalgeber hat einen anteiligen Anspruch am Vermögen, so weit der Liquidationserlös die Verbindlichkeiten des Unternehmens übersteigt.	Der Fremdkapitalgeber hat Anspruch auf Rückzahlung des zur Verfügung gestellten Kapitals.
Entgelt	Der Eigenkapitalgeber ist i.d.R. anteilig am Gewinn und am Verlust beteiligt.	Der Fremdkapitalgeber hat i.d.R. einen Zinsanspruch und keine Gewinn- oder Verlustbeteiligung.
Mitbestimmung	Der Fremdkapitalgeber ist i.d.R. zur Mitbestimmung berechtigt.	Der Fremdkapitalgeber ist i.d.R. nicht zur Mitbestimmung berechtigt.
Verfügbarkeit	Das Eigenkapital steht i.d.R. unbegrenzt lange zur Verfügung.	Das Fremdkapital steht zeitlich nur begrenzt zur Verfügung.
Steuern	Der Gewinn wird je nach Rechtsform steuerlich voll belastet.	Die Fremdkapitalzinsen sind steuerlich absetzbar.
Umfang	Das Eigenkapital ist durch die Kapazität der Kapitalgeber begrenzt.	Das Fremdkapital steht unbegrenzt zur Verfügung, soweit die Risiken der Hingabe vertretbar sind oder entsprechende Sicherheiten vorliegen.
Interesse	Den Eigenkapitalgeber interessiert der Erhalt des Unternehmens.	Den Fremdkapitalgeber interessiert der Erhalt seines Kapitals.

(2) Die zumeist bankgetragenen **Kreditmärkte** stellen den Unternehmen Kapital zur Verfügung auf Basis von mit den Kapitalgebern abzuschließenden Kreditverträgen. Über **Kapitalmärkte** erhalten die Emittenten von Anleihen langfristig zur Verfügung stehendes Kapital. Als Unterschiede lassen sich aufführen, dass Kapitalmarktfinanzierungen eher langfristig und eher günstiger sind und nur für sehr große Kreditvolumina infrage kommen.

(3) Weitere Möglichkeiten sind Kredite von Kapitalsammelstellen (Versicherungen), Kredite von Marktpartnern (Lieferantenkredit) oder Substitutionsmöglichkeiten der Kredite (Factoring, Leasing) und Gesellschafterdarlehen.

(1) Unterschied zwischen **gewöhnlicher Bürgschaft** und **selbstschuldnerischer Bürgschaft**:

Bei der gewöhnlichen Bürgschaft steht dem Bürgen das Recht der »Einrede auf Vorausklage« zu. Er zahlt erst, wenn der Gläubiger nachweisen kann, dass beim Hauptschuldner die Zwangsvollstreckung erfolglos war. Bei der selbstschuldnerischen Bürgschaft verzichtet er auf dieses Recht und muss sofort zahlen.

(2) Unterschied zwischen **Rückbürgschaft** und **Nachbürgschaft**:

Die Haftung für eine Nachbürgschaft tritt erst dann ein, wenn Vorbürgen oder Hauptbürgen sich als nicht zahlungsfähig erwiesen haben. Bei der Rückbürgschaft kann der Hauptbürge im Falle einer Beanspruchung auf den Rückbürgen zurückgreifen.

(3) Unterschied zwischen **Bürgschaft** und **Garantie**:

Die Bürgschaft ist im Gegensatz zur Garantie im Gesetz geregelt und akzessorisch.

(4) Unterschied zwischen einer **Anzahlungsgarantie** und einer **Bietungsgarantie**:

Die Anzahlungsgarantie sichert Anzahlungen bei bestehenden Verträgen ab, die Bietungsgarantie soll das Gebot bei Ausschreibungen sichern.

(5) Unterschied zwischen **Patronatserklärung** und **Negativverklärung**:

Bei der Patronatserklärung sichert ein Dritter dem Kreditgeber zu, zumeist ein verbundenes Unternehmen finanziell so auszustatten, dass es seinen Verbindlichkeiten nachkommen kann. Die Negativverklärung gibt der Kreditnehmer selbst ab und erklärt zumeist keine anderen Kreditgeber besser zu stellen als den Kreditgeber, dem gegenüber die Negativverklärung abgegeben wurde.

(1) Aufgrund des Besitzkonstituts hat das Unternehmen die Möglichkeit, die als Realsicherheit übereigneten Kopiergeräte weiter zu nutzen.

(2)

Pfandrecht	Sicherungsübereignung
○ Besitzübergang auf den Gläubiger ○ Kein Eigentumsübergang ○ Keine Nutzungsmöglichkeiten durch den Schuldner	○ Eigentumsübergang auf den Gläubiger ○ Kein Besitzübergang ○ Nutzung durch den Schuldner

Das Grundbuch zeigte folgende Daten:

Grundschuld über 150.000 € vom 06.06.08
Grundschuld über 50.000 € vom 11.06.08
Grundschuld über 20.000 € vom 02.07.08

Der Gläubiger der Grundschuld über 150.000 € betreibt die Zwangsvollstreckung, die 180.000 € erbringt. Damit wird er voll befriedigt. Der Gläubiger der zweiten Grundschuld kann nur noch 30.000 € aus der Verwertung der Sicherheit realisieren. Der dritte Gläubiger geht leer aus.

Kreditbetrag: 1 Mio. €
Konditionen: Zins p. a.   7 %
                 Laufzeit   5 Jahre

$$z = K_0 \cdot \frac{q^n \cdot (q-1)}{q^n - 1} = 1.000.000 \cdot \frac{1,07^5 \cdot (1,07-1)}{1,07^5 - 1}$$

$$z = 1.000.000 \cdot \frac{1,402552 \cdot 0,07}{0,402552} = 1.000.000 \cdot 0,243891 = \textbf{243.891 €}$$

Jahr	Annuität in Mio. €	Zinsen in Mio. €	Tilgung in Mio. €	Restschuld in Mio. €	Kontrolle in Mio. €
1	0,243891	0,070000	0,173891	0,826109	0,243891
2	0,243891	0,057828	0,186063	0,640046	0,243891
3	0,243891	0,044803	0,199088	0,440958	0,243891
4	0,243891	0,030867	0,213024	0,227934	0,243891
5	0,243891	0,015955	0,227936	- 0,000002	0,243891

Kreditbetrag: 1 Mio. €
Konditionen: Zins p. a.   7 %
               Laufzeit   5 Jahre
Jährlicher Tilgungsbetrag: 1.000.000 € : 5 = 200.000 €

Jahr	Kreditbetrag in Mio. €	Zinsen in Mio. €	Tilgung in Mio. €	Restschuld in Mio. €	Jährl. Zahlung in Mio. €
1	1.000000	0,070000	0,200000	0,800000	0,270000
2	0,800000	0,056000	0,200000	0,600000	0,256000
3	0,600000	0,042000	0,200000	0,400000	0,242000
4	0,400000	0,028000	0,200000	0,200000	0,228000
5	0,200000	0,014000	0,200000	0,000000	0,214000

Nominalzins = 9 %; Damnum = 10 %, Gesamtlaufzeit = 20 Jahre, tilgungsfreie Zeit = 3 Jahre

❑ Tilgung in **jährlich gleichen Raten**:

$$t_m = \frac{n+1}{2} = \frac{20+1}{2} = 10,5 \qquad r = \frac{Z + \dfrac{D}{t_m}}{AK} \cdot 100 = \frac{9 + \dfrac{10}{10,5}}{90} \cdot 100 = \textbf{11,06 \%}$$

❑ Tilgung in **jährlich gleichen Raten** mit einer **tilgungsfreien Zeit von 3 Jahren**:

$$t_m = t_f + \frac{(n - t_f) + 1}{2} = 3 + \frac{(20-3)+1}{2} = 12 \qquad r = \frac{Z + \dfrac{D}{t_m}}{AK} \cdot 100 = \frac{9 + \dfrac{10}{12}}{90} \cdot 100 = \textbf{10,93 \%}$$

Z   = Nominalzinssatz der Anleihe   = 10 %
RK = Rückzahlungskurs der Anleihe = 100 €
AK = Auszahlungskurs der Anleihe   = 97 €
n   = Laufzeit der Anleihe in Jahren = 10

$$r = \frac{Z + \dfrac{RK - AK}{n}}{AK} \cdot 100 = \quad r = \frac{10 + \dfrac{100 - 97}{10}}{97} \cdot 100 = \mathbf{10{,}62\,\%}$$

Die Effektivverzinsung der Anleihe beträgt nach der Faustformel 10,62 %.

Zur Berechnung ist die Aufzinsungsformel nach q aufzulösen.

Umformung nach q: $K_n = K_0 \cdot q^n$

$$\frac{K_n}{K_0} = q^n$$

$$q = \sqrt[n]{\frac{K_n}{K_0}}$$

Bekannt sind: $K_n = 100\,€$ $K_0 = 48\,€$ $n = 10\ \text{Jahre}$

$$q = \sqrt[n]{\frac{K_n}{K_0}} = \sqrt[10]{\frac{100}{48}} = 1{,}076157$$

Es ergibt sich hieraus eine Verzinsung von 7,62 %. Die Formel $q = \sqrt[n]{\dfrac{K_n}{K_0}}$ steht für den Zweizahlungsfall, der von *Däumler* (S. 236 ff.) beschrieben wird.

❑ 2,5 % Skonto von 1000,- € ergeben einen möglichen Skontoabzug von 25,- €. Zahlt das Unternehmen innerhalb von 5 Tagen, sind somit nur noch 975,- € zu entrichten.

❑ Das Unternehmen kann aber auch Skonto ausnutzen und 1.000,- € in 30 Tagen zahlen. Allerdings entstehen hierbei Opportunitätskosten, die folgende Größe erreichen: Es waren 2,5 % Skonto bei einer Zahlung innerhalb von 5 Tagen, ansonsten rein netto innerhalb von 30 Tagen zugestanden.

r = Jahressatz in %
S = Skontosatz = 2,5 %
z = Zahlungsziel = 30 Tage
s = Skontofrist = 5 Tage.

$$r = \frac{S \cdot 360}{z - s} = \frac{2{,}5 \cdot 360}{30 - 5} = \mathbf{36\,\%}$$

Durch die Nichtausnutzung des Skontos entstehen 36 % p. a. Opportunitätskosten für das Unternehmen.

❑ Bei der Verlängerung des Zahlungszieles auf 180 Tage sinkt der Opportunitätskostensatz und eine Ausnutzung des Lieferantenkredits kann in Erwägung gezogen werden.

r = Jahressatz in %
S = Skontosatz = 2,5 %
z = Zahlungsziel = 180 Tage
s = Skontofrist = 5 Tage.

$$r = \frac{S \cdot 360}{z - s} = \frac{2{,}5 \cdot 360}{180 - 5} = \mathbf{5{,}14\,\%}$$

	Lieferantenkredit	Kontokorrentkredit
Renta-bilität	Dem belieferten Unternehmen entstehen sehr hohe Opportunitätskosten, falls es die eingeräumten Skonti nicht ausnutzt. Es empfiehlt sich hier kurzfristige Bankkredite, wie z. B. den Kontokorrentkredit, zur Finanzierung aufzunehmen.	Der Kontokorrentkredit ist der teuerste kurzfristige Bankkredit (ca. 5 % über dem Geldmarktsatz), aber er ist wesentlich günstiger als die entstehenden Opportunitätskosten bei der Inanspruchnahme des eingeräumten Zahlungsziels.
Sicher-heit	Keine bankgetragene systematische Besicherung oder Überprüfung. Lediglich fungiert der Eigentumsvorbehalt oder die Wechselstrenge als Kreditsicherung.	Bankgetragene Überprüfung der Daten der Kreditwürdigkeit (Einsicht in die wirtschaftliche Lage des Unternehmens) sowie Erfahrungen aus der Abwicklung des Zahlungsverkehrs des Unternehmens. Weitergehend möglich: ○ Bürgschaft ○ Pfandrecht ○ Zession ○ Grundschuld ○ Sicherungsübereignung
Liqui-dität	Die Ausnutzung eines eingeräumten Lieferantenkredits kann die Kreditlinien bei Banken entlasten und hierdurch zu einer vorübergehend besseren Liquiditätslage des Unternehmens führen.	Der Kontokorrentkredit ist Basis für die tägliche Disposition und damit Mittelpunkt der Liquiditätsüberlegungen hinsichtlich der laufenden Geschäftstätigkeit. Zudem dient er als Liquiditätsreserve für auftretende Spitzenbelastungen.
Erhält-lichkeit	Hervorzuheben sind die Schnelligkeit, die Formlosigkeit und die Bequemlichkeit der Kreditgewährung durch den Lieferanten.	Als Voraussetzung für die Erhältlichkeit eines Kontokorrentkredits steht zumeist die teilweise Abwicklung des Zahlungsverkehrs über die kreditgebende Bank und entsprechende Kreditwürdigkeit.
Unab-hängig-keit	Abhängigkeiten entstehen gegenüber dem Lieferanten; eine gewisse Unabhängigkeit gegenüber Banken.	Abhängigkeiten entstehen gegenüber einer Bank, wenn diese den gesamten Zahlungsverkehr – freiwillig oder erzwungener Maßen – abwickelt.

(1) ❏ Der Wechsel kann in das eigene Portefeuille übernommen werden und durch eigenes Inkasso eingezogen werden.

❏ Der Wechsel kann zur Bezahlung von Verbindlichkeiten an Lieferanten weitergegeben werden.

❏ Der Wechsel kann zur Bank zum Inkasso gegeben werden, die dies gegen Inkassogebühr durchführt.

❏ Der Wechsel kann der Bank zum Diskont übergeben werden.

❏ Der Wechsel kann als Pfandgegenstand bei einem Lombardkredit dienen.

(2) Die Restlaufzeit des Wechsels beträgt vom 18. März bis zum 12. Mai bei taggenauer Berechnung 55 Tage.

$$\text{Zinskosten:} \quad \frac{100.000 \cdot 55 \cdot 5,5}{360 \cdot 100} = 840,28 \text{ €}$$

Zinskosten: 840,28 €
Diskontspesen: 5,00 €
Summe: 845,28 €

Gutschrift am 18. März   **99.154,72 €**

$$(3)\ r = \frac{DB + DS}{KB} \cdot \frac{360}{WL} = \frac{840,28 + 5}{99.154,72} \cdot \frac{360}{55} = 0,05579 = \mathbf{5,58\ \%}$$

(1) Das kurzfristige Liquiditätsvolumen wird durch die gültigen Beleihungsgrenzen der Kreditinstitute bestimmt:

Bundesanleihen	2,0 Mio. € · 80 %	= 1,60 Mio. €
Aktien bester Bonität	1,5 Mio. € · 70 %	= 1,05 Mio. €
Waren	3,0 Mio. € · 50 %	= 1,50 Mio. €
		4,15 Mio. €

Durch die Lombardierung könnte kurzfristig ein Liquiditätsvolumen von 4,15 Mio. € geschaffen werden.

(2) **Akzeptkredit** und **Avalkredit** sind beide Formen der Kreditleihe.

Beim Akzeptkredit besteht im Außenverhältnis ein durch einen Wechsel gesichertes Zahlungsversprechen einer Bank, wodurch dieses Wertpapier ein international anerkanntes Zahlungsmittel wird. Im Innenverhältnis hat der Bankkunde als Wechselaussteller den Betrag vor Fälligkeit des Wechsels auf einem Bankkonto bereitzustellen.

Beim Avalkredit liegt ein solcher Unterschied zwischen vertraglichem Innen- und Außenverhältnis nicht vor. Das Gesetz begründet die Übernahme einer Bürgschaft oder einer Garantie durch eine Bank für einen Bankkunden.

Die für den beabsichtigten Cap-Kauf zu zahlende Optionsprämie an den Cap-Verkäufer, der hierdurch eine Zinsobergrenze garantiert, kann durch einen gleichzeitigen Verkauf eines Floors reduziert werden. Damit garantiert das Unternehmen einem anderen Handelspartner eine Zinsuntergrenze, die es zur Zahlung von Zinsen verpflichtet, falls der Referenzzinssatz diese Zinsuntergrenze unterschreitet.

Hierdurch entsteht eine Situation, dass ein einziger Marktteilnehmer, der sich in einer Finanzierung befindet, sowohl Versicherungsnehmer, wie im Beispiel durch den Kauf eines Caps, und gleichzeitig Versicherungsgeber, durch den Verkauf eines Floors, wird.

Damit wird eine Begrenzung der Zinsbelastung nach oben hin erreicht, allerdings kann das Unternehmen bei Zinssenkungen durch den Verkauf des Floors nicht an der Vergünstigung des Kredites uneingeschränkt partizipieren. Die Teilnahme an Zinssenkungen ist dann nur bis zu der vereinbarten Floor-Grenze möglich und es sind, falls die Zinsen weiterhin sinken, dann dem Floor Käufer entsprechende Ausgleichszahlungen zu überweisen.

Eine solche Konstruktion des gleichzeitigen Einsatzes von Cap und Floor nennt man Collar. Legt man die Zinsobergrenzen und die Zinsuntergrenzen so, dass sich die zu zahlenden Prämien ausgleichen, erhält man einen Zero-Cost-Collar.

Monatlicher Umsatz	1,5 Mio. €		
Durchschnittliches Zahlungsziel	30 Tage		
Dienstleistungsgebühr	1,5 % vom Umsatz	1,5 % · 1,5 Mio. €	= 22.500 €
Delkrederegebühr	0,5 % vom Umsatz	0,5 % · 1,5 Mio. €	= 7.500 €
Zinsen	7,0 % p. a.	7 % · 1,5 Mio. € : 12	= 8.750 €
			38.750 €

Die monatlichen Kosten betragen 38.750 €.

Dagegen zu rechnen sind potenzielle Einsparungsmöglichkeiten. Diese sind:

○ Outsourcing-Möglichkeiten bestehen   ○ Wertberichtungen entfallen
○ Bankkredite werden substituiert

Eigenkapitalquote zum 10.12.2008 $= \dfrac{\text{Eigenkapital}}{\text{Gesamtkapital}} \cdot 100 = \dfrac{8.000}{24.500} \cdot 100 = \mathbf{32{,}65\ \%}$

Forderungen in Höhe von 7.000 € werden an ein Factoringinstitut verkauft, das umgehend die Liquidität auf dem Bankkonto zur Verfügung stellt.

Aktiva	Bilanz zum 10.12.2008		Passiva
Anlagevermögen	13.000 €	Eigenkapital	8.000 €
Umlaufvermögen		Fremdkapital	
Vorräte	2.500 €	Langfristige Bankdarlehen	5.000 €
Forderungen	1.000 €	Kurzfristige Bankdarlehen	9.500 €
Bankguthaben	7.500 €	Kurzfristige Verbindlich-	
Kasse	500 €	keiten Warenlieferungen	2.000 €
Summe	24.500 €		24.500 €

Daraufhin führt das Unternehmen kurzfristige Bankdarlehen über den Bilanzstichtag zurück.

Aktiva	Bilanz zum 31.12.2008		Passiva
Anlagevermögen	13.000 €	Eigenkapital	8.000 €
Umlaufvermögen		Fremdkapital	
Vorräte	2.500 €	Langfristige Bankdarlehen	5.000 €
Forderungen	1.000 €	Kurzfristige Bankdarlehen	2.500 €
Bankguthaben	500 €	Kurzfristige Verbindlich-	
Kasse	500 €	keiten Warenlieferungen	2.000 €
Summe	17.500 €		17.500 €

Eigenkapitalquote zum 31.12.2008 $= \dfrac{\text{Eigenkapital}}{\text{Gesamtkapital}} \cdot 100 = \dfrac{8.000}{17.500} \cdot 100 = \mathbf{45{,}71\ \%}$

Die Eigenkapitalquote hat sich um ca. 13,1 % verbessert.

Kredit   **Leasing**

Kreditsumme: 600.000 €   Grundmietzeit: 4 Jahre
Kreditlaufzeit: 6 Jahre   Abschlussgebühr: 10 %
Kreditzinsen: 8 %   Leasing-Raten pro Monat: 3 %
Kredittilgung: 6 gleiche Raten   Anschlussmiete pro Jahr: 15.000 €

Jahr	Kredit	Leasing
1	148.000	276.000
2	140.000	216.000
3	132.000	216.000
4	124.000	216.000
5	116.000	15.000
6	108.000	15.000
Gesamt	**768.000**	**954.000**

Siehe MiniLex (S. 205 ff.)

Bei einer Auseinandersetzung oder einer Liquidation würden vor der Erhöhung die stillen Reserven in Höhe von 50.000 € gemäß den Eigenkapitalanteilen aufgeteilt:

Gesellschafter:	A	:	B
EK:	150.000 €	:	100.000 €
Verhältnis	3	:	2
Stille Reseven	30.000 €	:	20.000 €

Nach einer Erhöhung um 50.000 € durch beide Gesellschafter, ergäbe sich eine neue Aufteilung der stillen Reserven mit einer Benachteiligung des Gesellschafters A:

Gesellschafter:	A	:	B
EK:	200.000 €	:	150.000 €
Verhältnis	4	:	3
Stille Reseven	28.571 €	:	21.429 €

	OHG	KG	GmbH
Geschäftsführung/ Vertretung	Alle Gesellschafter entsprechend Vertrag	Nur die Komplementäre	Geschäftsführer
Kapitalzuführung	Weitere Einlagen der alten Gesellschafter, neue Gesellschafter; Problem Leitungsbefugnis	Weitere Einlagen der Komplementäre; Kapitaleinlagen neuer Kommanditisten	Mindesthöhe 25.000*) € Mindesteinlage 100 €
Gewinnverteilung	Vertraglich geregelt oder 4 % mindestens, dann nach Köpfen	Vertraglich geregelt, mindestens 4 %; Komplementäre haben Recht auf Entnahmen	Verteilung des Reingewinns nach Geschäftsanteilen oder vertraglich geregelt
Haftung	Volle Haftung aller Gesellschafter gesamtschuldnerisch	Komplementäre voll und gesamtschuldnerisch; Kommanditisten bis zu ihrer Kapitaleinlage	Gesellschafter mit Stammeinlage, wenn Eintrag ins Handelsregister erfolgt ist.
Organe	Nicht notwendig	Nicht notwendig	Gesellschafterversammlung/Aufsichtsrat/Geschäftsführer

---

*) Beachte hierzu die neue haftungsbeschränkte Unternehmergesellschaft (UG) – vgl. MiniLex S. 227.

Kriterium	Art der Aktien	
Unterschiedliche Wertbezeichnung	Nennwertaktien	Quoten-/Stückaktien
Unterschiedliche Übertragungsmöglichkeiten	Inhaberaktien	Namensaktien
Unterschiedliche Eigentümerrechte	Stammaktien	Vorzugsaktien
Unterschiedlicher Ausgabezeitpunkt	Junge Aktien	Alte Aktien

Kaufaufträge	Kurs	Verkaufsaufträge	Kurs
100 Stück	billigst	120 Stück	bestens
220 Stück	224 €	80 Stück	220 €
260 Stück	223 €	200 Stück	222 €
200 Stück	222 €	340 Stück	223 €
350 Stück	221 €	550 Stück	224 €
400 Stück	220 €		

Kurs	Käufe Stück	Verkäufe Stück	Umsatz Stück
220	1.530	200	200
221	1.130	200	200
222	780	400	400
223	580	740	580
224	320	1.290	320

Zum Kurs von 223 € können 580 Aktien umgesetzt werden. Dies ist dann der Kassakurs. 160 Aktien sind nicht zu diesem Kurs absetzbar, d.h. es liegt ein Angebotsüberhang vor.

Der Anteil an den stillen Reserven vor der Kapitalerhöhung betrug unter den alten Gesellschaftern entsprechend ihrer Kapitaleinlagen 3:2 (z. B. bei 100.000 € als stille Reserve = 60.000 € : 40.000 €).

Würden keine besonderen Regelungen getroffen, wie zum Beispiel eine Sonderzahlung des neuen Gesellschafters an die alten Gesellschafter, würden sich die gebildeten Vermögen durch die Aufnahme eines neuen Gesellschafters zu Ungunsten der alten Gesellschafter auf ein Verhältnis von 3 : 2 : 2 aufteilen (z. B. bei 100.000 € als stille Reserve = 42.858 € : 28.571 € : 28.571 €).

Eine Erhöhung des gezeichneten Kapitals um 20 % bringt ein Bezugsverhältnis von 5 : 1, d. h. auf fünf Altaktien wird eine neue Aktie zu einem Bezugskurs von 200,- € ausgegeben.

Der Wert des Bezugrechtes ergibt sich bei:

Bezugsverhältnis: 5:1
Börsenkurs der alten Aktie: 230,- €
Bezugskurs der neuen Aktie: 200,- €

$$\frac{\text{Börsenkurs der alten Aktie} - \text{Bezugskurs der jungen Aktie}}{\text{Bezugsverhältnis} + 1} = \frac{230 - 200}{6} = 5 \text{ €}$$

Der rechnerische Wert des Bezugrechtes beträgt 5 €.

Bei einer 24 % Dividende und einem Nennwert von 50 € erhält man einen Betrag von 12,- € als Dividende ausgezahlt. Für junge Aktien beträgt die Dividende für zehn Monate dann entsprechend nur 10,- €, womit sich ein Dividendennachteil von 2,- € herausstellt.

$$\frac{\text{Börsenkurs der alten Aktie} - (\text{Bezugskurs der jungen Aktie} + \text{Dividendennachteil})}{\text{Bezugsverhältnis} + 1} =$$

$$= \frac{230 - (200 + 2)}{6} = 4{,}67 \text{ €}$$

Der rechnerische Wert des Bezugrechtes beträgt nun mit einem Dividendennachteil bei der jungen Aktie nur noch 4,67 €.

Kapitalerhöhungen bestehen in der Zuführung von Eigenkapital von außerhalb des Unternehmens, wodurch sich Änderungen zu Gunsten des gezeichneten Kapitals ergeben. Bei Personengesellschaften geschieht dies durch die Erhöhung der Einlagen der alten Gesellschafter oder durch die Aufnahme neuer Gesellschafter.

Bei der GmbH ist eine 3/4 Mehrheit notwendig für den Beschluss der Nachschusspflicht alter Gesellschafter, wie auch für die Aufnahme neuer Gesellschafter. Bei einer Aktiengesellschaft ist der Normalfall die ordentliche oder genehmigte Kapitalerhöhung, die zur Ausgabe neuer Aktien führt.

Kapitalherabsetzungen vermindern dahingegen das Eigenkapital des Unternehmens. Bei Personengesellschaften geschieht dies durch Entnahmen von Eigenkapital oder durch das Ausscheiden alter Gesellschafter.

Eine Herabsetzung des haftenden Stammkapitals einer GmbH ist im Gesetz geregelt. Beispielsweise müssen Gläubiger der Reduzierung der Haftungsmasse zustimmen. Bei Aktiengesellschaften unterscheidet man eine ordentliche Herabsetzung durch Herunterstempeln oder Zusammenlegen der Aktien, die vereinfachte Herabsetzung durch eine buchmäßige Korrektur oder das Einziehen von Aktien.

Gründe für Kapitalerhöhungen

○ Verbesserung der Liquiditätslage
○ Kapazitätserweiterungen
○ Umschuldungen
○ Umwandlung von Rücklagen.

Gründe für Kapitalherabsetzungen

○ Entnahmen der Gesellschafter
○ Ausscheiden der Gesellschafter
○ Verminderung des Kapitalbedarfes
○ Sanierung des Unternehmens.

(1) **Umwandlung mit Liquidation** und **Umwandlung ohne Liquidation**

Bei einer Rechtsnachfolge wird eine Umwandlung mit Liquidation notwendig. Nach der Einzelrechtsnachfolge erfolgt formell eine Liquidation des Unternehmens, um mit einer Neugründung die angestrebte Rechtsform annehmen zu können. Dies geschieht bei der Umwandlung eines Einzelunternehmens in eine Personengesellschaft und umgekehrt.

Die Vermögenswerte eines Unternehmens werden bei einer Umwandlung ohne Liquidation nicht einzeln übertragen.

(2) Übertragende und **formwechselnde Liquidation**

Bei einer übertragenden Umwandlung geht im Rahmen einer Gesamtrechtsnachfolge das Vermögen als eine Einheit in das übernehmende Unternehmen über. Man unterscheidet die verschmelzende Umwandlung (Vermögen ist bereits auf ein bestehendes Unternehmen übergegangen) und eine errichtende Umwandlung (Vermögen wird auf ein neu zu errichtendes Unternehmen übertragen).

Eine formwechselnde Umwandlung im Rahmen eines Rechtsformwechsels hat keinen Vermögensübertrag notwendig, da die Rechtspersönlichkeit des Unternehmens weiterhin bestehen bleibt.

(3) Horizontale, vertikale und **laterale Fusionen**

Eine Fusion ist eine Verschmelzung zweier oder mehrerer Unternehmen, die bis dahin rechtlich selbstständig waren, zu einer neuen Einheit. Sie kann erfolgen als:

- **Horizontale Fusion**, wobei die beteiligten Unternehmen der gleichen Leistungsstufe oder dem gleichen Wirtschaftszweig angehören.

- **Vertikale Fusion**, wobei sich im Leistungsprogramm vor- oder nachgelagerte Unternehmen zusammenschließen.

- **Laterale Fusion**, wobei Unternehmen aus völlig verschiedenen Leistungsstufen oder Wirtschaftszweigen fusionieren.

(4) Materielle Liquidation und **formelle Liquidation**

Die **materielle Liquidation** erwirkt die Wandlung einer Erwerbsgesellschaft in eine Abwicklungsgesellschaft, welche die Vermögensgegenstände in Geld umwandeln soll.

Die **formelle Liquidation** beendet das Dasein des Unternehmens durch den Untergang dessen Rechtsform, führt aber die Erwerbstätigkeit in einer neuen Rechtsform weiter. Vermögenswerte sind einzeln auf das neue Unternehmen zu übertragen.

Kriterien	Vorzugsaktie	Gewinnschuld-verschreibung	Wandelschuld-verschreibung
Laufzeit	Nicht begrenzt	Fester Rückzahlungstermin	Abhängig vom Zeitpunkt des Umtausches
Verzinsung	Ergebnisabhängig, bevorzugt gegenüber Stammaktien	Verzinsung und Gewinnbeteiligung	Vor Umtausch fester Zins, danach gewinnabhängig wie Aktie
Inhaber-rechte	Gesellschaftsrechte eingeschränkt	Gläubigerrechte	Vor Umtausch Gläubigerrechte, danach Gesellschafterrechte
Verlust- bzw. Insolvenzfall	Dividendenausfall lässt Stimmrecht aufleben; Befriedigung vor Stammaktien	Vorrechte bei Insolvenz (Anspruch aus Insolvenzmasse), auch im Verlustfall	Vor Umtausch Obligationsrechte (Zinszahlung auch im Verlustfall), danach wie Aktionär

Siehe MiniLex (S. 205 ff.)

Die **stille Selbstfinanzierung** ist nicht aus der Bilanz ersichtlich. Durch die Bildung stiller Reserven entstehen Kapitalreserven. Sie basieren auf einer positiven Wertdifferenz zwischen dem Tagesbeschaffungswert und dem Buchwert. Auslöser sind Bilanzierungsmaßnahmen oder Bewertungsmaßnahmen (Unterbewertung der Aktiva, Überbewertung der Passiva), die liquide Mittel im Unternehmen binden und diese nicht als Gewinn ausweisen.

Bei der **offenen Selbstfinanzierung** ist die Gewinnerzielung Voraussetzung, wobei der Gewinn in der Bilanz ausgewiesen, versteuert und nicht an die Gesellschafter des Unternehmens ausgeschüttet wird. Diesen Gegenwert findet man entweder als Guthaben, so weit noch keine Investitionen erfolgt sind, wieder oder als Investitionen innerhalb des Umlauf- und Anlagevermögens.

Siehe MiniLex (S. 205 ff.)

Das **MiniLex** enthält die wichtigsten Begriffe, die in diesem Buch behandelt werden. Weitere Begriffe finden sich in:

Olfert / Rahn, Lexikon der Betriebswirtschaftslehre, Kiehl Verlag

Abschreibung	Sie dient der Erfassung von **Wertminderungen** für materielle und immaterielle Gegenstände und zeigt deren Aufwand innerhalb einer Abrechnungsperiode.
Abzahlungs-darlehen	Dabei vermindern sich die Rückzahlungsbeträge durch jährliche, gleich hohe Tilgungsraten. Aufgrund einer rückgängigen Restschuld fallen die **Zinsen** in ihrer Höhe. Die **Tilgungsrate** ergibt sich aus der Division des Kreditbetrages mit der Laufzeit des Darlehens.
Aktie	Sie ist ein **Wertpapier**, das Rechte an der Mitgliedschaft in einem Unternehmen verbrieft: ○ Stimmrecht in der Hauptversammlung ○ Recht auf Anteil am Gewinn (Dividende) ○ Recht auf Anteil am Liquidationserlös ○ Recht auf Bezug neuer (junger) Aktien.
Aktie, *Arten*	○ Nennwertaktie (Nennwert von 1 € oder Vielfachem) ○ Quotenaktie (ohne Nennwert, in Deutschland verboten) ○ Stückaktie (»fiktiver Nennwert« = Grundkapital zu Aktienanzahl, Euro-Umstellung) ○ Inhaberaktie (ohne Namen eines Berechtigten) ○ Namensaktie (Name des Berechtigten im Aktienregister eingetragen) ○ Vinkulierte Namensaktie (Zustimmung der AG bei Übertragung notwendig) ○ Stammaktie (gleiche Rechte für die Aktionäre) ○ Vorzugsaktie (Sonderrechte für die Aktionäre).
Aktien-gesellschaft	Als **Kapitalgesellschaft** besitzt sie eine eigene Rechtspersönlichkeit und ein festes Nominalkapital (Grundkapital/gezeichnetes Kapital). Gesellschafter sind Aktionäre, deren Kapitaleinlagen in Aktien zerlegt sind. **Rechtliche Grundlage** ist das AktG, das ein Grundkapital von mindestens 50.000 € und bei Nennwertaktien einen Mindestnennbetrag von 1 € je Aktie vorschreibt. Die Ausgabe von nennwertlosen Stückaktien ist alternativ möglich. **Organe** der AG sind der Vorstand, die Hauptversammlung und der Aufsichtsrat.
Aktienkurs	Er kann sein: ○ Ein **Schlusskurs** als letzt verfügbarer Kurs eines Handelstages. ○ Ein **Einheitskurs** als Marktwert einer Aktie, der sich im Amtlichen Handel aufgrund von Angebot und Nachfrage ergibt. ○ Ein **variabler Kurs**, der durch fortlaufende Notierung von Aktien mit bedeutendem Umsatz entsteht.
Akzept	Es wird auf einem Wechsel durch den Bezogenen als Unterschrift geleistet. Der Bezogene nimmt hierdurch den Wechsel an. **Formen** des Akzepts sind: ○ **Kurzakzept** (es besteht nur aus der Unterschrift des Bezogenen)

	○ **Vollakzept** (Unterschrift, Ort und Datum werden angegeben, die Wechselsumme kann wiederholt werden) ○ **Teilakzept** (Annahme erfolgt nur für einen Teil der Wechselsumme) ○ **Bürgschaftsakzept** (zusätzlicher Bürge haftet mit durch seine Unterschrift) ○ **Blankoakzept** (nicht ausgefüllter Wechsel wird mit einem Kurzakzept versehen)
Amortisations-vergleichs-rechnung	Sie ist eine **statische oder dynamische Investitionsrechnung**, bei der die Vorteilhaftigkeit eines Investitionsobjektes mithilfe der Amortisationszeit gemessen wird. Das ist der Zeitraum, innerhalb dessen das für ein Investitionsobjekt eingesetzte Kapital wieder in das Unternehmen zurückgeflossen ist. Mithilfe der Amortisationsvergleichsrechnung lassen sich das **Auswahlproblem** und **Ersatzproblem** lösen.
Amtlicher Markt	Er ist ein **Segment des Kassamarktes**, in dem sehr hohe Zulassungsvoraussetzungen für die Teilnahme bestehen.
Analyse, *der Kapitalstruktur*	Sie untersucht die Zusammensetzung der Kapitalseite der Bilanz (Passiv-Seite), wobei sie sich vor allem folgender **Kennzahlen** bedient: ○ $\text{Eigenkapitalquote} = \dfrac{\text{Eigenkapital}}{\text{Gesamtkapital}} \cdot 100$ ○ $\text{Anspannungskoeffizient} = \dfrac{\text{Fremdkapital}}{\text{Gesamtkapital}} \cdot 100$ ○ $\text{Verschuldungskoeffizient} = \dfrac{\text{Fremdkapital}}{\text{Eigenkapital}} \cdot 100$
Analyse, *finanz-wirtschaftliche*	Mit ihrer Hilfe werden Investitionen, Finanzierungen und Liquiditäten untersucht. **Arten** der finanzwirtschaftlichen Analyse können sein: ○ Objektvergleich/Zeitvergleich/Soll-Ist-Vergleich ○ Interne/externe Analyse ○ Formelle/materielle Analyse.
Analyse, *umsatz-bezogene*	Sie untersucht die Beziehung zwischen Umsatzerlösen und Vermögensteilen. Dabei bedient sie sich vor allem folgender **Kennzahlen**: ○ $\text{Anlagennutzung} = \dfrac{\text{Umsatz}}{\text{Sachanlagen}} \cdot 100$ ○ $\text{Vorratshaltung} = \dfrac{\text{Vorräte}}{\text{Umsatz}} \cdot 100$ ○ $\dfrac{\text{Umschlagshäufigkeit}}{\text{des Anlagevermögens}} = \dfrac{\text{Abschreibung + Abgänge des Anlagevermögens}}{\text{ø Bestand des Anlagevermögens}}$ ○ $\dfrac{\text{Umschlagshäufigkeit}}{\text{des Umlaufvermögens}} = \dfrac{\text{Umsatz}}{\text{ø Bestand des Umlaufvermögens}}$ ○ $\dfrac{\text{Umschlagshäufigkeit}}{\text{des Gesamtvermögens}} = \dfrac{\text{Umsatz}}{\text{ø Bestand des Gesamtvermögens}}$ ○ $\text{Laufzeit der Forderungen} = \dfrac{\text{ø Bestand der Warenforderungen}}{\text{Umsatz}} \cdot 360\ \text{Tage}$

Anlagekapital-bedarf	Bei seiner Ermittlung werden die Anschaffungskosten addiert, die für die Güter des Anlagevermögens anfallen. Handelt es sich nicht um ein bestehendes Unternehmen, sondern um die **Gründung** eines Unternehmens, müssen außerdem noch hinzugerechnet werden: ○ Auszahlungen für die Gründung ○ Auszahlungen für die Ingangsetzung des Geschäftsbetriebes.
Anlagevermögen	Es umfasst alle **Vermögensgegenstände**, die dazu bestimmt sind, dem Geschäftsbetrieb dauernd zu dienen (§ 247 Abs. 2 HGB). In der **Bilanz** wird das Anlagevermögen auf der Aktiv-Seite ausgewiesen als: ○ Immaterielle Vermögensgegenstände, z. B. Konzessionen ○ Sachanlagen, z. B. Grundstücke, Maschinen ○ Finanzanlagen, z. B. Beteiligungen, Wertpapiere.
Annuität	Mit ihr werden die jährlich in gleicher Höhe anfallenden Werte ermittelt, die sich aus einem bestimmten auf den Beginn oder das Ende der Betrachtungsperiode bezogenen Wert ergeben. Sie wird auch **Jahreswert** oder **Jahresbetrag** genannt.
Annuitäten-darlehen	Dabei setzt sich die Annuität als jährlich in gleicher Höhe zu leistende Jahresrate aus den **Zinsen** zusammen, die im Zeitablauf jährlich fallen und den **Tilgungsraten**, die im entsprechenden Umfang jährlich ansteigen. Der Kreditbetrag ist am Ende der Laufzeit des Annuitätendarlehens zurückbezahlt.
Annuitäten-methode	Das ist eine **dynamische Investitionsrechnung**, bei der die Annuität als Maßstab der Vorteilhaftigkeit dient. Sie bezieht sich auf den Periodenerfolg. Mithilfe der Annuitätenmethode kann das **Auswahlproblem** für einzelne oder alternative Investitionsobjekte sowie das **Ersatzproblem** gelöst werden.
Anschaffungs-kosten	Sie bestehen aus: ○ Dem **Angebotspreis** abzüglich gewährter Rabatte, Boni und ggf. Skonto und zuzüglich Kosten für Verpackung, Fracht, Versicherung, Rollgeld **als Nettopreis**. ○ **Kosten der Nutzbarmachung** des Investitionsobjektes, z. B. Umbau-, Installations-, Projektierungs-, Anlaufkosten.
Asset-Backed-Securities	Das ist die **Verbriefung von Forderungsansprüchen**. Sie schafft Wertpapiere (Securities), die durch Finanzaktiva (Assets) abgesichert und gedeckt (Backed) sind. Der Forderungsverkäufer überträgt seine Zahlungsansprüche einer rechtlich selbstständigen Zweckgesellschaft, die aus einem hierdurch entstehenden Forderungspool Wertpapiere zur Refinanzierung emittiert, was nach einem **Konzept der Fondszertifikate** oder einem **Anleihekonzept** geschehen kann.
Aufsichtsrat	Er ist ein durch Gesetz vorgeschriebenes **Organ** für die Rechtsformen der AG, der KGaA, der Genossenschaft und der GmbH, soweit sie mindestens 500 Arbeitnehmer beschäftigt. Seine hauptsächliche **Aufgabe** ist die Überwachung der Geschäftsführung.

Aufwand/Ertrag	Der Aufwand ist der gesamte **Wertverzehr** für Güter und Dienstleistungen innerhalb einer Rechnungsperiode. Der Ertrag stellt den **Wertzugang** durch erstellte Güter und Dienstleistungen während einer Rechnungsperiode dar. Zu unterscheiden sind: ○ Zweckaufwand/betrieblicher Ertrag in Erfüllung des Betriebszwecks ○ Neutraler Aufwand/Ertrag, der nicht dem Betriebszweck dient.
Ausgaben/ Einnahmen	Sie entstehen durch schuldrechtliche Verpflichtungen, z. B. Kaufverträge. Aus ihnen ergeben sich **Verbindlichkeiten** bzw. **Forderungen**, die im Zeitpunkt der schuldrechtlichen Verpflichtung noch nicht zu Auszahlungen bzw. Einzahlungen als tatsächlichem Abfluss bzw. Zufluss von Zahlungsmitteln führen müssen. Ausgaben und Einnahmen werden in der **Finanzbuchhaltung** erfasst.
Auskunftei/ Bankauskunft	Durch sie können Auskünfte zum Zwecke der **Prüfung der Kreditwürdigkeit** eingeholt werden: ○ **Auskunfteien** geben gegen Gebühr gewerbsmäßig Auskünfte über die wirtschaftlichen Verhältnisse von Unternehmen und Einzelpersonen. ○ **Bankauskünfte** über Kaufleute werden von Banken vor allem an andere Banken gegeben. Dabei handelt es sich um vertrauliche, zumeist ohne Obligo abgegebene Informationen zur Bonitätseinschätzung.
Auslosung	Das ist eine **Tilgungsmethode** von Anleihen, die notariell vorgenommen wird und den Zeitpunkt der Rückzahlung der in einzelne Serien aufgeteilten Obligationen bestimmt.
Außen- finanzierung	Sie ist die **Zuführung des Kapitals** von außerhalb des Unternehmens, unbeschadet der rechtlichen Stellung des Kapitals. Zu unterscheiden sind: ○ Beteiligungsfinanzierung, bei der Eigenkapital zufließt. ○ Fremdfinanzierung, der Fremdkapital zu Grunde liegt.
Barwert	Er ergibt sich durch **Abzinsung** von Einzahlungsströmen und Auszahlungsströmen. Mit seiner Hilfe kann festgestellt werden, welchen **Wert** eine oder mehrere während einer Betrachtungsperiode geleistete Zahlungen **zu Beginn der Betrachtungsperiode** haben.
Baseler Akkord	Er stellt eine internationale Vereinbarung zur Bankenaufsicht dar und will international Bankkrisen vermeiden und Finanzmärkte sichern. Dies geschieht insbesondere durch die Regelung der Eigenkapitalunterlegung für von Banken vergebene Kredite.
Beteiligungs- finanzierung	Dabei handelt es sich um die **Zuführung von Eigenkapital von außerhalb** des Unternehmens, die erfolgen kann: ○ In Form von Geldeinlagen, Sacheinlagen oder Rechten ○ Durch bisherige oder neue Gesellschafter.
Beteiligungs- recht	Es ist ein Beteiligungstitel, z. B. Aktien oder Gesellschaftsanteile, an den Rechte und Pflichten der Beteiligten geknüpft sind.
Betriebskosten	Sie können im Rahmen einer **Investition** vor allem sein: ○ Personalkosten ○ Materialkosten ○ Instandhaltungskosten ○ Raumkosten ○ Energiekosten ○ Werkzeugkosten.

Bewegungs-bilanz	In ihr werden **Mittelverwendung** und **Mittelherkunft** gegenüberge-stellt, um die Veränderungen finanzieller Mittel durch bestimmte Vorgänge aufzuzeigen:

Mittelverwendung	Mittelherkunft
Aktivmehrung	Aktivminderung
Passivminderung	Passivmehrung

Bezugsrecht	Es ist das im Gesetz verbriefte Teilnahmerecht eines Aktionärs **an einer Kapitalerhöhung einer Aktiengesellschaft**. Mit seiner Hilfe sollen bei der Ausgabe neuer Aktien mögliche Veränderungen bei den Stimmenver-hältnissen und Vermögensverhältnissen ausgeglichen werden.
Bilanzkurs	Er gibt an, wie viel Eigenkapital aus bilanzieller Sicht auf eine Aktie entfällt und lässt sich grundsätzlich wie folgt ermitteln: $$\text{Bilanzkurs} = \frac{\text{Bilanzielles Eigenkapital}}{\text{Gezeichnetes Kapital}} \cdot 100$$ Möglich ist auch, einen **korrigierten Bilanzkurs** zu errechnen, bei dem nicht nur das bilanzielle Eigenkapital, sondern auch noch die stillen Re-serven berücksichtigt werden.
Blankokredit	Bei ihm werden keine Sicherheiten im Rahmen der Kreditvergabe verlangt. Deshalb wird er auch als **ungedeckter Kredit** bezeichnet.
Cap	Dies ist eine **vertragliche »Zinsversicherung«** für einen variabel ver-zinsten Kredit. Dem Cap-Käufer wird bei Zahlung einer Cap-Prämie eine Zinsobergrenze für einen bestimmten Zeitraum und einen bestimmten Nominalbetrag durch einen Cap-Verkäufer garantiert. Übersteigt der variable Referenzzinssatz die Zinsobergrenze, werden die zusätzlich entstehenden Zinskosten vom Cap-Verkäufer durch Ausgleichs-zahlungen erstattet.
Cash Flow	Er gibt den **finanziellen Überschuss** an, den ein Unternehmen erwirt-schaftet hat und kann auf zweifache Weise ermittelt werden: ○ **Direkt**, was innerhalb des Unternehmens möglich ist. ○ **Indirekt** aufgrund verfügbarer Daten des Jahresabschlusses außerhalb des Unternehmens.
Clean Payment	Dies ist eine Zahlungsform im Auslandszahlungsverkehr, bei der die Ver-wendung von Dokumenten zur Zahlungsabsicherung entfällt. Sie kann durchgeführt werden: ○ Elektronisch, per Überweisung, per Scheck.
Controlling	Es dient der **zielorientierten Beeinflussung** der Aktivitäten des Unter-nehmens. Dabei obliegt ihm die Planung, Kontrolle, Informationsversorgung und Steuerung des Unternehmens.
Damnum	Es ist der Betrag, um den der Nominalbetrag eines langfristigen Kredites in seiner Auszahlung gemindert wird. Das Damnum, das auch **Disagio** genannt wird, beeinflusst die Effektivverzinsung des Kredits.
Deckungsstock-fähigkeit	Sie weist die Fähigkeit von Anleihen oder Schuldscheindarlehen aus, als **Deckungsstock** zu dienen. Er wird von Versicherungsunternehmen als Risikopolster gebildet und von einem Treuhänder verwaltet.

	In diesem Deckungsstock dürfen z. B. nur Anleihen und Schuldscheine aufgenommen werden, die als besonders sicher gelten.
Debt-Equity-Swap	Dies ist ein Tausch (Swap) von Fremdkapitalien, z. B. Verbindlichkeiten (Debt) in Eigenkapitalwerte (Equity).
Delcredere-funktion	Sie wird beim echten Factoring vom Factoringinstitut übernommen, das damit das **Delcredererisiko** trägt, indem es ohne Rückgriffsrecht auf den Forderungsverkäufer Forderungen mit dem Risiko einer möglichen Zahlungsunfähigkeit des Schuldners ankauft.
Desinvestition	Sie ist die **Freisetzung** des durch Investitionen **gebundenen Kapitals** und kann erfolgen: O Als Einnahmen aus den durch die Investition erzeugten Produkten O Durch den Verkauf des Investitionsobjektes selbst.
Dokumenten-akkreditiv	Im **Auslandszahlungsverkehr** garantiert die Bank des Importeurs als Akkreditivbank unwiderruflich, dem Exporteur bestimmte im Akkreditiv genannte Leistungen bei Übergabe der Dokumente zu erbringen, insbesondere bei der Vorlage ordnungsgemäßer Dokumente sofort zu zahlen. Eine weitere Absicherung des Lieferanten bringt das bestätigte Akkreditiv mit einer zusätzlichen Zahlungsverpflichtung der Korrespondenzbank.
Dokumenten-inkasso	Dabei handelt es sich im **Auslandszahlungsverkehr** um eine Zusicherung von einer Bank an den Exporteur, dass ein festgelegter Betrag gegen Einreichung bestimmter Dokumente: O Bei einem **Zahlungsinkasso** ausgezahlt wird. O Bei einem **Wechselinkasso** von einem Importeur durch eine vom Exporteur mitgeschickte Tratte akzeptiert wird.
Effektiv-verzinsung	Bei der Ermittlung einer effektiven Zinsbelastung wird mithilfe der praxisüblichen **Faustformel** ein mögliches Damnum berücksichtigt: $$r = \frac{Z + \dfrac{D}{n}}{AK} \cdot 100$$ r = Effektivzinssatz AK = Auszahlungskurs Z = Nominalzinssatz n = Laufzeit (Jahre) D = Damnum
Eigen-finanzierung	Durch sie erfolgt eine Zuführung von **Eigenkapital**, das dem Unternehmen gewöhnlich zeitlich unbegrenzt zur Verfügung steht. **Arten** der Finanzierung mithilfe von Eigenkapital sind: O Beteiligungsfinanzierung (durch neue oder durch alte Gesellschafter) O Selbstfinanzierung (durch zurückbehaltene Gewinne) O Finanzierung aus Abschreibungsgegenwerten (zum Teil fließen hier auch Fremdkapitalien zu)
Eigenkapital	Es ist das von den Eigentümern eines Unternehmens als Gesellschafter ohne zeitliche Begrenzung zur Verfügung gestellte Kapital, das als **Grundlage für die wirtschaftliche Tätigkeit** eines Unternehmens dient. Eigenkapital stellt eine **Haftungsmasse** für Fremdkapitalgeber sowie Lieferanten dar und verkörpert: O Herrschaftsrechte O Vermögensrechte O Recht auf Gewinnbeteiligung

Eigenkapital-rentabilität	Sie stellt den Gewinn und das eingesetzte Eigenkapital gegenüber. Damit bietet sie eine Vergleichsbasis der Eigenkapitalgeber zu anderen Investitionsalternativen, z. B. Anleihen im Kapitalmarkt. **Problematisch** ist, dass Verzerrungen durch den Leverage-Effekt möglich sind. Er schmälert die Aussagekraft der Eigenkapitalrentabilität. $$\text{Eigenkapitalrentabilität} = \frac{\text{Gewinn}}{\text{Eigenkapital}} \cdot 100$$
Eigentums-vorbehalt	Er ist ein wichtiges **Sicherungsmittel** bei der Kreditvergabe, vor allem bei den Lieferantenkrediten. Mit seiner Hilfe wird der Eigentumsübergang vom Verkäufer der Ware zum Käufer auf den Zeitpunkt der Bezahlung der Ware verschoben, d. h. der Käufer wird durch die Übergabe der Ware nur Besitzer einer beweglichen Sache. **Arten** des Eigentumsvorbehalt sind: ○ Einfacher, verlängerter, erweiterter Eigentumsvorbehalt.
Electronic Cash	Das sind **automatisierte Kassensysteme** im Handel, die am Point of Sale bargeldlose Zahlungen mithilfe verschiedener Karten von Bankkunden zulassen.
Eurogeldmarkt/ Eurokreditmarkt/ Eurokapital-markt	○ Im **Eurogeldmarkt** handeln Banken untereinander Devisenguthaben für kurzfristige Laufzeiten durch Abtretung unter Banken. Es können auch multinationale Großkonzerne einbezogen werden. **Instrumente** des Eurogeldmarktes sind z. B. der reine Geldhandel unter Banken in Form von Termin- oder Kündigungsgeldern, der Handel mit Geldmarktpapieren, wie Certificate of Deposite (CD) oder Commercial Paper. ○ Im **Eurokreditmarkt** bieten Banken großvolumige Eurokredite mit kurz- bis mittelfristigen Laufzeiten an, die von Großunternehmen, Staaten oder internationalen Institutionen nachgefragt werden. ○ Der **Eurokapitalmarkt** ist der freie Markt für Euroanleihen, die typischerweise auf Währungen ausgestellt sind, die nicht mit der Währung des Emissionslandes übereinstimmen müssen, z. B. festverzinsliche Schuldverschreibungen als: - Wandel- oder Optionsanleihen, Zerobonds, Floating rate notes.
Factoring	Ein Factoringinstitut kauft Forderungen eines Unternehmens aus Lieferung und Leistung an, wobei das vor der Fälligkeit der Forderung erfolgt. Das Unternehmen erhält vom Factoringinstitut finanzierte Liquidität. Es werden unterschieden: ○ **Echtes Factoring**, bei dem das Factoringinstitut das Delcredererisiko übernimmt, d. h. es kann beim Ausfall der Forderung nicht auf den Forderungsverkäufer zurückgreifen. ○ **Unechtes Factoring**, bei dem das Ausfallrisiko beim Forderungsverkäufer verbleibt und nur eine zwischenzeitliche Kreditierung der Forderungen durch das Factoringinstitut erfolgt. ○ **Standard Factoring**, das einen Ankauf und damit einer Bevorschussung der beim Unternehmen entstehenden Forderungen im Moment des Ausgangs der Rechnungen bedeutet. ○ **Maturity Factoring**, bei dem ein durchschnittlicher Fälligkeitstag errechnet wird, zu dem die Rechnungsbeträge angekauft werden.

Festdarlehen	Dabei handelt es sich um ein zumeist langfristiges Darlehen, bei dem über seine Laufzeit hinweg vom Schuldner nur Zinsen gezahlt werden und keine Tilgung erfolgt. Die Tilgung wird vom Schuldner erst am Ende der Laufzeit des Darlehens in Form einer einzigen Rückzahlung des aufgenommenen Kreditbetrages vollzogen.
Finanzierung	Sie ist die **Beschaffung von Kapital**, das zur Leistungserstellung und Leistungsverwertung benötigt wird. Die Finanzierung geschieht meist in Form von Geld, kann aber auch in Sachgütern bzw. Rechten bestehen. **Formen** der Finanzierung sind: ○ Eigenfinanzierung/Fremdfinanzierung ○ Außenfinanzierung/Innenfinanzierung.
Finanzierung aus Abschreibungsgegenwerten	Mit ihrer Hilfe werden Anteile der Abschreibungen, die aus den **Umsatzerlösen** der verkauften Produkte in das Unternehmen zurückfließen, wieder unmittelbar reinvestiert. Eine eindeutige Zugehörigkeit zur Fremdfinanzierung bzw. Eigenfinanzierung ist nicht gegeben.
Finanzierung aus Rückstellungsgegenwerten	Von Unternehmen werden gebildete Rückstellungen zur Finanzierung verwendet, soweit sie aus den **Umsatzerlösen** der verkauften Produkte als Einzahlungen zurückgeflossen sind. Dabei entsteht auch ein Steuerstundungseffekt. Diese Finanzierungsform ist der **Fremdfinanzierung** zuzurechnen.
Finanzierung aus sonstigen Kapitalfreisetzungen	Hier setzen Maßnahmen der **Rationalisierung** oder der **Verkauf von Vermögen** Kapital frei, das in das Unternehmen reinvestiert werden kann. Eine eindeutige Zuordnung zur Eigenfinanzierung bzw. Fremdfinanzierung ist nicht möglich.
Finanzierungsregeln, *horizontale*	Sie sind auf die **Aktiv-Seite** und **Passiv-Seite** der Bilanz ausgerichtet. Es können genannt werden: ○ Goldene Bilanzregel i.e.S. $= \dfrac{\text{Anlagevermögen}}{\text{Eigenkapital}} \leq 1$ ○ Goldene Bilanzregel i.w.S. $= \dfrac{\text{Anlagevermögen}}{\text{Eigenkapital} + \text{langfristiges Fremdkapital}} \leq 1$ ○ Goldene Finanzierungsregel $= \dfrac{\text{Kurzfristiges Vermögen}}{\text{Kurzfristiges Kapital}} \leq 1$ bzw. $= \dfrac{\text{Langfristiges Vermögen}}{\text{Langfristiges Kapital}} \leq 1$
Finanzierungsregeln, *vertikale*	Sie beziehen sich auf die **Passiv-Seite** der Bilanz. Zu unterscheiden sind: ○ 1 : 1-Regel $= \dfrac{\text{Fremdkapital}}{\text{Eigenkapital}} \leq 1$ (erstrebenswert) ○ 2 : 1-Regel $= \dfrac{\text{Fremdkapital}}{\text{Eigenkapital}} \leq 2$ (gesund) ○ 3 : 1-Regel $= \dfrac{\text{Fremdkapital}}{\text{Eigenkapital}} \leq 3$ (zu hoch)

Finanz-investition	Sie hat das **Finanzanlagevermögen** des Unternehmens zum Gegenstand und kann erfolgen in Form von: ○ Forderungsrechten, z. B. gewährten Darlehen, Kundenforderungen ○ Beteiligungsrechten, z. B. Aktien, Gesellschaftsanteilen. Die Finanzinvestition wird auch als **Nominalinvestition** bezeichnet.
Finanzmarkt	In ihm treffen Kreditinstitute und Großunternehmen zusammen. Der Finanzmarkt umfasst verschiedene Teilmärkte: ○ Den **Geldmarkt**, auf dem kurzfristige Finanzgeschäfte in Form der Geldaufnahme und der Geldanlage unter Kreditinstituten abwickelt werden. ○ Den **Kapitalmarkt**, der längerfristige Aufnahmen und Anlagen von Kapitalien umfasst. Zu ihm zählt der Wertpapierhandel. ○ Den **Kreditmarkt**, der von der Fristigkeit zwischen Geld- und Kapitalmarkt liegt.
Finanzplan	Er ist eine **tabellarische Übersicht** der prognostizierten oder vorgegebenen Einzahlungen und Auszahlungen eines Unternehmens für einen bestimmten Zeitraum, z. B. Monat, Quartal, Halbjahr, Jahr. Aus ihm werden **Unterdeckungen** sowie **Überdeckungen** ersichtlich, die finanzielle Maßnahmen bewirken.
Finanzwechsel	Bei diesem Wechsel liegt **kein Grundgeschäft** vor z. B. in Form eines Handelsgeschäftes, das der Wechsel sichern oder kreditieren soll.
Floating Rate Note	Als Anleihe mit einer **variablen Verzinsung** wird sie in bestimmten Zeitabständen z. B. jeden 3. oder 6. Monat mittels eines **Referenzzinssatzes** an das Marktzinsniveau angepasst. Als Referenzzinssatz kann ein Zinssatz am Interbanken-Geldmarkt (z. B. EURIBOR) in Betracht kommen, der jedoch noch um einen Aufschlag bzw. Abschlag korrigiert wird.
Forderungs-abtretung	Ein Kreditnehmer (bisheriger Gläubiger = Zedent) tritt Forderungen, die er gegenüber einem Dritten (Drittschuldner) besitzt, mittels eines formfreien **Abtretungsvertrages** (§§ 398 ff. BGB) an den Kreditgeber (neuer Gläubiger = Zessionar) zur Besicherung des Kredits ab. Dies kann geschehen als: ○ Offene/Stille Zession. Weiterhin können einzelne Forderungen oder mehrere Forderungen in Form der Mantel- oder Globalzession abgetreten werden.
Forderungs-laufzeit	Sie ist eine **Kennzahl**, mit deren Hilfe das Verhältnis des durchschnittlichen Forderungsbestandes zum Umsatz analysiert werden kann. Ihre **Aussagefähigkeit** bezieht sich vor allem auf das Zahlungsverhalten der Kunden dem Unternehmen gegenüber. $$\text{Laufzeit der Forderungen} = \frac{\varnothing \text{ Bestand an Warenforderungen}}{\text{Umsatz}} \cdot 360 \text{ Tage}$$
Forderungsrecht	Es entsteht aus einem **Anspruch auf Nominalgüter**, z. B. Bankguthaben, Kundenforderungen, gewährte Darlehen oder festverzinsliche Wertpapiere und unterscheidet sich damit von Beteiligungsrechten.

Forfaitierung	Sie ist dem Factoring ähnlich, wobei hier lediglich **einzelne Forderungen angekauft** werden, die aus Exportgeschäften stammen, langfristig sind und sich zumeist auf Investitionsgüter beziehen.
Freiverkehr	Er ist ein **Teilsegment des Kassamarktes**. In ihm bestehen die geringsten Anforderungen für die Zulassung zum Aktienhandel. Damit ist der Freiverkehr für kleinere, jüngere Unternehmen als Börsenplattform vorgesehen.
Fremd-finanzierung	Bei ihr erfolgt eine **Zuführung von Fremdkapital**, das dem Unternehmen zeitlich befristet zur Verfügung steht. Vor allem Kreditinstitute, Lieferanten und Kunden sind Kapitalgeber, die für die Hingabe ihres Kapitals vielfach die Bereitstellung von Sicherheiten verlangen. Die Fremdfinanzierung wird auch als **Kreditfinanzierung** bezeichnet.
Fremdkapital	Es umfasst die Gesamtheit der **Schulden** eines Unternehmens, die auf der Passiv-Seite der Bilanz ausgewiesen werden, und dient – wie auch das Eigenkapital – der Finanzierung des Vermögens.
	Mit der Hingabe von Fremdkapital erwachsen dem Kapitalgeber das Recht auf **Rückzahlung** des Nominalbetrages sowie das Recht auf Zahlung von **Zinsen**.
Fusion	Sie stellt eine **Verschmelzung** zweier oder mehrerer Unternehmen dar, aus der eine neue rechtlich und wirtschaftlich selbstständige Einheit entsteht. Die Fusion wird oftmals wegen einer verbesserten Marktstellung und eines vergrößerbaren Rationalisierungspotenzials durchgeführt. Sie kann erfolgen als:
	○ Fusion mit Liquidation ○ Fusion ohne Liquidation.
Futures	Dies sind börsengehandelte und daher standardisierte Instrumente vor allem im Terminmarkt, aber auch im Optionsgeschäft. An der Börse wird täglich ein »Fixing« durchgeführt, wobei eine Clearing-Stelle die Erfüllung garantiert. Futures werden für Zinsen, Aktien, aber auch z. B. für Edelmetalle gehandelt.
Geldeinlage/ Bareinlage	Im Rahmen der **Beteiligungsfinanzierung** wird Eigenkapital von neuen oder alten Gesellschaftern in unterschiedlichen Formen zugeführt. Die Geldeinlage ist die häufigste Form der Zuführung, da sie problemlos aufgrund der nicht notwendigen Bewertung durchgeführt werden kann.
Genussschein	Er verbrieft **Genussrechte**, die nicht gesetzlich geregelt sind und von Unternehmen jeder Rechtsform gewährt werden können. Prinzipiell erhalten Genussscheininhaber kein Stimmrecht in der Gesellschafter- bzw. Hauptversammlung und auch kein Mitwirkungsrecht an der Geschäftsführung.
Gesellschaft des bürgerlichen Rechts	Sie ist eine vertragliche Vereinigung von mindestens zwei Personen, die ein **gemeinsames Ziel** anstrebt. Die GdbR ist keine eigene Firma und damit auch nicht rechtsfähig. Rechtlich geregelt ist die GdbR in den §§ 705-740 BGB. Sie eignet sich für vielfache, nicht auf Dauer abgestellte Zwecke, z. B. Gelegenheitsgesellschaften, Vermögensverwaltungen und Arbeitsgemeinschaften.
Gesellschaft mit beschränkter Haftung	Als **Kapitalgesellschaft** mit der rechtlichen Grundlage des GmbHG besitzt diese Handelsgesellschaft eine eigene Rechtspersönlichkeit und ein festes Nominalkapital.

Dieses Stammkapital wird durch die Stammeinlagen der Gesellschafter, die mindestens 100 € betragen müssen, gebildet und hat gesamthaft mindestens 25.000 € zu betragen.

Der Gesetzgeber führt ab Ende 2008 die Möglichkeit der Einrichtung einer neuen, haftungsbeschränkten GmbH-Variante ein – der so genannten Unternehmergesellschaft (UG) – siehe ausführlicher S. 227.

Gesellschafter-darlehen	Bei ihm fließt dem Unternehmen **Fremdkapital** zu, das von Gesellschaftern des Unternehmens bereitgestellt wird. Dies kann auch aus steuerlichen und machtpolitischen Gründen geschehen.
Gewinnrücklage	Dabei handelt es sich um einen **variablen Teil des Eigenkapitals** von Kapitalgesellschaften, der auftretende Verluste auszugleichen hat. Nach § 266 Abs. 3 HGB werden aus dem Jahresüberschuss unterschiedliche Gewinnrücklagen gebildet: ○ Gesetzliche Rücklagen (bei der AG und der KGaA) ○ Rücklagen für eigene Anteile (bei der AG und GmbH) ○ Satzungsmäßige Rücklagen und andere Rücklagen.
Gewinnschuld-verschreibung	Sie ist eine **Sonderform der Industrieobligation**, bei der den Zeichnern der Gewinnschuldverschreibung zusätzlich Sonderrechte eingeräumt werden, die eine neben den festen Zinseinkünften gewinnabhängige Zusatzverzinsung oder eine vollkommen gewinnabhängige Verzinsung sein können.
Gewinnthesau-rierung	Sie stellt eine Finanzierung aus zurückbehaltenen Gewinnen dar, die auch als **Selbstfinanzierung** bezeichnet wird. Durch die Gewinnthesaurierung werden Rücklagen gebildet, deren Verwendung z. B. das Eigenkapital erhöht. Die Gewinnthesaurierung kann erfolgen als: ○ Offene Selbstfinanzierung ○ Stille Selbstfinanzierung.
Grundmietzeit	Bei Finance-Leasing-Verträgen, die zumeist langfristige Verträge sind, besteht eine Grundmietzeit, in der das **Leasingverhältnis nicht gekündigt** werden kann. Sie beträgt 50 % - 75 % der betriebsgewöhnlichen Nutzungsdauer des Leasing-Gutes. Innerhalb der Grundmietzeit deckt der Leasing-Geber zumeist die Anschaffungs- oder Herstellungskosten des Leasing-Gutes sowie im Falle eines Vollamortisationsvertrags die Kosten- und die Gewinngrößen.
Handelskredit	Er wird im Bereich der Industrie und des Handels zwischen Geschäftspartnern gewährt. Grundlage sind **Warenlieferungen**, die zumeist gleichzeitig als Sicherung der Kreditvergabe dienen. **Arten** des Handelskredits sind: ○ Lieferantenkredit ○ Kundenkredit. Kreditinstitute werden nur indirekt durch die Finanzierung des Handelspartners eingeschaltet.
Handelswechsel	Ihm liegt ein **Handelsgeschäft** zu Grunde, in dem der Wechsel als Sicherungs-, Zahlungs- oder Kreditierungsinstrument fungiert.

Haupt-versammlung	Sie ist das oberste **Organ einer Aktiengesellschaft**. In ihr können die Aktionäre: ○ Rechte geltend machen, z. B. das Auskunftsrecht ○ Über die Geschäftspolitik mitbestimmen, z. B. über die Verwendung des Bilanzgewinns, die Bestellung der Aufsichtsratsmitglieder, die Entlastung des Vorstands und des Aufsichtsrats.
Inhaber-/ Orderscheck	Sie unterscheiden sich nach der **Form der Übergabe**: ○ **Inhaberschecks** können formlos übergeben werden. ○ **Orderschecks** erfordern für den Übertrag ein Indossament.
Innen-finanzierung	Durch sie erfolgt die **Finanzierung** des Unternehmens **von innen**, d. h. aus eigener Kraft. Zu unterscheiden sind: ○ Finanzierung aus **Umsatzerlösen** als Selbstfinanzierung ○ Finanzierung aus **Abschreibungs-** und **Rückstellungsgegenwerten** ○ Finanzierung aus **sonstigen Kapitalfreisetzungen**, z. B. Rationalisierung.
Investition	Darunter wird allgemein die **Kapitalverwendung** verstanden, also eine Umwandlung von Kapital in Vermögen. Als Investition kann aber auch **jegliche Abkehr vom Geld** gesehen werden. **Arten** von Investitionen sind z. B.: ○ Sachinvestitionen, Finanzinvestitionen, immaterielle Investitionen ○ Nettoinvestitionen, Reinvestitionen, Bruttoinvestitionen.
Investition, *immaterielle*	Mit ihrer Hilfe wird die **Wettbewerbsfähigkeit** des Unternehmens **erhalten** oder **gestärkt**. Sie erfolgt insbesondere im Bereich Forschung und Entwicklung, im Personalbereich (Bildungs-, Sozialinvestition) oder im Marketingbereich (Goodwill, Kundenstamm, Firmenimage). Immaterielle Investitionen, die z. B. als Lizenzen erworben werden, können aktiviert werden.
Investitions-rechnung, *dynamische*	Mit ihr lässt sich die Vorteilhaftigkeit von Investitionen **mehrperiodisch** anhand von Einzahlungs- und Auszahlungsströmen mithilfe mathematischer Methoden beurteilen. Dabei steht die **Diskontierung** zukünftiger Größen im Mittelpunkt. **Verfahren** der dynamischen Investitionsrechnung sind: ○ Kapitalwertmethode, Interne Zinsfuß-Methode, Annuitätenmethode.
Investitions-rechnung, *statische*	Sie betrachtet Kosten und Erlöse einperiodisch, bezieht den **Zins** lediglich als **Kostengröße** und ist einfach zu handhaben, insbesondere bei der Beurteilung von Sachinvestitionen. **Verfahren** der statischen Investitionsrechnung sind: ○ Kostenvergleichsrechnung, Gewinnvergleichsrechnung, ○ Rentabilitätsvergleichsrechnung, Amortisationsvergleichsrechnung.
Kapazitäts-erweiterungs-effekt	Er kann sich bei der Finanzierung aus Abschreibungsgegenwerten ergeben, wenn freigesetzte **Abschreibungsgegenwerte** sofort wieder **reinvestiert** werden. In diesem Falle kann die Kapazität abhängig von der Länge der Nutzungszeit erhöht werden. Der Kapazitätserweiterungseffekt wird auch **Lohmann-Ruchti-Effekt** bzw. **Marx-Engels-Effekt** genannt.

Kapital	Es stellt die **Wertsumme** auf der **Passiv-Seite** der Bilanz dar, mit der die Gesamtheit der Verbindlichkeiten des Unternehmens gegenüber seinen Eigentümern und Gläubigern ausgewiesen wird, die Eigenkapital und Fremdkapital zur Verfügung gestellt haben. Unter Kapital kann auch **Geld für Investitionszwecke** oder ganz allgemein **Geld** verstanden werden.
Kapitalbedarf	Er entsteht dadurch, dass vom Unternehmen **Auszahlungen** zu leisten sind, denen zum gleichen Zeitpunkt **keine** zumindest gleich hohen **Einzahlungen gegenüberstehen**. Die Höhe des Kapitalbedarfes hängt ab: ○ Von der Höhe der Einzahlungen und der Auszahlungen ○ Vom zeitlichen Auseinanderfallen der Zahlungsströme.
Kapitalbedarfs-rechnung	Sie dient dazu, den Kapitalbedarf auf relativ einfache Weise zu ermitteln. Dies geschieht in drei **Schritten**: ○ Ermittlung des Anlagekapitalbedarfes ○ Ermittlung des Umlaufkapitalbedarfes ○ Ermittlung des Gesamtkapitalbedarfes (Anlagekapitalbedarf + Umlaufkapitalbedarf).
Kapital-erhöhung	Durch sie erfolgt die **Zuführung** von **Eigenkapital** von außerhalb des Unternehmens. Entsprechend ergeben sich insbesondere bei Kapitalgesellschaften strukturelle Änderungen zu Gunsten des gezeichneten Kapitals. Bei Aktiengesellschaften können als **Formen** der Kapitalerhöhung unterschieden werden: ○ **Ordentliche Kapitalerhöhung:** Sie ist die Normalform und benötigt die 3/4-Mehrheit in der Hauptversammlung. Für Altaktionäre besteht ein Bezugsrecht auf neue Aktien. ○ **Bedingte Kapitalerhöhung:** Hier ist die Kapitalerhöhung zweckgebunden für z. B. Belegschaftsaktien, Wandelschuldverschreibungen, Fusionen. Ein Bezugsrecht für Altaktionäre ist ausgeschlossen. ○ **Genehmigte Kapitalerhöhung:** Dabei ist der Zeitpunkt der Erhöhung des durch die Hauptversammlung genehmigten Kapitals vom Vorstand frei wählbar.
Kapitalfluss-rechnung	Mit ihr werden **Veränderungen** der Posten zweier aufeinander folgender Bilanzen und GuV-Rechnungen zu Beginn und am Ende einer Periode **gegenübergestellt**. Die Differenz zwischen insgesamt verfügbaren Mitteln und eingesetzten Mitteln ergibt die Zunahme bzw. Abnahme der flüssigen Mittel.
Kapitalfrei-setzungseffekt	Dieser Effekt basiert auf der **Finanzierung aus Abschreibungsgegenwerten**. Bilanzielle Abschreibungen vermindern den Periodengewinn und damit die Steuerzahlungen. Fließen dem Unternehmen die Abschreibungen durch die Verkaufserlöse wieder zu, erfolgt eine Freisetzung des investierten Kapitals, über welches das Unternehmen verfügen kann.
Kapital-gesellschaft	Sie verfügt über eine **eigene Rechtsfähigkeit** und ein **festes Nominalkapital**.

	Während die Kapitalgesellschaft mit ihrem eigenen Vermögen haftet, erfolgt die Haftung der beteiligten Gesellschafter nur mit ihrem Anteil am Kapital.
	Die Anteile der Gesellschafter sind unkündbar, um eine Verminderung des Haftungsumfangs zu vermeiden.
Kapitalherabsetzung	Sie bewirkt eine **Verminderung** des **Eigenkapitals** für ein Unternehmen. Gründe können Entnahmen, das Ausscheiden von Gesellschaftern oder Kapitalverminderung zu Sanierungszwecken sein.
	Besonderheiten bei der Aktiengesellschaft bestehen in Form der:
	○ Ordentlichen Kapitalherabsetzung (Herunterstempeln oder Zusammenlegen der Aktien)
	○ Vereinfachten (buchmäßigen) Kapitalherabsetzung.
Kapitalkosten	Sie umfassen die **Kostenarten**:
	○ **Kalkulatorische Abschreibungen**, welche die Wertminderungen innerhalb einer Periode widerspiegeln
	○ **Kalkulatorische Zinsen**, die das durch das Investitionsobjekt gebundene Kapital repräsentieren.
Kapitalmarkt	Er ist ein Segment des **Finanzmarktes** und auf längerfristige Kapitalanlagen und Kapitalaufnahmen ausgerichtet.
Kapitalrücklage	Sie stellt einen **Teil des Eigenkapitals** von Kapitalgesellschaften dar und entsteht z. B. durch Agios (Aufgelder) bei der Ausgabe von Unternehmensanteilen. Ebenso wie die Gewinnrücklage hat sie eine **Haftungsfunktion** für entstehende Verluste. Sie kann in gezeichnetes Kapital umgewandelt werden.
Kapitalstruktur	Sie ergibt sich aus der **Passiv-Seite** der Bilanz. Ihre Vorteilhaftigkeit wird anhand von vertikalen Finanzierungsregeln beurteilt. **Kennzahlen** sind:
	○ Eigenkapitalquote
	○ Anspannungskoeffizient
	○ Verschuldungskoeffizient.
Kassamarkt	Bei ihm fallen die Preisfeststellung für eine Wertpapiertransaktion und deren Erfüllung zeitlich zusammen. **Segmente** des Kassamarktes sind:
	○ Regulierter Markt (General bzw. Prime Standard)
	○ Freiverkehr (für kleine, junge, unbekannte Unternehmen).
Kommanditist	Als Gesellschafter der **Kommanditgesellschaft** haftet er lediglich in Höhe seiner Kapitaleinlage. Seine **Mitwirkung** an der Unternehmensführung ist auf ein Informations- sowie ein eingeschränktes Kontrollrecht **beschränkt**.
Komplementär	Er ist vollhaftender Gesellschafter einer **Kommanditgesellschaft** und hat das **Recht** zur Geschäftsführung und der Vertretung der Gesellschaft nach außen.
	Neben der **Pflicht** zur Haftung und zur Verlustübernahme besteht zudem ein Wettbewerbsverbot.

Kontokorrent-kredit	Er ist als kurzfristiger Bankkredit weit verbreitet, da er eine äußerst flexible Art der Kreditaufnahme ermöglicht. Dem Kreditnehmer wird eine **Kreditlinie** eingeräumt, bis zu welcher der Kredit flexibel beansprucht werden kann. Die **Tilgung** erfolgt variabel zumeist aus Umsatzerlösen. Wiederholte Prolongationen lassen aus dem kurzfristigen Kontokorrentkredit einen langfristigen Kredit entstehen. Der Kontokorrentkredit ist für die Aufrechterhaltung des laufenden Geschäftsbetriebes sehr wichtig, allerdings aus Kostensicht einer der **teuersten** kurzfristigen Bankkredite.
Kosten/Erlöse	**Kosten** stellen den wertmäßigen Verzehr von Produktionsfaktoren zur Erstellung und Verwertung betrieblicher Leistungen sowie zur Sicherung der dafür notwendigen betrieblichen Kapazitäten dar. **Erlöse** sind der Wertzuwachs, der durch die Erstellung und Verwertung von betrieblichen Leistungen bewirkt wird.
Kreditantrag	Er ist der **Ausgangspunkt der Kreditfinanzierung** bei einem Kreditinstitut. Nachdem er gestellt ist, erfolgen durch die Bank: ○ Die Kreditwürdigkeitsbeurteilung des Kreditantragstellers ○ Die Bestimmung der zu stellenden Kreditsicherheiten ○ Die Ausfertigung des Kreditvertrages.
Kreditauftrag	Als **bürgschaftsähnliches Vertragsverhältnis** entsteht der Kreditauftrag zwischen einem Auftraggeber (z. B. Muttergesellschaft) und einem zukünftigen Gläubiger (z. B. Bank). Dem Gläubiger wird die Anweisung gegeben, einem Dritten (z. B. Tochtergesellschaft) Kredit zu gewähren, wofür der Auftraggeber haftet.
Kreditfähigkeit	Rechtliche Verhältnisse der Kreditantragsteller sind ausschlaggebend, damit Kreditverträge rechtswirksam abgeschlossen werden können. Die Kreditfähigkeit besteht bei: ○ Natürlichen, voll geschäftsfähigen Personen ○ Juristischen Personen des privaten und öffentlichen Rechts ○ Personenhandelsgesellschaften (OHG, KG). Bei den beiden zuletzt genannten wird die **Vertretungsbefugnis** geprüft.
Kredit-finanzierung	Hier wird von außerhalb des Unternehmens Fremdkapital zugeführt, wodurch ein Schuldverhältnis entsteht. Dieses Fremdkapital steht nur befristet zur Verfügung und ist zu verzinsen.
Kreditgarantie-gemeinschaft	Sie erleichtert oder ermöglicht als Einrichtung bestimmter Branchen durch die Übernahme von Teilgarantien in Form von **Ausfallbürgschaften** die Kreditausreichung an mittelständische Unternehmen.
Kreditleihe	Dabei stellt eine Bank einem Bankkunden ihre **Kreditwürdigkeit** zur Verfügung und übernimmt bedingte oder unbedingte Zahlungsverpflichtungen. Für die Bereitstellung ihrer einwandfreien Kreditwürdigkeit erhält sie von Kreditnachfragern eine **Provision**.

Kreditwürdig-keitsprüfung	Die **Kreditwürdigkeit** wird unter persönlichen und wirtschaftlichen Aspekten geprüft, wobei ihr besondere Wichtigkeit zukommt, wenn für die Kreditvergabe keine dinglichen Besicherungen vorliegen. Als Kreditwürdigkeitsprüfung sind zu unterscheiden: ○ Die **persönliche Kreditwürdigkeitsprüfung** untersucht die Vertrauenswürdigkeit eines Kreditnehmers, wobei neben moralischen auch fachliche Aspekt zählen, z. B. berufliche Qualifikationen. ○ Die **wirtschaftliche Kreditwürdigkeitsprüfung** erforscht die wirtschaftlichen Verhältnisse. Dies geschieht traditionell durch eine Bilanzanalyse oder moderner über die zukünftige wirtschaftliche Ertragskraft des Kreditnehmers.
Kreditzusage	Bei erfolgreicher Prüfung der Kreditwürdigkeit sagt das Kreditinstitut dem Kreditnehmer den beantragten Kredit zu, wobei **Einzelheiten** festgelegt werden: ○ Kreditart ○ Kredithöhe ○ Kreditlaufzeit ○ Form der Zinsberechnung ○ Provisionsberechnung ○ Kreditbereitstellung ○ Kündigungsformen ○ Kredittilgung. Mit der **Einverständniserklärung** des Kreditnehmers zu der Kreditzusage kommt der Kreditvertrag mit der Bank zu Stande.
Lastschrift	Der Gläubiger zieht als Initiator der Lastschrift seine Forderung über ein Kreditinstitut beim Schuldner ein. **Arten** der Lastschrift können sein: ○ Einzugsermächtigungsverfahren ○ Abbuchungsauftrag
Leasing	Es ist die entgeltliche, pacht- oder mietähnliche Überlassung von Wirtschaftsgütern zur Nutzung oder zum Gebrauch auf Zeit. **Arten** des Leasing können sein: ○ Das **Equipment-Leasing** (einzelnes, bewegliches Wirtschaftsgut) und das **Plant-Leasing** (Gesamtheit ortsfester Wirtschaftsgüter) sowie das **Konsumgüter-Leasing** (Güter des täglichen Gebrauchs mit langer Lebensdauer) und **Investitionsgüter-Leasing** (Güter des Anlagevermögens) ○ Das kurzfristige **Operate-Leasing** als »unechtes Leasing«, das einem normalen Mietverhältnis sehr nahe kommt und das längerfristige **Finance-Leasing** als »echtes Leasing«, das dem Leasing-Nehmer das Investitionsrisiko überträgt.
Leverage-Effekt	Er bewirkt, dass bei einer bestimmten **Eigenkapitalrentabilität** die Verzinsung des Eigenkapitals durch die Aufnahme von Fremdkapital **erhöht** werden kann, wenn die Kosten für das Fremdkapital niedriger sind als die erzielte Gesamtkapitalrentabilität. Im umgekehrten Falle kommt es zu einer **Niedrig**- oder **Negativverzinsung**, die als **Leverage Risk** bezeichnet wird.
Liquidation	Das Ende einer unternehmerischen Tätigkeit wird durch die Liquidation freiwillig bewirkt oder gerichtlich erzwungen. **Arten** der Liquidation sind: ○ Die **materielle Liquidation** (Wandlung in eine Abwicklungsgesellschaft zur Vermögensumwandelung) und die **formelle Liquidation** (Beendigung der Rechtsform und Überführung in eine neue Rechtsform zur weiteren Geschäftsfortführung)

	○ Die **Totalliquidation** für alle Vermögensgegenstände und die nur Teile der Vermögenswerte betreffende **Teilliquidation**.

Liquidität	Sie soll die **Zahlungsfähigkeit** eines Unternehmens gewährleisten bzw. seine Zahlungsunfähigkeit (Illiquidität) abwenden. Als **Arten** der Liquidität lassen sich unterscheiden:
	
	○ **Absolute Liquidität**, welche die Eigenschaft der Verwendung bzw. Umwandlung von Vermögensteilen in Zahlungsmittel widerspiegelt. Sie kann sein:
	
	  - **Natürliche Liquidität** als Zustand, der sich bei einer vollkommenen Ausreifung eines Gutes einstellt.
	
	  - **Künstliche Liquidität**, bei der eine vorzeitige Umwandlung des Gutes in Liquidität durchgeführt wird.
	
	○ **Relative Liquidität**, welche die Möglichkeiten eines Unternehmens zeigt, seinen finanziellen Verpflichtungen nachzukommen. Sie kann statisch oder dynamisch sein.

Liquidität, relative	Sie zeigt die Möglichkeit des Unternehmens, seinen finanziellen Verpflichtungen nachzukommen. **Arten** der relativen Liquidität sind: ○ **Statische Liquidität**, die zeitpunktbezogen das Verhältnis zwischen verschiedenen Bilanzpositionen beschreibt. ○ **Dynamische Liquidität**, die zeitraumbezogen alle fälligen Zahlungsverpflichtungen uneingeschränkt erfüllt.
Liquiditätsanalyse, kurzfristige statische	Dabei werden Positionen von **Aktiv-** und **Passiv-Seite** der Bilanz untersucht. Zu unterscheiden sind: ○ Liquidität 1. Grades $= \dfrac{\text{Zahlungsmittel}}{\text{Kurzfristige Verbindlichkeiten}} \cdot 100$ ○ Liquidität 2. Grades $= \dfrac{\text{Zahlungsmittel + kurzfristige Forderungen}}{\text{Kurzfristige Verbindlichkeiten}} \cdot 100$ ○ Liquidität 3. Grades $= \dfrac{\text{Zahlungsmittel + kurzfristige Forderungen + Vorräte}}{\text{Kurzfristige Verbindlichkeiten}} \cdot 100$
Liquiditätsanalyse, langfristige statische	Als Kennzahlen, die sich auf Positionen von **Aktiv-** und **Passiv-Seite** der Bilanz beziehen, gibt es: ○ Deckungsgrad A $= \dfrac{\text{Eigenkapital}}{\text{Anlagevermögen}} \cdot 100$ ○ Deckungsgrad B $= \dfrac{\text{Eigenkapital + langfristiges Fremdkapital}}{\text{Anlagevermögen}} \cdot 100$ ○ Deckungsgrad C $= \dfrac{\text{Eigenkapital + langfristiges Fremdkapital}}{\text{Anlagevermögen + langfristig gebundenes Umlaufvermögen}} \cdot 100$
Lombard	Er stellt die kurzfristige **Vergabe eines Bankkredits gegen ein »Faustpfand«** dar. **Formen** des Lombardkredits sind je nach der Verpfändung von unterschiedlichen Vermögensgegenständen:

	O Effektenlombard (Verpfändung fungibler Wertpapiere, z. B. Anleihen) O Warenlombard (Verpfändung von Waren) O Wechsellombard (Verpfändung von Wechseln) O Forderungslombard (Verpfändung von z. B. Lebensversicherungen) O Edelmetalllombard (Verpfändung von z. B. Goldmünzen, Goldbarren)
Mantel/Bogen	Als eigentliche **Schuldurkunde** verbrieft der **Mantel** das Forderungsrecht und enthält Angaben über die Ausgestaltung der Anleihe. Der **Bogen** besteht aus: O Zinskupons mit dem jeweiligen Zinsbetrag O Erneuerungsschein.
Mezzanine	Dies sind Finanzierungsvorgänge, die eine Zwitterstellung zwischen Eigen- und Fremdkapital einnehmen.
Mischgründung	Bei ihr werden sowohl **Sachwerte** als auch **Geldwerte** bei der Gründung eines Unternehmens eingebracht.
Mündelsicher-heit	Anleihen, die als mündelsicher gelten oder erklärt werden, können durch einen Vormund, der das Vermögen einer nicht geschäftsfähigen Person verwaltet, erworben werden. Die Mündelsicherheit kann als **Qualitätsmerkmal** für die Sicherheit einer Anleihe angesehen werden.
Negativklausel	Zur Besicherung von Anleihen verpflichtet sich der Schuldner vertraglich, zukünftig **keine Belastungen** seiner Vermögensteile **zu Gunsten anderer Gläubiger** zuzulassen.
Nutzungsgrad	Er gibt die **tatsächliche Nutzung des Leistungsvermögens** eines Unternehmens an und beeinflusst den Kapitalbedarf in seiner Höhe durch: O Quantitative Anpassung (Änderung der Arbeitsplatzanzahl) O Zeitliche Anpassung (Änderung der Arbeitszeitlänge) O Intensitätsmäßige Anpassung (Änderung der Prozessgeschwindigkeit). Der Nutzungsgrad wird auch **Beschäftigungsgrad** genannt.
Offene Handels-gesellschaft	Sie ist eine vertragliche Vereinbarung von zwei oder mehr Personen zum Betrieb eines Handelsgewerbes unter gemeinschaftlicher Firma, wobei alle Gesellschafter der OHG unbeschränkt haften (§§ 105-160 HGB, §§ 705-740 BGB).
Optionsanleihe	Sie bleibt über ihre gesamte Laufzeit bestehen, d. h. der Investor behält – im Gegensatz zur Wandelschuldverschreibung – seine Position als **Kreditgeber** bis zum Schluss. Daneben erhält er ein **Optionsrecht** auf den Bezug von Aktien.
Orderpapier	Seine Eigenheit besteht in der Ausschließlichkeit der Übertragung durch Indossament. Innerhalb des **Wechselverkehrs** gibt es: O Die Zahlung an **eigene Order**, wenn der Aussteller identisch mit dem Begünstigten (= Remittent) ist. O Die Zahlung an **fremde Order**, wenn Aussteller und Begünstigter unterschiedliche Personen sind.
Pensions-rückstellungen	Sie sind Fremdkapital, das aufgrund betrieblicher Ruhegeldverpflichtungen gebildet wurde. Diese langfristigen Rückstellungen können Innenfinanzierungseffekte bewirken.

Personal- sicherheit	Die Besicherung eines Kredits erfolgt hier durch die zusätzliche **Haftung eines Dritten**, der eine natürliche oder juristische Person sein kann und in seiner Haftung neben den Kreditnehmer tritt. **Arten** von Personalsicherheiten können sein: ○ Bürgschaft/Garantie/Kreditauftrag.
Personen- gesellschaft	Sie besitzt keine eigene Rechtsfähigkeit. Ihr in der Höhe variables Eigenkapital wird auf den Eigenkapitalkonten der Gesellschafter zugeführt oder entnommen. **Gesellschafter** der Personengesellschaft sind zumeist natürliche Personen, wobei oft persönliche Beziehungen zwischen ihnen die Führung der Gesellschaft begründen. **Arten** der Personengesellschaften: ○ Offene Handelsgesellschaft (OHG) ○ Kommanditgesellschaft (KG) ○ Stille Gesellschaft ○ Gesellschaft des bürgerlichen Rechts (GdbR) ○ Partnerschaftsgesellschaft.
Price-Earning- Ratio	Sie stellt dem gegenwärtigen Marktwert einer Aktie den hierauf entfallenden Reingewinn gegenüber: $$\text{PER} = \frac{\text{Börsenkurs (€)}}{\text{Gewinn je Aktie (€)}}$$ Die Price-Earning-Ratio wird auch **Kurs-Gewinn-Verhältnis** genannt.
Prolongation	Das ist die **Verlängerung** der Kapitalüberlassung, z. B. als Verlängerung eines auslaufenden Kontokorrentkredits.
Prozess, *finanzwirt- schaftlicher*	Er steht in Form von **Zahlungsströmen** dem leistungswirtschaftlichen Prozess gegenüber, die Einnahmen oder Ausgaben bzw. Einzahlungen oder Auszahlungen sind. **Ziele** stellen Rentabilität, Liquidität, Sicherheit und Unabhängigkeit dar.
Prozess, *leistungswirt- schaftlicher*	Dieser Prozess besteht in der **Anbindung der Leistungserstellung** an den Beschaffungsmarkt für Sachgüter und an den Absatzmarkt. **Ziel** des leistungswirtschaftlichen Prozesses ist vor allem die Minimierung der Kosten bzw. die Maximierung der Erlöse.

**Prozess-
anordnung**
	Mit ihr wird der Ablauf der betrieblichen Leistungserstellung zeitlich organisiert. Sie hat Einfluss auf die Höhe des **Kapitalbedarfes** und kann ausgestattet sein als:
	
	○ **Gleichzeitige Prozessanordnung**
	  (hoher und schwankender Kapitalbedarf)
	
	○ **Zeitlich gestaffelte Prozessanordnung**
	  (niedriger und konstanter Kapitalbedarf).

Prozess- geschwindigkeit	Dabei handelt es sich um den zeitlichen Bedarf, den ein Prozess benötigt. Je größer sie ist, umso weniger weit fallen Auszahlungen und Einzahlungen auseinander, wodurch der **Kapitalbedarf** geringer wird, z. B. durch Verringerung von Fertigungszeiten, Lagerzeiten, Zahlungszielen.
Rating	Rating ist eine **Kreditwürdigkeitsprüfung** und zeigt die Ausfallwahrscheinlichkeit eines Kredit anhand von Noten, z. B.:

	AAA = außergewöhnlich hohe Bonität AA = sehr gute bis gute Bonität . . . . . . D = Default, Schuldner ist in Zahlungsverzug
Realsicherheit	Sie ist ein Sachwert, der von einem Kreditnehmer zur **Sicherung eines Kredits** bereitgestellt wird. Je nach ihrer **Art** beinhaltet sie: ○ Rechte an **beweglichem Vermögen**, z. B. Eigentumsvorbehalt, Pfandrecht, Forderungsabtretung und Sicherungsübereignung ○ Rechte an **unbeweglichem Vermögen**, z. B. Grundpfandrechte.

Reingewinn	Das ist eine Gewinngröße, die zur **Gewinnausschüttung** zur Verfügung steht. Für eine GmbH ergibt er sich z. B. aus:
	
	    Vorläufiger Jahresüberschuss
	    – Geschäftsführertantieme
	    – Aufsichtsratstantieme
	    = Jahresüberschuss
	    + Gewinnvortrag aus dem Vorjahr
	    – Verlustvortrag aus dem Vorjahr
	    – Einstellung in die Rücklagen
	    = **Reingewinn**
	    – Gewinnausschüttung
	    = Gewinnvortrag

Rentabilität	Sie ist eine Kennzahl, die das Verhältnis aus wertmäßigen Ertragsgrößen und verschiedenen Kapitalien als Einsatzgrößen widerspiegelt. **Arten** der Rentabilität können sein: ○ Eigenkapitalrentabilität = $\dfrac{\text{Gewinn}}{\text{Eigenkapital}} \cdot 100$ ○ Gesamtkapitalrentabilität = $\dfrac{\text{Gewinn} + \text{Fremdkapitalzinsen}}{\text{Eigenkapital} + \text{Fremdkapital}} \cdot 100$ Bei der **Rentabilitätsvergleichsrechnung** wird unter Rentabilität verstanden: ○ Rentabilität = $\dfrac{\text{Gewinn}}{\text{ø eingesetztes Kapital}} \cdot 100$ Auch der **Return on Investment** misst die Rentabilität.
Return on Investment (RoI)	Er gibt die **Rentabilität des Kapitaleinsatzes** wieder. Die Ertragsgrößen können der Gewinn, Jahresüberschuss oder Cash Flow sein. Bei Verwendung des Jahresüberschusses gilt: $\text{RoI} = \dfrac{\text{Jahresüberschuss}}{\text{Gesamtkapital}} \cdot 100 = \underbrace{\dfrac{\text{Jahresüberschuss}}{\text{Umsatz}} \cdot 100}_{\text{Umsatzrentabilität}} \cdot \underbrace{\dfrac{\text{Umsatz}}{\text{Gesamtkapital}}}_{\text{Kapitalumschlagshäufigkeit}}$

Rückkauf	Er ist – neben der Auslosung – eine **Tilgungsmethode** für Anleihen. Der Rückkauf durch das emittierende Unternehmen erfolgt insbesondere dann, wenn der Börsenkurs unter den Rückzahlungskurs gesunken ist.
Rückstellung	Sie stellt Fremdkapital dar, das nach dem **Grund**, der **Höhe** und der **Fälligkeit eher ungewiss** ist. Ihre wirtschaftliche Verursachung liegt in der Rechnungsperiode, in der sie eingestellt wird. Rückstellungen werden nach dem **Grundsatz der kaufmännischen Vorsicht** gebildet. Hebt sich der Grund für die Bildung der Rückstellung auf, müssen sie aufgelöst werden, wodurch sich der Ertrag des Unternehmens erhöht.
Scheck	Er stellt eine unbedingte Anweisung des Ausstellers an sein Kreditinstitut dar, einen bestimmten Betrag bei Sicht an einen Dritten unter Belastung seines Kontos zu zahlen. **Arten** von Schecks sind: ○ Barscheck/Verrechnungsscheck ○ Inhaberscheck/Orderscheck/Rektascheck ○ Bestätigter Scheck.
Schufa	Als *Vereinigung der deutschen Schutzgemeinschaft für allgemeine Kreditsicherung* gibt sie allen angeschlossenen Kreditgebern schnell und kostengünstig **Auskunft über Kreditnehmer**. Im Gegenzug verpflichten sich die Kreditgeber (Banken, Versicherungen, Handelsunternehmen) positive und negative, Schufa-genormte Kreditfolgedaten als Gegenleistung zu melden.
Schuldschein-darlehen	Es ist ein klassisches Instrument der **langfristigen Kreditfinanzierung**. Dabei stellen Kapitalsammelstellen, insbesondere Versicherungen, Fremdkapital in großem Umfang Unternehmen zur Verfügung. Der Schuldschein stellt kein Wertpapier dar, sondern ist ein so genanntes beweiserleichterndes Dokument. **Arten** des Schuldscheindarlehens sind: ○ Das **fristenkongruente Schuldscheindarlehen**, bei dem die Dauer der Kapitalüberlassung mit der Dauer der Kapitalnutzung beim Unternehmen übereinstimmt. ○ Das **revolvierende Schuldscheindarlehen**, bei dem für aufeinander folgende, kürzere Zeitabschnitte verschiedene Kreditgeber in ein langfristig laufendes Schuldverhältnis eintreten.
Securitization	Sie ist die **Verbriefung von** handelbaren und dann zur Finanzierung verwendbaren **Zahlungsansprüchen**. Die hieraus entstehenden Wertpapieremissionen drängen innerhalb der Finanzierung klassische Bankkredite zurück.
Selbst-/Fremd-emission	Die Ausgabe von Wertpapieren kann durch das Unternehmen selbst vorgenommen (**Selbstemission**) werden, was Kostenvorteile mit sich bringt, oder – in Deutschland üblich – mittels eines Bankenkonsortiums (**Fremdemission**) durchgeführt werden. Die Fremdemission hat den **Vorteil**, dass dem Unternehmen das spezielle Vertriebssystems der Banken zur Verfügung steht und das Risiko der Unterbringung der Anleihe am Kapitalmarkt gemindert oder völlig aufgehoben wird.
Stammeinlage	Die GmbH besitzt als Kapitalgesellschaft ein festes Nominalkapital, das als **Stammkapital** durch die Stammeinlagen der Gesellschafter gebildet

wird und mindestens 25.000 € betragen muss, wobei für die Stammeinlage eine Mindesthöhe von 100 € gilt und der Wert der Stammeinlage durch 50 € teilbar sein muss.

Die Stammeinlage kann zunächst nur **zum Teil eingezahlt** sein und ist entsprechend später nachzuzahlen, was der Gesellschaftsvertrag oder die Gesellschafterversammlung regelt.

Stille Gesellschaft	Ihr liegt ein im **Innenverhältnis** der Gesellschaft bestehender Vertrag zwischen einem Unternehmer und einem Kapitalgeber zu Grunde, dessen Kapitaleinlage in das Vermögen des Unternehmers übergeht. Die Bilanz des Unternehmers weist auch weiterhin nur **ein Eigenkapitalkonto** aus, die Rechtsformverhältnisse des Unternehmens bleiben unverändert. **Arten** der stillen Gesellschaft können sein: ○ Die **typische stille Gesellschaft** (Abfindung bei Ausscheiden des stillen Gesellschafters mit seiner geleisteten Einlage) ○ Die **atypische stille Gesellschaft** (Beteiligung des stillen Gesellschafters am Vermögenszuwachs des Unternehmens z. B. bei seinem Ausscheiden an den gebildeten stillen Reserven).
Substitution	Das ist der **Austausch von Kapital**, mit dem ausscheidendes Kapital ersetzt wird. So kann z. B. ein Kapitalentzug durch die Nichtgewährung von Prolongationen oder das Ausscheiden von Gesellschaftern eintreten. Als **Substitutionsfinanzierungen** können nicht von den Banken getragene kurz- und langfristige Kredite in Betracht kommen, wie das Leasing oder das Factoring.
Swap	Innerhalb des **derivativen Instrumentariums** kennzeichnet der Swap den Tausch von z. B. variablen und festen Zinssätzen als Zinsswap im Kassageschäft, als Forward Swap im Termingeschäft und als Swaptionen im Optionsmarkt.
Terminmarkt	Bei ihm fallen die Preisfeststellung für eine Wertpapiertransaktion und deren Erfüllung zeitlich auseinander, d. h. es werden Verträge geschlossen, bei denen die in der Zukunft liegenden Konditionen für den Wertpapierkauf bzw. Wertpapierverkauf bereits heute festgelegt werden.
Transformation	Sie ist die **Umwandlung** von **einer Kapitalart** in eine andere Kapitalart. Die Transformation kann z. B. der Ersatz von kurzfristigem durch langfristiges Kapital oder von Eigenkapital durch Fremdkapital sein.
Überweisung	Der zur Zahlung Verpflichtete weist sein Kreditinstitut an, eine Geldsumme zu Lasten seines Kontos auf das Konto des Zahlungsempfängers zu übertragen. **Formen** der Überweisung sind: ○ **Dauerüberweisung** per Dauerauftrag (gleicher Empfänger, gleiches Empfängerkonto, gleich hoher Betrag, wiederkehrende Termine) ○ **Eilüberweisung** für dringende Zahlungsfälle ○ **Sammelüberweisung** per Sammelauftrag (ein Zeitpunkt, verschiedene Zahlungsempfänger, unterschiedlich hohe Geldbeträge).
Umlaufkapitalbedarf	Seine **Ermittlung** geschieht für die Güter des Umlaufvermögens durch: ○ Die Feststellung der Kapitalbindungsdauer ○ Die Ermittlung der durchschnittlichen täglichen Werteinsätze.

	Danach erfolgt die **Multiplikation** beider Größen miteinander, was vereinfacht (kumulativ) oder differenziert (elektiv) vorgenommen werden kann.
Umlauf-vermögen	Es umfasst alle Gegenstände, die dem Geschäftsbetrieb nicht dauernd dienen sollen, also kein Anlagevermögen darstellen. Das Umlaufvermögen wird auf der **Aktiv-Seite** der Bilanz ausgewiesen als: ○ Vorräte, z. B. Rohstoffe, Betriebsstoffe, Hilfsstoffe ○ Forderungen und sonstige Vermögensgegenstände (als Restposten) ○ Wertpapiere, z. B. Anteile an verbundenen Unternehmen ○ Schecks, Kassenbestand, Guthaben (Bundesbank, Kreditinstitute).
Umwandlung	Sie ist die Überführung eines Unternehmens von einer Rechtsform in eine andere. **Gründe** für Umwandlungen sind das Wachstum oder die Schrumpfung eines Unternehmens, steuerliche Überlegungen, Haftungsbeschränkungen, die Vergrößerung der Kapitalbasis oder der Tod eines Gesellschafters. **Arten** der Umwandlung sind: ○ Umwandlung mit Liquidation ○ Umwandlung ohne Liquidation.
Unterbewertung von Aktiva/ Überbewertung von Passiva	Das sind Möglichkeiten stille Reserven im Rahmen der stillen Selbstfinanzierung durch positive Wertdifferenzen zwischen Tagesbeschaffungswert und Buchwert zu bilden. **Kapitalreserven** entstehen z. B. durch: ○ Überhöhte Abschreibungen (= Unterbewertung von Aktiva) ○ Überhöhte Rückstellungen (= Überbewertung von Passiva).
Unternehmer-gesellschaft	Mit dem Gesetz zur Modernisierung des GmbH-Rechts und zur Bekämpfung von Missbräuchen (MoMiG) wird die haftungsbeschränkte GmbH-Variante der Unternehmergesellschaft (UG) eingeführt. Wichtige Merkmale wären: ○ Kein Stammkapital, sondern zunächst lediglich Einlagen von mindestens einem Euro je Gesellschafter ○ Erleichterung von »unkomplizierten Standardgründungen« (= Bargründung, höchstens drei Gesellschafter) durch Verwendung des dem Gesetz beigefügten Muster-Gesellschaftsvertrages und der Muster-Handelsregisteranmeldung ○ Geringere Notarkosten als bei GmbH bei Verwendung der Muster-Urkunden (lediglich öffentliche Beglaubigung der Unterschriften) und geringere Kapitaleinlage ○ Einstellung von ¼ des jährlichen Gewinnes in die Rücklage, bis 25.000 € erreicht sind ○ Möglichkeit (aber keine Verpflichtung), bei Erreichen der 25.000 € in eine GmbH umzufirmieren. *Die Wirksamkeit dieser Regelungen ist davon abhängig, dass der Bundesrat in 11/2008 dem Gesetz zustimmt!* Mit der haftungsbeschränkten UG soll mit der englischen »Limited« in Konkurrenz getreten werden, für die sich wegen ihrer Unkompliziertheit jährlich inzwischen 40.000 Gründer finden, ebenso auch der in Planung befindlichen »Europäischen Privatgesellschaft«.
Variabler Kurs	Die Ermittlung des Aktienkurses kann als **fortlaufende Notierungen für bedeutende Aktien** erfolgen. Für den variablen Kurs müssen Abschlüsse

	von Kauf- und Verkaufsaufträgen bestimmte Mindestvolumina aufweisen. Dies kann an den verschiedenen Börsenplätzen unterschiedlich geregelt sein.
Vermögen	Beim Vermögen handelt es sich um die Gesamtheit aller vom Unternehmen benötigten Produktionsfaktoren, insbesondere in Form von: ○ Sachmitteln, z. B. Rohstoffen, Maschinen, Gebäuden ○ Rechten, z. B. Patenten, Lizenzen ○ Geld. Zu unterscheiden sind **Anlagevermögen** und **Umlaufvermögen**.
Wandelschuld-verschreibung	Sie verbrieft ein **Umtauschrecht**, d. h. eine Obligation wird nach einer bestimmten Sperrfrist in eine Aktie gewandelt. Aus dem **Forderungspapier**, das für das Unternehmen Fremdkapital aus einem Gläubigerverhältnis darstellt, wird ein **Anteilspapier**, das Eigenkapital in einem Beteiligungsverhältnis repräsentiert. Die Wandelschuldverschreibung wird auch **Wandelanleihe** genannt.
Wechsel	Er verbrieft als **streng förmliches Wertpapier** ein privates Vermögensrecht, das an den Besitz der Urkunde gebunden ist. Der Wechsel kann sein: ○ Gezogener Wechsel (auch **Tratte** genannt) ○ Eigener Wechsel (auch als **Solawechsel** bezeichnet). Seine Verfallzeit kann sich auf einen bestimmten Tag (**Tagwechsel**), eine bestimmte Zeit nach Ausstellung (**Datowechsel**), die Vorlage (**Sichtwechsel**) ~~oder eine bestimmte Zeit nach Annahme (~~**~~Nachsichtwechsel~~**~~) beziehen.~~
Wechselprotest	Die Nicht-Einlösung eines Wechsels führt zunächst zu einem Wechselprotest, der bei rechtzeitiger Erhebung den **Regress** auf alle am Wechsel beteiligte Personen zulässt.
Wechselprozess	An den Wechselprotest schließt sich der Wechselprozess an, der sich durch kurze Einlassungsfristen, begrenzte Zulassung von Beweismittel (Wechselurkunden), beschränkte Einredemöglichkeiten des Beklagten und die sofortige Vollstreckbarkeit des Urteils in Form von z. B. der sofortigen Pfändung des Schuldners auszeichnet.
Wertpapiere, *festverzinsliche*	Sie verbriefen schuldrechtliche Verpflichtungen und gewähren dem Inhaber ein **Forderungsrecht** gegenüber dem Emittenten, z. B. der öffentlichen Hand, privaten Unternehmen, Kreditinstituten. Mit ihrer Hilfe ist die Beschaffung von langfristigem Fremdkapital möglich. Festverzinsliche Wertpapiere werden auch genannt: ○ Schuldverschreibungen, Anleihen, Rentenpapiere, Obligationen.
Wertpapier-handel	Er organisiert den Kauf und Verkauf von Wertpapieren und umfasst: ○ Den **börslichen Handel** an der Wertpapierbörse, dem der Kassamarkt und der Terminmarkt zu Grunde liegen. ○ Den **außerbörslichen Handel**, der auch als Telefonhandel bezeichnet wird.
Zahlungsmittel	Sie werden zur Durchführung des Zahlungsverkehrs eingesetzt. **Arten** sind:

	○ Bargeld als gesetzliches Zahlungsmittel (Banknoten, Münzen) ○ Buchgeld, z. B. Sichteinlagen (kein gesetzliches Zahlungsmittel) ○ Geldersatzmittel, z. B. Schecks, Wechsel, die ebenfalls kein gesetzliches Zahlungsmittel darstellen.
Zahlungs- verkehr	Er verwaltet die für die Finanzwirtschaft erforderlichen finanziellen Transaktionen und kann sein: ○ Barzahlungsverkehr (Übertragung von Buchgeld) ○ Halbbarer Zahlungsverkehr (Umwandlung von Bar-/Buchgeld) ○ Bargeldloser Zahlungsverkehr (Übertragung von Buchgeld).
Zahlungs- verkehr, *bargeldloser*	Bei ihm wird **Buchgeld** übertragen im Rahmen des: ○ Überweisungsverkehrs durch Dauer-, Eil-, Sammelüberweisung ○ Lastschriftverkehrs durch Einzugsermächtigung und Abbuchungsauftrag ○ Scheck- und Wechselverkehrs.
Zahlungs- verkehr, *halbbarer*	Er ist dadurch gekennzeichnet, dass sich das **Bargeld in Buchgeld** wandelt **oder umgekehrt**. Entweder Gläubiger oder Schuldner müssen ein Konto bei einer Bank besitzen. Nach Art der Umwandlung unterscheidet man in bare oder unbare Leistung.
Zero Bond	Das ist eine **Nullkupon-Anleihe**. Aufgrund der fehlenden regelmäßigen Verzinsung wird sie mit einem hohen Abschlag emittiert und zumeist zum Nennwert getilgt (echter Zero Bond). Sie weist eine stark ausgeprägte Kursreagibilität bei Marktzinsschwankungen auf, da Zinseszinsen im Kurs enthalten sind.

Literatur-
verzeichnis

Literaturverzeichnis

A. Grundlagen

Becker/Peppmeier, Bankbetriebslehre, 7. Aufl., Ludwigshafen/Rhein 2008
Bestmann, U. (Hrsg.), Kompendium der Betriebswirtschaftslehre, 10. Aufl., München/Wien 2001
Büschgen, H. E., Grundlagen betrieblicher Finanzwirtschaft, 3. Aufl., Frankfurt a. M. 1991
Büschgen, H. E., Das kleine Banklexikon, 3. Aufl., Düsseldorf 2006
Busse, F.-J., Grundlagen der betrieblichen Finanzwirtschaft, 5. Aufl., München/Wien 2002
Chmielewicz, K., Betriebliche Finanzwirtschaft, Berlin 1976
Christians, F. W. (Hrsg.), Finanzierungs-Handbuch, 2. Aufl., Wiesbaden 1988
Coenenberg, A., Jahresabschluß und Jahresabschlußanalyse, 20. Aufl., Landsberg a. L. 2005
Däumler, K.-D., Betriebliche Finanzwirtschaft, 7. Aufl., Herne/Berlin 1997
Ditges/Arendt, Bilanzen, 12. Aufl., Ludwigshafen/Rhein 2007
Drukarczyk, J., Finanzierung, 10. Aufl., Stuttgart 2008
Eilenberger, G., Bankbetriebswirtschaftslehre, 8. Aufl., München/Wien 2008
Eilenberger, G., Betriebliche Finanzwirtschaft, 7. Aufl., München/Wien 2002
Grefe, C., Kompakt-Training Bilanzen, 5. Aufl., Ludwigshafen/Rhein 2007
Grill/Perczynski, Wirtschaftslehre des Kreditwesens, 41. Aufl., Bad Homburg 2008
Größl, L., Betriebliche Finanzwirtschaft, 4. Aufl., Wien/Linde 1999
Hahn, O., Allgemeine Betriebswirtschaftslehre, 3. Aufl., München/Wien 1997
Hahn, O., Finanzwirtschaft, 2. Aufl., Landsberg 1983
Hax, H., Finanzierung, in: Vahlens Kompendium der Betriebswirtschaftslehre, hrsg. v. Bitz/Dellmann/Domsch/Egner, Bd. 1, 2. Aufl., München 1989
Heinen, E., Industriebetriebslehre, 9. Aufl., Wiesbaden 1992
Hopfenbeck, W., Allgemeine Betriebswirtschafts- und Managementlehre, 14. Aufl., Landsberg a. L. 2002
Kruschwitz, L., Finanzierung und Investition, 5. Aufl., München/Wien 2007
Müller-Hedrich, B., Betriebliche Investitionswirtschaft, 9. Aufl., Stuttgart 1998
Moxter, A., Bilanzlehre, in 2 Bdn., 3. u. 4. Aufl., Wiesbaden 1991
Obst/Hintner, Geld-, Bank- und Börsenwesen, ein Handbuch; hrsg. v. J. von Hagen/J.H. von Stein, 40. Aufl., Stuttgart 2000
Olfert/Rahn, Lexikon der Betriebswirtschaftslehre, 6. Aufl., Ludwigshafen/Rhein 2008
Olfert/Reichel, Finanzierung, 14. Aufl., Ludwigshafen/Rhein 2008
Olfert/Reichel, Investition, 10. Aufl., Ludwigshafen/Rhein 2005
Olfert/Reichel, Kompakt-Training Investition, 4. Aufl., Ludwigshafen/Rhein 2006
Perridon/Steiner, Finanzwirtschaft der Unternehmung, 14. Aufl., München 2007
Schierenbeck, H., Grundzüge der Betriebswirtschaftslehre, 16. Aufl., München/Wien 2003
Schmalenbach, E., Pretiale Wirtschaftslenkung, Bd. 2, Bremen- Horn 1948
Schmid, R. B., Unternehmungsinvestitionen, 4. Aufl., Opladen 1984
Schneider, D., Investition, Finanzierung und Besteuerung, 7. Aufl., Wiesbaden 1992
Schöchle, S., Kartengebundene Zahlungssysteme in Deutschland, 4. Aufl., Hamburg 1994
Schulte, K. W., Wirtschaftlichkeitsrechnung, 4. Aufl., Würzburg/Wien 1986
Süchting, J., Finanzmanagement, 6. Aufl., Wiesbaden 1995
Swoboda, P., Investition und Finanzierung, 5. Aufl., Göttingen 1996
Weis, H. C., Marketing, 14. Aufl., Ludwigshafen 2007
Weitkemper, F.-J., Finanzierung multinationaler Unternehmen, in: Finanzierungshandbuch, hrsg. v. F. W. Christians, 2. Aufl, Wiesbaden 1988
Wöhe/Bilstein, Grundzüge der Unternehmensfinanzierung, 9. Aufl., München 2002

B. Finanzwirtschaftliche Führung

Bestmann, U. (Hrsg.), Kompendium der Betriebswirtschaftslehre, 10. Aufl., München/Wien 2001
Blazek/Deyhle/Eiselmayer, Finanzcontrolling, 7. Aufl., Offenburg 2002
Buchner, R., Grundzüge der Finanzanalyse, München 1981
Busse, F.-J., Grundlagen der betrieblichen Finanzwirtschaft, 5. Aufl., München/Wien 2002
Coenenberg, A., Jahresabschluß und Jahresabschlußanalyse, 20. Aufl., Landsberg a. L. 2005
Däumler, K.-D., Betriebliche Finanzwirtschaft, 7. Aufl., Herne/Berlin 1997
Ditges/Arendt, Bilanzen, 12. Aufl., Ludwigshafen/Rhein 2007
Gräfer, H., Bilanzanalyse, 10. Aufl., Herne/Berlin 2008
Grefe, C., Kompakt-Training Bilanzen, 5. Aufl., Ludwigshafen/Rhein 2007
Grochla, E., Unternehmensorganisation, 9. Aufl., Reinbek 1983
Grochla, E., Finanzorganisation, in: Handwörterbuch der Finanzwirtschaft, hrsg. v. H. E. Büschgen, Stuttgart 1976, Sp. 526 - 539
Größl, L., Betriebliche Finanzwirtschaft, 4. Aufl., Wien/Linde 1999
Gutenberg, E., Grundlagen der Betriebswirtschaftslehre, Bd. 3, Die Finanzen, 8. Aufl,. Berlin 1987
Hahn, O., Finanzwirtschaft, 2. Aufl., Landsberg 1983
Harrmann, A., Bilanzanalyse in der Praxis unter Berücksichtigung moderner Kennzahlen, 3. Aufl., Herne/Berlin 1988
Henselmann, K., Finanzplanung; Aufgaben, Arten, Vorgehensweisen, in: Akademie 4/1996
Horvath, P., Controlling, 11. Aufl., München 2008
Marx, M., Finanzmanagement und Finanzcontrolling im Mittelstand, Schriftenreihe Controlling, Bd. 2, hrsg. v. K. Serfling, Ludwigsburg/Berlin 1993
Olfert/Rahn, Lexikon der Betriebswirtschaftslehre, 6. Aufl., Ludwigshafen/Rhein 2008
Olfert/Reichel, Finanzierung, 14. Aufl., Ludwigshafen/Rhein 2008
Olfert/Reichel, Investition, 10. Aufl., Ludwigshafen/Rhein 2006
Olfert/Reichel, Kompakt-Training Investition, 4. Aufl., Ludwigshafen/Rhein 2006
Peemöller, V. H., Controlling: Grundlagen und Einsatzgebiete, 5. Aufl., Herne/Berlin 2005
Perridon/Steiner, Finanzwirtschaft der Unternehmung, 14. Aufl., München 2007
Rahn, H.-J., Unternehmensführung, 7. Aufl., Ludwigshafen/Rhein 2008
Schmidt, A., Das Controlling als Instrument zur Koordination der Unternehmensführung - eine Analyse der Koordinationsfunktion des Controlling unter entscheidungsorientierten Gesichtspunkten, Frankfurt a.M./Bern/ New York 1986
Schneider, D., Investition, Finanzierung und Besteuerung, 7. Aufl., Wiesbaden 1992
Schulte, K. W., Wirtschaftlichkeitsrechnung, 4. Aufl., Würzburg/Wien 1986
Süchting, J., Finanzmanagement, 6. Aufl., Wiesbaden 1995
Wöhe/Bilstein, Grundzüge der Unternehmensfinanzierung, 9. Aufl., München 2002
Ziegenbein, K., Controlling, 9. Aufl., Ludwigshafen/Rhein 2007
Ziegenbein, K., Kompakt-Training Controlling, 3. Aufl., Ludwigshafen/Rhein 2006

C. Kreditfinanzierung

Baumbach/Hefermehl, Wechselgesetz und Scheckgesetz, 23. Aufl., München 2008
Becker/Peppmeier, Bankbetriebslehre, 7. Aufl., Ludwigshafen/Rhein 2008
Bestmann, U. (Hrsg.), Kompendium der Betriebswirtschaftslehre, 10. Aufl., München/Wien 2001
Beyer/Bestmann, Finanzlexikon, 2. Aufl., München 1989
Büschgen, H. E., Bankbetriebslehre, Bankgeschäfte und Bankmanagement, 5. Aufl., Wiesbaden 1999
Büschgen, H. E., Grundlagen betrieblicher Finanzwirtschaft, 3. Aufl., Frankfurt a.M. 1991
Büschgen, H. E., Internationales Finanzmanagement, 3. Aufl., Frankfurt a.M. 1997
Busse, F.-J., Grundlagen der betrieblichen Finanzwirtschaft, 5. Aufl., München/Wien 2002
Christians, F. W. (Hrsg.), Finanzierungs-Handbuch, 2. Aufl., Wiesbaden 1988
Däumler, K.-D., Betriebliche Finanzwirtschaft, 7. Aufl., Herne/Berlin 1997

Däumler, K.-D., Grundlagen der Investitions- und Wirtschaftlichkeitsrechnung, 10. Aufl., Herne/ Berlin 2000
Eilenberger, G., Bankbetriebswirtschaftslehre, 8. Aufl., München/Wien 2008
Eilenberger, G., Betriebliche Finanzwirtschaft, 7. Aufl., München/Wien 2002
Gebhardt/Gerke/Steiner (Hrsg.), Handbuch des Finanzmanagements, München 1993
Gerke/Steiner (Hrsg.), Handwörterbuch des Bank- und Finanzwesens, 3. Aufl., Stuttgart 2001
Gögler, C., Asset-Backed Securities: Darstellung der US-amerikanischen Praxis, rechtliche Rahmenbedingungen für die Übertragung des Konzeptes auf die Bundesrepublik Deutschland sowie Beurteilung aus Sicht der Beteiligten, Frankfurt a. M./Berlin/Bern/New York/Paris/ Wien 1996
Grill/Perczynski, Wirtschaftslehre des Kreditwesens, 41. Aufl., Bad Homburg 2008
Gutenberg, E., Grundlagen der Betriebswirtschaftslehre, Bd. 3, Die Finanzen, 8. Aufl., Berlin 1987
Hagenmüller, K. F. (Hrsg.), Factoring-Handbuch, 3. Aufl., Frankfurt a.M. 1997
Hagenmüller/Eckstein, Leasing-Handbuch für die betriebliche Praxis, 6. Aufl., Frankfurt a. M. 1992
Hahn, O., Allgemeine Betriebswirtschaftslehre, 3. Aufl., München/Wien 1997
Hahn, O., Die Führung des Bankbetriebes, Stuttgart/Berlin/Köln/Mainz 1977
Hahn, O., Finanzwirtschaft, 2. Aufl., Landsberg 1983
Hahn, O., Struktur der Bankwirtschaft, Bd. I bis III, Berlin 1981
Heinen, E., Betriebswirtschaftliche Führungslehre, 2. Aufl., Wiesbaden 1992
Heinen, E., Einführung in die Betriebswirtschaftslehre, 9. Aufl., Wiesbaden 1992
Hilscher/Laubscher, Finanzierungskosten, 2. Aufl., Frankfurt a. M. 1989
Jährig/Schuck, Handbuch des Kreditgeschäfts, 4. Aufl., Wiesbaden 1982
Konrad, R., Terminbörsengeschäfte, Wiesbaden 1992
Kruschwitz/Decker/Röhrs, Übungsbuch zur Betrieblichen Finanzwirtschaft, 7. Aufl., München 2007
Obst/Hintner, Geld-, Bank- und Börsenwesen, ein Handbuch; hrsg. v. J. von Hagen/J. H. von Stein, 40. Aufl., Stuttgart 2000
Ochynski/Wermuth, Strategien an den Devisenmärkten, 4. Aufl., Wiesbaden 1992
Ohl, H.-P., Asset-Backed Securities: ein innovatives Instrument zur Finanzierung deutscher Unternehmen, Wiesbaden 1994
Olfert/Reichel, Finanzierung, 14. Aufl., Ludwigshafen/Rhein 2008
Olfert/Reichel, Investition, 10. Aufl., Ludwigshafen/Rhein 2006
Olfert/Reichel, Kompakt-Training Investition, 4. Aufl., Ludwigshafen/Rhein 2006
Perridon/Steiner, Finanzwirtschaft der Unternehmung, 14. Aufl., München 2007
Schierenbeck, H., Grundzüge der Betriebswirtschaftslehre, 16. Aufl., München/Wien 2003
Scholz, H., Das Recht der Kreditsicherung, 6. Aufl., Berlin 1986
Süchting, J., Finanzmanagement, 6. Aufl., Wiesbaden 1995
Vormbaum, H., Finanzierung der Betriebe, 9. Aufl., Wiesbaden 1995
Wöhe/Bilstein, Grundzüge der Unternehmensfinanzierung, 9. Aufl., München 2002
Zellweger, B., Kreditwürdigkeitsprüfung in Theorie und Praxis, 2. Aufl., Bern/Stuttgart/Wien 1994

D. Beteiligungsfinanzierung

Bestmann, U., (Hrsg.), Kompendium der Betriebswirtschaftslehre, 10. Aufl., München/Wien 2001
Beyer/Bestmann, Finanzlexikon, 2. Aufl., München 1989
Boemle, M., Unternehmensfinanzierung, 12. Aufl., Zürich 1998
Büschgen, H.E., Grundlagen betrieblicher Finanzwirtschaft, 3. Aufl., Wiesbaden 1991
Chmielewicz, K., Betriebliche Finanzwirtschaft, Berlin 1976
Christians, F. W. (Hrsg.), Finanzierungs-Handbuch, 2. Aufl., Wiesbaden 1988
Däumler, K.-D., Betriebliche Finanzwirtschaft, 7. Aufl., Herne/Berlin 1997
Ditges/Arendt, Bilanzen, 12. Aufl., Ludwigshafen/Rhein 2007
Eilenberger, G., Bankbetriebswirtschaftslehre, 8. Aufl., München/Wien 2008

236   Literaturverzeichnis

Eilenberger, G., Betriebliche Finanzwirtschaft, 7. Aufl., München/Wien 2002
Gerke/Steiner (Hrsg.), Handwörterbuch des Bank- und Finanzwesens, 3. Aufl., Stuttgart 2001
Grefe, C., Kompakt-Training Bilanzen, 5. Aufl., Ludwigshafen/Rhein 2007
Grefe, C., Unternehmenssteuern, 11. Aufl., Ludwigshafen/Rhein 2008
Grill/Perczynski, Wirtschaftslehre des Kreditwesens, 41. Aufl., Bad Homburg 2008
Hahn, O., Allgemeine Betriebswirtschaftslehre, 3. Aufl., München/Wien 1997
Hahn, O., Finanzwirtschaft, 2. Aufl., Landsberg 1983
Hilscher/Laubscher, Finanzierungskosten, 2. Aufl., Frankfurt a. M. 1989
Jahrmann, U., Finanzierung, 5. Aufl., Herne/Berlin 2003
Kruschwitz, L., Finanzierung und Investition, 5. Aufl., Berlin/New York 2007
Obst/Hintner, Geld-, Bank- und Börsenwesen, ein Handbuch; hrsg. v. J. von Hagen/J. H. von Stein, 40. Aufl., Stuttgart 2000
Olfert/Rahn, Lexikon der Betriebswirtschaftslehre, 6. Aufl., Ludwigshafen/Rhein 2008
Olfert/Reichel, Finanzierung, 14. Aufl., Ludwigshafen/Rhein 2008
Perridon/Steiner, Finanzwirtschaft der Unternehmung, 14. Aufl., München 2007
Schierenbeck, H., Grundzüge der Betriebswirtschaftslehre, 16. Aufl., München/Wien 2003
Schmid, R. B., Unternehmungsinvestitionen, 4. Aufl., Opladen 1984
Schneider, D., Investition, Finanzierung und Besteuerung, 7. Aufl., Wiesbaden 1992
Süchting, J., Finanzmanagement, 6. Aufl., Wiesbaden 1995
Swoboda, P., Investition und Finanzierung, 5. Aufl., Göttingen 1996
Vormbaum, H., Finanzierung der Betriebe, 9. Aufl., Wiesbaden 1995
Wöhe/Bilstein, Grundzüge der Unternehmensfinanzierung, 9. Aufl., München 2002

E. Innenfinanzierung

Bestmann, U. (Hrsg.), Kompendium der Betriebswirtschaftslehre, 10. Aufl., München/Wien 2001
Beyer/Bestmann, Finanzlexikon, 2. Aufl., München 1989
Boemle, M., Unternehmensfinanzierung, 12. Aufl., Zürich 1998
Büschgen, H. E., Grundlagen betrieblicher Finanzwirtschaft, 3. Aufl., Wiesbaden 1991
Christians, F. W. (Hrsg.), Finanzierungs-Handbuch, 2. Aufl., Wiesbaden 1988
Däumler, K.-D., Betriebliche Finanzwirtschaft, 7. Aufl., Herne/Berlin 1997
Ditges/Arendt, Bilanzen, 12. Aufl., Ludwigshafen/Rhein 2007
Drukarczyk, J., Finanzierung, 10. Aufl., Stuttgart 2008
Eilenberger, G., Betriebliche Finanzwirtschaft, 7. Aufl., München/Wien 2003
Gerke/Steiner (Hrsg.), Handwörterbuch des Bank- und Finanzwesens, 3. Aufl., Stuttgart 2001
Gräfer/Scheld/Beike, Finanzierung, 5. Aufl., Hamburg 2001
Grefe, C., Kompakt-Training Bilanzen, 5. Aufl., Ludwigshafen/Rhein 2007
Gutenberg, E., Grundlagen der Betriebswirtschaftslehre, Bd. 3, Die Finanzen, 8. Aufl., Berlin/Heidelberg/New York 1980
Jahrmann, U., Finanzierung, 5. Aufl., Herne/Berlin 2003
Olfert/Reichel, Finanzierung, 14. Aufl., Ludwigshafen/Rhein 2008
Olfert, K., Kostenrechnung, 14. Aufl., Ludwigshafen/Rhein 2005
Perridon/Steiner, Finanzwirtschaft der Unternehmung, 14. Aufl., München 2007
Schierenbeck, H., Grundzüge der Betriebswirtschaftslehre, 16. Aufl., München/Wien 2003
Schneider, D., Investition, Finanzierung und Besteuerung, 7. Aufl., Wiesbaden 1992
Süchting, J., Finanzmanagement, 6. Aufl., Wiesbaden 1995
Vormbaum, H., Finanzierung der Betriebe, 9. Aufl., Wiesbaden 1995
Wöhe, G., Bilanzierung und Bilanzpolitik, 9. Aufl., München 1997
Wöhe, G., Die Steuern des Unternehmens, 6. Aufl., München 1991
Wöhe/Bilstein, Grundzüge der Unternehmensfinanzierung, 9. Aufl., München 2002

Stichwortverzeichnis